# 临泽县畜禽疫病志

## （1990—2014）

临泽县动物疫病普查小组　编
杨自新　马永伟　主编

甘肃科学技术出版社

**图书在版编目(CIP)数据**

临泽县畜禽疫病志 : 1990-2014 / 临泽县动物疫病普查小组编 ; 杨自新，马永伟主编. -- 兰州 : 甘肃科学技术出版社，2020.9
ISBN 978-7-5424-2478-5

Ⅰ. ①临… Ⅱ. ①临… ②杨… ③马… Ⅲ. ①畜禽－动物疾病－普查－概况－临泽县－1990-2014 Ⅳ. ①S851.924.24

中国版本图书馆CIP数据核字(2020)第174447号

**临泽县畜禽疫病志（1990—2014）**
临泽县动物疫病普查小组　编　杨自新　马永伟　主编

责任编辑　杨丽丽
封面设计　陈妮娜

出　版　甘肃科学技术出版社
社　址　兰州市城关区曹家巷1号　730030
电　话　0931-2131576（编辑部）　0931-8773237（发行部）

发　行　甘肃科学技术出版社　　印　刷　甘肃荣祥印刷有限公司
开　本　787毫米×1092毫米　1/16　　印　张　20.75　字　数　430千
版　次　2021年12月第1版
印　次　2021年12月第1次印刷
印　数　1～500
书　号　ISBN 978-7-5424-2478-5　　定　价：65.00元

# 编 委 会

**技术指导:**魏玉明　市动物疫病预防控制中心主任　　研究员

**化验指导:**何彦春　市动物疫病预防控制中心副主任　研究员

**疫病普查主要参加人员:**

崔家仁　蓼泉镇畜牧兽医站站长

蒋自帆　板桥镇畜牧兽医站站长

鲁彦君　鸭暖镇畜牧兽医站站长

李国鹏　平川镇畜牧兽医站站长

马兴军　沙河镇畜牧兽医站站长

董　江　倪家营镇畜牧兽医站站长

周　婕　新华镇畜牧兽医站站长

兰　泽　临泽县生猪、牛羊屠宰场负责人

# 序

临泽县兽医事业有着悠久的发展历史，从古至今，全县劳动人民在长期与家畜疫病的斗争中积累了丰富的经验，这些经验和知识或记载于兽医书册，或流传在民间，是极为重要的文化遗产，为保证畜牧业生产发展起到了积极作用。

1949年以来，我国非常重视家畜、家禽传染病的防治，制定了“预防为主，防重于治”的方针，采取群众路线，综合防制方法，取得了显著的成效。特别是1990年以来，在县委、县政府和上级业务主管部门的指导下，临泽县认真贯彻执行《中华人民共和国动物防疫法》和《甘肃省动物防疫条例》，坚持“加强领导、密切配合、依靠科学、依法防治、群防群控、果断处置”的方针，采取行政保密度、业务保质量的双轨目标管理责任制，层层签订目标管理责任书并纳入年度政府目标责任考核体系，全面开展以动物免疫、消毒灭源、疫情监测和基层动物防疫体系建设为主的动物疫病预防控制工作，基本控制了一些危害严重的主要疫病和寄生虫病；在兽医科学研究上有了不少创新和改革，在防疫病和动物寄生虫病方面也积累了丰富成功的经验，现将这些光辉业绩编写成《临泽县畜禽疫病志》，以资学习和应用。

《临泽县畜禽疫病志》旨在总结临泽县防治畜禽疫病和动物寄生虫病的经验和兽医科学丰硕的成果，充分反映了本县兽医事业的巨大变化和发展，从实际出发，适当地结合省市内外先进科学技术，对疫病的病原、流行病学、临诊症状、兽医实验室诊断方法和免疫预防等方面进行了整理并加以分析总结和概括，为一本既符合本地实际情况和实践经验，又有理论阐述的畜禽疫病专著，本书的创编出版，必将进一步促进临泽县兽医事业的不断发展。

临泽县农业农村局

2019年6月20日

# 前　言

1988—1989年，临泽县按照省、市相关部门的要求，开展了畜禽疫病普查工作，查清了全县1949—1989年度各类动物疫病的发生流行情况，全面总结了40年间的动物疫病防控工作，并撰写出版了《临泽县畜禽疫病志》(1949—1989年)。

为了进一步贯彻落实《中华人民共和国动物防疫法》，全面调查和总结1990年以来全县畜禽疫病和寄生虫病防制工作情况，推动畜禽疫病和寄生虫病防制工作的深入发展，并为加强防疫管理，制定防疫措施提供可靠的科学依据，加速兽医科技进步，提高畜牧业的经济效益和社会效益，保障人民健康，根据农业农村部、甘肃省农业农村厅和张掖市畜牧兽医局的安排部署，原临泽县畜牧兽医局组织有关人员对全县畜禽疫病和动物寄生虫病进行了普查。

普查工作是按照张掖市动物疫病预防控制中心制定的《张掖市动物疫病普查工作方案》进行的。在省、市动物疫病预防控制中心的具体指导下，在原临泽县畜牧兽医局、县动物疫病预防控制中心、各镇畜牧兽医站人员的通力合作下，共同完成了普查任务。本次普查的动物病种共177种，其中：传染病93种，包括人畜共患病18种、牛病12种、羊病14种、猪病17种、禽病12种、马病8种、骆驼病3种、兔病4种、犬病5种；寄生虫病84种，包括牛病23种、羊病22种、猪病16种、禽病6种、马类病9种、骆驼病4种、兔病2种、犬病2种。普查方法主要以实验室检测为主，辅助于流行病学、临床症状和病理剖检等方法。市动物疫病预防控制中心对83种传染病和7种寄生虫病进行了实验室检测，临泽县动物疫病预防控制中心对10种传染病和77种寄生虫病进行了实验室检测。各镇畜牧兽医站主要负责对流行病学调查、临床症状和病理剖检、实验室检测材料的采样送检工作。在普查工作中，对缺乏足够诊断依据，一时不能确诊的疫病，及时报告市动物疫病预防控制中心请求协助，做出了全面系统的诊断。在普查的基础上，利用此次普查资料和过去历史资料，按照《畜禽疫病志》格式，编写了《临泽县畜禽疫病志》(1990—2014)。本“书”对畜禽疫病的发生、流行及防制效果进行了详尽的描述，力求真实、客观、全面、系统，是临泽县目前最为完整的一部兽医文献资料。

《临泽县畜禽疫病志》由原临泽县畜牧兽医局局长雷立爱同志主持，高级兽医师杨自新、高级兽医师马永伟同志执笔编写(其中：杨自新撰写第一篇概述、第三篇第一章至第五章，共计16万字；马永伟撰写第二篇第六章至第十章第三篇及流行病学调查表共计27万字)，高级兽医师李春佑、原畜牧兽医局副局长徐咸贵、李自勤同志审稿，李生静、宋仁亮、牛建浩等同志参加数据整理、图、表绘制。初稿完成后，送张掖市疫病普查办公室审核。还特请张掖市动物疫病预防控制中心主任、兽医研究员魏玉明、何彦春同志审阅和修改，并为本"书"撰写了序言，在此一并表示感谢！

在出版之前，编者又作了必要的润色修改、补充和完善，并对各类数据、表、图作了复核审稿，完成定稿工作。限于水平和时间，错误在所难免，敬请读者鉴谅。

编者

2019年6月

# 目　　录

## 第一篇　概况



## 第二篇　畜禽疫病及防制

## 第三篇　畜禽寄生虫病及防制

# 第一篇　概　　况

# 第一章　自然地理概况

## 第一节　基本情况

临泽县位于甘肃省河西走廊中部，是张掖盆地的重要组成部分，地处东经99°51′~100°30′、北纬38°57′~39°42′之间。东邻张掖市甘州区，西接高台县，南依祁连山与肃南裕固族自治县接壤，北毗内蒙古自治区阿拉善右旗。

临泽县境东西长49.5km，南北宽77km，总面积2727.29km$^2$。312国道、兰新铁路、兰新高速铁路、公路齐驱横贯，交通便利。

2014年，全县辖7镇（沙河镇、新华镇、平川镇、板桥镇、蓼泉镇、鸭暖镇、倪家营镇），71个行政村、703个合作社、5个社区居委会。全县总户数53 530户，总人口为148 993人。有汉族、回族、藏族、蒙古族、裕固族等11个民族组成，其中：汉族占总人口的99%。总人口中，男性77 033万人，占总人口的51.7%；女性71 916万人，占总人口的48.29%。非农业人口24 372万人，占总人口的16.35%。年内新出生人口1298人，出生率8.8‰；死亡796人，死亡率5.4‰；人口自然增长率为3.4‰。

## 第二节　地质地貌、水文气候

### 一、地质地貌

（一）地质

临泽县大部分地区属河西走廊平原区，境内第四系地层厚度大，分布最广；前第四系地层有前震旦系、震旦系、石炭系、侏罗系、白垩系和新近系地层等，主要出露于北部残山丘陵区和南部的祁连山地带；在北部山区可见到侵入岩的出露，出露的前震旦系主要为龙首山群下亚群，主要出露于大青山一带，小青山也有零星的分布。

震旦系下统出露于小孤山、大孤山、白羊头山、岌岌口子等地；岩性为灰色、深灰色二云母石英片岩、片状石英岩、黑云母斜长角闪岩夹黑云母变粒岩、条带状大理岩；鳞片花岗变晶结构，片状构造。震旦系上—中统分布于穿心河、东架坪、半截山、小孤山一带；岩性为黑色的板岩、灰色的泥灰岩、大理岩、白云岩、硅化灰岩夹石英片岩、石英岩，下部产条带状磁铁矿；均粒花岗鳞片变晶结构和均粒变晶结构，片状构造；厚度大于2744m。石炭系地层中统出露于临泽县东部黑河的北岸、北大山西南侧；主要为灰黑色深灰色的变质沙岩、板岩、千枚岩夹透镜状的结晶灰岩；厚度4470m。侏罗系地层为中—下统青土井群，主要出露于大青山北侧麻黄井、红柳园一带；岩性为浅灰色或灰绿色的砾岩、沙质砾岩、细沙岩、页岩夹薄层煤及煤线；厚度2270m。白垩系下统庙沟群在临泽县东部黑河北岸北大山一带广泛出露，白垩系下统新民堡群在临泽县北部大青山板橙沟—红柳园大面积出露；岩性为紫红色、灰色的砾岩和中、细粒沙岩，夹灰黑色的泥质沙岩；厚度2433m。新近系上新统白杨河组在临泽县北部大孤山、穿心河、照背山大面积出露；岩性为砖红色的砾岩、沙岩、灰绿色的泥质粉沙岩夹泥岩，普遍含有石膏；沙泥质胶结，山麓洪积及河流相交互沉积；总厚度587m。下更新统玉门组零星出露于榆木山北部边缘。岩性主要为淡红色、黄灰色的砾岩。砾石组分复杂，有绿色变沙岩、紫红色变沙岩、板岩、花岗岩、石英，砾石为次棱角状—次圆状，砾径1~4cm，最大为10~20cm，沙质、钙质接触式胶结，洪积相沉积；厚度大于200m。上更新统大面积分布于县境内南、北山前的洪积扇地带；主要为砾卵石、漂石及沙碎石，卵砾石成分复杂，并常与风积的沙土相混杂，结构疏松。洪积层岩性为亚黏土或亚沙土夹沙质层、沙砾或碎石层，大部分地区已改良为土壤；属现代洪积物，分布于河床及其两岸，构成I级阶地。冲—洪积层分布于梨园河、黑河两岸，地貌上为现代河漫滩，物质成分多为沙土，局部夹沙、砾石透镜体。湖沼相堆积分布于临泽县的蓼泉、白寨子一带，均处于洪积扇边缘或河流下游沿岸地带，大部分为地下水泄出而成或属古河床，黑河沿岸上部为灰黄色、棕色亚沙土夹腐殖泥，下部为含炭质的亚黏土及生物残骸。风积层分布于沙岗墩等地，堆积物为灰黄色、白色沙及沙砾，一般粒径0.25~0.5mm，以中沙为主，成分为石英、红色长石、云母片及其他碎屑，分选性差，磨圆度好，呈次圆—滚圆状，在地貌上形成沙垄、新月形沙丘，沙丘一般高10~30m。侵入岩主要出露于临泽县的北部山区，属华力西中、晚期形成的侵入岩，由大小不等的岩基、岩株构成，总体上呈北西向展布。

（二）地貌

临泽地势南北高、中间低，由东南向西北逐渐倾斜，分为南邻祁连山区，中部走廊平原区，北邻合黎山剥蚀残山区三个类型。海拔1360~2084m，地貌构成有冲积扇平原、低山、风成地貌和平坦洪积平原四大类。境内地貌根据其形态和成因，从南到北大体依次分为以下三种类型:

南部洪积戈壁:位于临泽县南部，地处祁连山北麓的山前冲洪积扇上，由厚达数百米的砾、卵石及沙土构成，基本无植物生长。海拔1450~1860m，地势倾向北，纵坡降比由山前的100‰降至前缘的10‰，沿山脚分布的洪积扇多达数十个，扇长约4~8km，扩散角30°~60°，面积4~34km$^2$，扇缘互相叠置覆压。上面分布一系列近平行北东向延伸的季节性沟槽，宽而平坦,深一般0.2~1m,只在雨季有短暂水流从山前沟口流到前缘的绿洲平原区。梨园河河谷盆地位于县境南端的祁连山低山区,呈西南—北东向延伸,宽100~500m,两岸发育Ⅱ、Ⅲ级阶地,河岸由白垩系紫红色泥岩、沙岩构成,岩石突兀嶙峋,风化强烈,相对高差在100m以上。

中部走廊冲积平原:位于临泽县中部黑河的两岸,由黑河及其支流梨园河、南北两山的支沟冲洪积扇形成。海拔1354~1450m,地势东南高、西北低黑河蜿蜒曲折从东向西流过,两岸绿洲、沼泽、沙漠戈壁相间分布,是典型的河西走廊冲洪积平原地貌,加上村户人家、烽燧古堡、驿道驼铃、大漠孤烟,构成著名的丝路风情景观。根据地理环境、地质构成以及人类活动影响的差异,这一区段又可划分为绿洲平原、沼泽湿地、沙漠三种亚地貌。绿洲平原主要分布于黑河两岸及县城周围,海拔多在1350~1500m,地形开阔,地势平坦,纵坡降比5‰左右。这一地带土壤肥厚,水资源充沛,人口聚居,农耕历史悠久,物产丰富,经济发达,是临泽县的富庶地区。沼泽湿地位于黑河以南,县城的西北,即冲积—洪积平原前缘的泉水出露带以北,地势低平,海拔1350~1400m,地面纵坡降比小于5‰。这些地带由于地下

水位高,排水不畅,故地面积水形成沼泽湿地,且大部分地方盐碱化严重,如沙河、新华、蓼泉三乡镇的南滩、白碱滩、西平滩等广阔区域。另外,在黑河沿岸一些古河道洼地也成为沼泽湖滩。中部冲积平原区的沙漠有三处,均呈条带状分布。北部从东北角的内蒙古入境,一直深入到黑河的北岸,与黑河近于直交,系巴丹吉林沙漠南侵的分支,形态多呈沙山、沙垄、沙滩和新月形沙丘,在境内长达32km,宽3~8km;中部位于黑河以南绿洲带与沼泽带之

间，沿黑河由西北向东南延伸，长达40km，南北宽3~5km，多为固定、半固定的垄岗状或流动性沙丘，高度在30m以下；南部位于新华镇兰新铁路与312公路之间，长约7km，宽1~2km，是在干旱多风的气候环境下，由冲洪扇前缘的细土物质沙化而形成的。

北部剥蚀残山丘陵：是河西走廊北部合黎山脉东部经长期风化剥蚀作用而形成的准平原化的低山、丘陵和洼地，海拔为1500~2084.6m，地势由北向南倾。山峰多由古老的震旦系岩层和斜长花岗岩组成，基岩裸露，突兀低矮，相对高度一般为50~200m。在山岭之间洼地或山前地带则是洪积戈壁，植被稀疏低矮。

**二、水文气候**

（一）气候

临泽县地处内陆，属大陆性荒漠草原气候。四季分明，冬季寒冷而漫长，夏季炎热而短暂，春季升温快，秋季降温较慢，日照时间长，太阳辐射强，年降雨量稀少，蒸发量大，气候干燥，春季多风。多年平均日照时数为3021.6h，≥10℃有效积温3185℃，多年平均气温8.0℃，极端最高气温39.1℃（1972年8月8日），极端最低气温-28.1℃（2002年12月26日）；多年平均蒸发量为2091.9mm；年均无霜期172d；多年平均降水量为113.1mm，降水量夏季偏多，冬季偏少，6~8月降水量占全年降水量的62%，12月至翌年2月降水量仅占全年的3.2%。降水量年际变化显著，1979年降水量达210.5mm，1984年降水量仅为54mm，年最大降水量是最小降水量的3.9倍。历年最长连续降水日数是11d（1982年8月26日至9月5日），降水量57.5mm；一日最大降水量为49.8mm（1974年7月30日）。年均无霜期176d。年均降水量118.4mm，蒸发量1830.4mm。常年以西北风和东风为主。主要灾害性天气有大风、沙尘暴、干旱、低温冻害、干热风、局地暴雨、霜冻等。

（二）水文

县境内南北为戈壁及沙漠，中部为灌溉绿洲，是全县土地主要聚集地，县境内横穿东西的黑河及南北走向的梨园河为农业主要灌溉水源。

县境内地表水年平均总量为12.80亿立方米，其中：黑河系内陆河，源于青海省境内，经甘州区从高崖子入临泽县境内，由东南向西北在渠口堡流入高台县，在临泽县境内长约50km，纵坡降比0.7‰，河道宽200~500m，曲折，多岔道、夹心滩。径流主要受祁连山区降水与冰雪融水的补给，多年平均入境水量为每年9.91亿立方米（高崖站），最大洪峰流量1150$m^3/s$（1952年7月29日莺落峡水文站），年平均含沙量1.6$kg/m^3$，年平均输沙量$111.6\times10^4t$（1973—1979年高崖水文站实测）。灌溉区域为板桥、平川、鸭暖、蓼泉四个乡镇的耕地，河面宽阔，水流平缓，流量变率大。梨园河源于肃南县境内的锅盖沟，于孤山子入临泽县境内，出梨园口（又称大沙河）进入走廊平原，至暖泉西汇入黑河。梨园堡以上河道长97km，流域面积2240$km^2$，梨园堡以下（大沙河）河道长约48km。多年平均入境水量为每年2.19亿立方米，实测最大洪峰流量282$m^3/s$（1959年7月15日），历年最大含沙量37.2$kg/m^3$，平均年输沙量$46.0\times10^4t$。灌溉区域为倪家营、新华镇及沙河、鸭暖乡镇的部分村耕地，该河水流急，水量分布极不平衡，变率极大。有中小型水库8座，总库容3350万立方米。

地下水总埋藏量为5.69亿立方米，水源构成有南部山区潜流水和东部入境潜流水、降水、河流渗漏、渠系、农田渗漏、水库渗漏等。由于临泽县属于干旱区特有的山前自流斜地储水结构，从梨园口至黑河南岸，可将地下水分成潜水区和承压水区两部分，潜水区又根据水位分为深藏带和浅藏带。农作物必须依靠灌溉，没有灌溉便没有农业。地表水由黑河、梨园河水引入渠道，流程短，矿化溶滤作用小，矿化度都小于1g/L，属矿化度不高的碳酸盐性水，适宜农田灌溉、工业用水和人畜饮水。地下水大都由地表水转化而来，水质比较好，矿化度也都小于1g/L，大都为重碳酸、硫酸钙、镁型水，可用于工农业和人畜饮水。但在北山山间盆地、合黎山一带，表层潜水中氟离子含量超过国家饮用水标准，氟骨症发病率高，其次是缺碘，局部地方有地方性甲状腺肿大问题。

## 第三节　自然资源

**一、矿产资源**

截至2014年，临泽县境内已发现的矿产主要有石膏、含碘凹凸棒石黏土、海泡石、蛭石、石英石、水泥用灰岩、煤、铁、锰、铜、金等，集中分布在北部合黎山区。共有矿产地28处，其中铁矿9处，探明储量819万吨；海泡石矿2处，探明储量18万吨；凹凸棒石黏土矿1处，探明储量6400万吨；石膏矿4处，探明储量1.1亿吨；蛭石矿1处，探明储量1万吨；水泥用灰岩矿1处，探明储量300万吨；煤矿、金矿、锰矿、铅矿、白云岩矿各1处，铜矿、石英石矿各2处。

**二、生物资源**

截至2014年，临泽县境内植物资源有乔木、灌木、草本、花卉、低等植物、食用菌、有毒真菌等。野生植物77种，药用植物21种，属国家一级保护的有绵刺、裸果木，二级保护植物有沙生柽柳等10种。野生鸟类有47种，属国家一级保护的有黑鹳，二级保护的有大天鹅、疣鼻天鹅、猎隼、鸢、鹗等。

**三、土地资源**

截至2014年，临泽县有耕地42.68万公顷，其中；粮食作物播种面积32.06万公顷，经济作物面积10.62万公顷。全县农业总产值22.97亿元。林地总面积97.3万公顷，其中乔木林地14.06万公顷，灌木林地45.67万公顷，未成林造林地8.34万公顷，苗圃面积0.15万公顷，宜林地27.03万公顷，全县森林覆盖率为14.59%。荒漠草原面积120.95万亩。有可开发利用的荒地82万公顷，其中宜农荒地27.9万公顷，宜林荒地15.1万公顷，宜牧荒地38.6万公顷。

“亩”为非国际标准单位，本书为阅读方便，仍使用“亩”为单位。

**四、交通运输**

临泽县历史悠久，地处河西走廊中部，是古丝绸之路要塞。南出梨园口，可达青藏高原；北越合黎，可抵内蒙古大漠；西过嘉峪关通新疆；东经武威、兰州，与内地相连。地理位置十分重要，为历代兵家必争、商旅必经之地。兰新铁路、312国道和兰新高速公路、高速铁路穿境而过。县、镇、村公路四通八达，交通十分便利。2014年年末，全县车辆保有量19361辆，其中汽车13036辆，摩托车6.12万辆，全县驾驶员人数达2.8万余人。汽车保有量中营运性车辆3239辆，占汽车保有量的24.85%。全年完成客运量650万人次。货运量355万吨，货运周转量28800万吨。

## 第四节　土壤植被

**一、土壤**

临泽县土壤分为灌耕土、潮土、草甸土、风沙土、盐土、灰棕漠土、沼泽土、灰钙土8个土类，21个亚类，共计48个土种。受生物气候条件、地层岩性、地形地貌、水文地质条件和人类生产活动的影响，其分布具有一定的规律。其中灰棕漠土广泛分布在绿洲南北两侧的砾质荒漠、戈壁地区；风沙土主要分布在鸭暖至蓼泉一带以及黑河北岸沙漠区，面积约49.9万亩；灌耕土是县内主要耕种土壤，分布在黑河两岸绿洲区；草甸土主要分布在黑河沿岸及西平滩、马营滩一带；这四类土分别占土地总面积的67.4%、12.1%、8.0%、6.8%。黑河南岸鸭暖至蓼泉一带多属半固定风沙土和固定风沙土，经过多年改造和治理，土地沙化基本被遏制，部分地方初步具有了耕种土壤的特征。黑河北岸属流动性沙土和半固定沙土，黑河北岸沙丘流动性大，风沙灾害对居民和庄稼危害大。盐土主要分布在南部洪积扇前缘与黑河冲积平原接触带的洼地上，面积12.7万亩，约占全县总面积的3.1%。其中草甸盐土9.2万亩，与草甸盐化土插花分布，表层含盐量5.1%；旱盐土千余亩，地表成光板，沙化、盐化现象严重。沼泽土面积2.9万亩，分布于黑河沿岸以及南部的牛场水库、双泉湖水库下游地带，又可分为泥炭沼泽土、腐殖质沼泽土、草甸沼泽土、盐化沼泽土四个亚类。其成因是南部洪积扇前缘的地下水溢出带多为沼泽湿地，经漫长的生物化学、物理沉积和成壤作用形成泥炭、淤泥或沼泽土；受气候变迁和人为活动的影响，地下水位下降，水域面积缩减，沼泽湿地逐渐变为草甸，进而盐渍化，最后沙化。南部有机质多，含氮量高，北部有机质少，含氮量低，中部介于二者之间；盐分含量明显，是南少中多北更多；ph，南部呈微酸性、中性或微碱性，北部多呈微碱性。耕地土壤养分总的特点是：氮磷不足、钾有余。

**二、植被**

临泽县降水量稀少，蒸发量大，植被覆盖率低，天然植被类型主要是干旱荒漠和湿地草甸。天然野生植物红沙、珍珠、木紫莞、泡泡刺、骆驼刺、霸王和针叶棘豆等，根系发达，茎矮叶小，抗旱能力强，为天然耐干旱小灌木荒漠植被。主要分布于南北洪积戈壁滩(砾质荒漠)，覆盖度约10%~20%;红柳、梭梭、花棒、小叶锦鸡儿群落耐干旱、抗风沙，主要分布在风沙带(沙质荒漠)，多为丛状；芦草、骆驼蓬、盐爪爪、苦豆子等喜盐耐碱植物，主要分布于盐碱滩和地下水位较高的地带，生长土壤为盐渍化土和草甸土，覆盖度达70%。临泽县林地主要是人工营造的“三北”防护林体系和农田林网，主要分布在林场、绿洲边缘和田旁渠边。农田林网以杨树、柳树为主，在支、斗渠两旁栽种最多；在南北风沙戈壁边缘营造的防护林，乔灌林混合栽植，防风固沙保护农田；湖滩边缘和黑河、大沙河沿岸多为杨树、柳树和沙枣树等，以改良盐碱地和护岸保田。

临泽县是历史悠久的灌溉耕作农业区域，粮食生产历来在经济结构中占主导地位，全县灌耕土地总面积45万亩，农民人均占有耕地3.68亩。农作物主要有小麦、制种玉米、高粱、谷子、马铃薯、甜菜、黄豆、油菜、葵花、胡麻、番茄、瓜类等，果品主要有枣、杏、桃、梨等，其中：临泽小枣是甘肃有名的土特产。近几年，林果业、粮食制种业、畜牧养殖业、农副产品加工及贸易、流通得到了很大的发展，成为农民增收的主要来源和农村经济发展的新模式。

通过全县土壤普查和草地资源调查，本县现有草原面积120.95万亩，占国土总面积的27.08%，其中：可利用草原面积120.95万亩，占草原面积的100%。草原类型主要有温性荒漠草原和低平地草甸。北部荒漠化草原主要分布在板桥、平川辖区内与内蒙古接壤，低平地草甸草原主要分布在原新华牛场、鸭暖镇古寨村等。

高等植物共计60种，其中，禾本科9属10种，占16.7%(以种计)；菊科9属10种，占16.7%;豆科5属7种，占11.7%;藜科6属9种，占15%;蒺藜科4属8种，占13.3%;柽柳科2属2种，占3.3%。

1.温性荒漠草原的植物

禾本科：沙生针茅、二叉细柄茅、克氏针茅、沙芦草、沙鞭、无芒隐子草、三刺草等；

豆科：镰形棘豆、细枝岩黄耆、小叶锦鸡儿、刺叶柄棘豆(猫头刺)；

菊科：白沙蒿、沙蓝刺头、中亚紫菀木、耆状亚菊、灌木亚菊、沙生旋覆花、叉枝鸦葱、刺儿菜、茵陈蒿、猪毛蒿；

蒺藜科：白刺、泡泡刺、骆驼蓬、骆驼蒿、骆驼蹄板、念念、霸王、蒺藜等；

藜科：合头草、珍珠、盐爪爪、梭梭、巴锡藜、红茎盐生草、木本猪毛菜、刺藜、沙蓬；

蓼科：锐枝木蓼、沙拐枣；

柽柳科：红砂；

紫草科：紫滴筒、翅鹤虱、黄花软紫草；

蓝雪科：黄花补血草；

茄科：黑果枸杞；

百合科：蒙古韭；

石竹科:裸果木;

旋花科:鹰爪柴;

麻黄科:麻黄。

2.低平地草甸草原植物

禾本科:赖草、沙芦草、芦苇、芨芨草、拂子茅;

莎草科:苔草;

灯芯草科;灯芯草;

毛茛科:水葫芦苗、毛茛;

柽柳科:柽柳;

藜科:盐爪爪。

## 第五节　自然疫源地

临泽县野生动物种类不多,但都是一些地方适应性很强的生物群落,与畜禽疫病发生有关的禽类有鹅、野鸡、麻雀、野鸭、野鸽等14种,野猪、黄羊、老鼠等动物可传播家畜疫病。另外,苍蝇、蚊子、螨、蜱等吸血昆虫类可作为疫病的中间环节可以传播人与人、人与畜、畜与畜之间的疫病。但危害源以老鼠、麻雀、苍蝇、蚊子、蜱为主,这些生物在平原地带分布较广,来往于人畜之间,对家畜家禽的危害比其他动物严重。

## 第六节　环境污染情况

### 一、水源

县内河流黑河、梨园河均源于祁连山区,系大气降水和冰川融雪水汇集成地表径流,出山后便引入渠道,一般流程短,矿化溶滤作用小,属低矿化水,一般水质很好,适宜农田灌溉、工业用水和人畜饮用。由于工业发展,工业废水对黑河临泽段污染较为严重,特别是张掖造纸厂的废水,一度使黑河水变成了黑褐色,人畜不能直接饮用,近年来通过搬迁、治理,黑河水污染得到了有效恢复。工业废水渗入地下造成了地下水的不同程度的污染。另外,大量使用化肥、农药和大量畜禽粪尿渗入地下也造成了局部地方的地下水污染。

### 二、土壤

临泽县土壤污染比较严重。工业上的"三废"进入农田;过量施用硝酸盐、磷酸盐化肥和农用地膜等而引起土壤污染;农药的拌种、喷施,增加土壤中过量的有机氯、有机磷等。另外,生活污水、垃圾或动物尸体、畜禽粪便等,未经腐熟直接上地,造成土壤污染。由于土壤污染，有毒物质在植物体内残留量升高，以粮食及其秸秆、牧草为食物的家畜（禽）也必然受到危害。

**三、空气**

临泽县基本上无大气污染问题，主要是城乡住户冬季取暖以煤为主，所以燃烧排放的废气是大气污染的主要原因。

一般是早晚较重，正午明显好转。冬季较重，夏季较轻。近年来随着生活水平的提高，汽车、摩托车及农用车的大量使用，汽车尾气的大量排放，造成了空气的污染。

**四、草质**

工业“三废”对草质的污染较小，农田、果园喷施农药污染牧草较为严重：畜禽病死尸体的处理，没有固定式场所和设施，一般进行深埋处理，而边远地区的农村病死尸体乱抛乱扔也对草场造成一定的污染。粪便、垃圾、污水，城市一般有排污设备或集中堆放，统一处理，农村自行处理，主要采用堆积发酵作为农家肥料利用。致使水源、空气、土壤、草质受到不同程度的污染。

# 第二章　畜牧业经济概况

## 第一节　畜牧业生产

临泽县农业耕作历史悠久，种植业比较发达，为畜牧业发展提供了丰富的饲草料资源，再加上水草丰茂的天然草场资源，发展畜牧业的条件得天独厚。

近年来，临泽县广大农民在党的正确路线、方针和政策的指引下，艰苦奋斗，坚持四项基本原则，战胜了前进过程中的种种困难，经受了严峻考验。尤其是20世纪90年代以来，根据临泽县实际，坚持改革开放方针，因地制宜、合理调整畜群结构，使临泽县畜牧业走上了稳定、健康、协调发展的道路。以规范化、规模化、标准化生产为主的畜牧业经济迅速发展，在稳定发展养鸡、养猪业生产的同时，重点发展以牛、羊为主的草食畜牧业，取得了尤为突出的成效。

2014年底，临泽县各类畜禽存栏达到了84.26万头（只），比1989年的30.06万头（只）增加54.2万头（只），增长180.3%。其中大牲畜存栏13.49万头（匹），比1989年的5.09万头（匹），增加8.4万头（匹），增长165.03%；在大牲畜中，牛存栏12.48万头，比1989年的3.05万头，增加9.43万头，增长309.18%；生猪存栏10.62万口，比1989年的6.04万头，增加4.58万头，增长75.8%；羊存栏15.33万只，比1989年的8.24万只，增加7.09万只，增长86.04%；养鸡44.82万只，比1989年的12.72万只，增加32.1万只，增长256.36%。

2014年出栏肉牛5.61万头，比1989年的0.18万头，增加5.43万头，增长3016.67%；肉猪出栏12.9万口，比1989年的6.04万口，增加6.86万口，增长113.58%；出栏羊8.89万只，比1989年的1.26万只，增加7.63万只，增长605.56%；出栏鸡61.23万只，比1989年的30.57万只，增加30.66万只，增长100.29%。肉类总产量达16003t，其中：猪肉8391t，牛肉5605t，羊肉1333t，禽肉674t；水产品680t，牛奶总产量26064.5t，鲜蛋总产量1569t，羊毛总产量257t。畜牧业产值达到5.5亿元，占农业总产值22.97亿元的23.9%，比1989年的0.56亿元，增加4.94亿元，增长882.14%。畜牧业增加值3.95亿元，比1989年的0.14亿元，增加3.81亿元，增长2721.43%（详见附表1和附表2）。

近年来，随着张掖市百万头肉牛养殖基地建设项目、甘肃省肉牛产业大县建设项目、奶肉牛基地建设项目和肉牛肉羊发展贴息贷款等项目的实施。截至2014年底，临泽县发展各类畜禽养殖小区129个，入驻农户677户。其中：肉牛养殖小区71个，入驻农户420户，存栏肉牛3.2万头，年出栏肉牛1.7万头；奶牛养殖小区（场）10个，存栏奶牛9263头；肉羊养殖小区24个，入驻农户110户，存栏肉羊5.4万只，年出栏肉羊1.49万头；肉猪养殖小区21个，入驻农户88户，存栏肉猪3万头，年出栏肉猪4.51万头；蛋鸡、肉鸡养殖小区3个，入驻农户6户，存栏蛋鸡、肉鸡5.6万只，年出栏7.21万只。

截至2014年底，临泽县发展各类畜禽养殖场117个，肉牛养殖场63个，肉羊养殖场61个，肉猪养殖场20个，蛋肉鸡养殖场5个。临泽县规模养殖（存栏牛5头以上，羊20只以上，猪20头以上、鸡500只以上。大户1.8万户，其中：养牛户1.22万户，养羊户0.46万户，养猪户0.1万户，养鸡户0.1万户，年出栏畜禽73.64万只。其中出栏牛2.32万头，出栏羊4.44万头，出栏猪9.68万头，出栏鸡57.7万只。

## 第二节　畜禽品种及改良

家畜品种是动物固有遗传特性与其赖以生存的外界环境的统一体。劳动人民在几千年的生产实践中培育了适应本地自然条件，并有一定经济性状的河西猪、河西驴、河西双峰驼等家畜品种。近年来，通过杂交改良培育出了新华华特瘦肉型猪配套系（华特A系、华特B系和华特C系）、张掖肉牛（本地河西肉牛与西门塔尔肉牛杂交高代），土寒羊（本地土种羊♀与小尾寒羊♂杂交高代）和部分杜寒羊（土寒羊♀与杜泊肉羊♂杂交）等杂交新品牌。

### 一、黄牛

河西黄牛是临泽县劳动人民长期培育的以役用为主的地方品种，以蒙古牛的血统为主。虽体格较小，但有相当的役力，能耐劳苦，持久力长。20世纪60年代以来，陆续引入了黑白花、三河、秦川、早胜、南阳、鲁西等国内外优良牛种杂交改良本地河西黄牛，但由于改良方向不明确，又没有统一的引种计划，品种上多、杂、乱，加之不注意杂种牛后代的培养，虽有一定的改良效果，但参差不一，改良效果不明显，主要以役用为主。1980年，临泽县开始引入西门塔尔肉牛冻精，通过人工授精技术进行黄牛改良，效果十分显著。至1989年，累计授配母牛18000头，产活杂种母犊牛13000头。至2014年底，全县存栏能繁母牛86000头，用西门塔尔肉牛冻精授配母牛73100头，授配率达到85%，年产改良牛65000头以上。改良牛比河西黄牛体格大，挽力大，性情温顺，使役提前。2000年以来，随着农业机械的大量推广应用，黄牛改良的目的从过去的役用逐步向肉用方向发展，目前，高代次的西门塔尔肉牛已成为临泽县肉牛新品牌——张掖肉牛。

### 二、奶牛

1980年前临泽县基本没有饲养奶牛，1981年从兰州等地引进黑白花奶牛50头，分散农户饲养。1984年创办了临泽县雪莲奶牛养殖场，1986年从新西兰引进纯种黑白花奶牛200

头，至1989年全县纯种奶牛养殖量达到610头，2000年经过企业改制，存栏奶牛860头。目前存栏奶牛达到2750头。2005—2008年全县新建奶牛养殖小区8个，饲养奶牛4000头。2012—2014年新建奶牛养殖场3个。2014年全县共有奶牛养殖小区5个，奶牛养殖场4个，奶牛存栏1.15万头。

**三、马、骡、驴**

临泽县马存栏664匹，以蒙古马为主，兼以少量的河曲、卡拉巴依、弗拉基米尔杂种马，分布于全县，以黑河沿岸较多。存栏骡1852头。驴只有一个品种，即河西驴。河西驴体质干燥，体型较小，但结实紧凑，适应性强，耐粗饲，抗逆性大，适于在各种路面行走。1980年以来，先后引进陕西关中驴、山东德州驴等高大品种进行改良，但由于重视不够效果不明显。过去主要役用为主，近年来逐步向肉用方向发展。目前全县共有驴8291头，主要分布在平川镇、蓼泉镇和沙河镇。

**四、河西双峰驼**

骆驼是荒漠、半荒漠草原的主要畜种。临泽县骆驼全为河西双峰驼，分布于板桥、平川北山荒漠地区。全县共有养殖骆驼户51户、养殖骆驼4000余峰，其中适龄母驼2000余峰。目前饲养骆驼主要用于繁殖、产绒、产毛和肉用。

**五、生猪**

河西猪是本地的一个原始猪种，体型有大、小型两种，呈明显矩形或横梯形，额部有较多的纵向皱纹，耳大下垂，鼻吻较大耐粗饲。母猪产仔性、保姆性、泌乳性、恋膘性好。公猪6月龄开始配种，母猪4~5月龄发情，7~8月龄开始配种，头胎一般可产仔8~10头，经产母猪每胎可产仔12~14头。19世纪60年代以来先后引入苏大白猪、定县猪、新金猪、新淮猪、金华猪、长白猪、北京黑猪、内江猪及荣昌猪、八眉猪等进行杂交改良。1983年引进杜洛克、汉普夏猪进行改良，在杂种普及过程中，巴克夏猪和内江猪起了主导作用。1993年临泽县与甘肃农业大学联合创办了新华华特种猪场，培育出华特配套系A系、B系、C系。华特A系具有生长发育快，体质结实，瘦肉率高等特点。华特B系具有体形中等，臀部大腿丰满股实，泌乳性强，母性好等特点。华特C系具有发情早，性周期短，发情持续期长，断奶后返情期短，发情率高，性行为明显等特点。目前，全县生猪养殖以华特猪为主，全县生猪存栏10.62万头，以新华镇、沙河镇、蓼泉镇饲养较多。

**六、绵羊**

原有品种为河西蒙古羊，以肉用为主。从1953年开始先后引进高加索和新疆细毛羊进行杂交，改良方向为以产毛为主。1993年开始引进小尾寒羊种公羊进行杂交改良。选择小尾寒羊体型高大、多胎多羔、不分季节发情的特点，至目前全县改良率达到95%以上。1995年平川镇创办了平川种羊场，引进萨福克、陶赛特种公羊进行纯种繁殖和杂交改良，效果明显，但由于经营不善而停止。近年来，在小尾寒羊杂交的基础上养殖农户自行引进部分萨福克、陶赛特、德克赛尔、杜泊、湖羊等优秀肉用种公羊进行杂交改良，改良率达到

30%以上。2014年,全县存栏各类杂交羊15.33万只。

**七、山羊**

原有品种河西山羊,分布于全县各镇,现有1.5万只。其适应性很强,是一种毛绒、板皮、肉、奶综合利用的原始地方品种。山羊繁育率高,母性强,有少量可以一年繁殖2胎。1970年以来,从宁夏中卫引入沙毛山羊改良本地山羊,效果显著,羔皮质量明显提高。后引入奶山羊杂交,繁殖了部分杂种羊。每胎产单羔或双羔,也有少数一胎产3~5羔。20世纪80年代,山羊绒走俏,又从陕西、内蒙古引入了绒山羊进行杂交改良。近年来引进少量波尔山羊进行杂交改良,逐步向肉用方向发展。

**八、鸡**

临泽县鸡种有本地土种鸡。1970年以来引进九斤黄、澳洲黑等兼用型品种进行改良,1980年以来引进星杂"288"、京白鸡、来航鸡、罗斯鸡、伊沙褐、星波罗肉鸡、明星肉鸡、AA肉鸡等,2014年全县存栏鸡44.8万只,其中良种鸡占95%以上。

**九、兔**

兔有本地土种兔,还有引入的大耳白、八点黑、獭兔等良种兔,总量约2000只,在全县各镇零星分布。

## 第三节　饲草饲料

临泽县地处河西走廊中部,是典型的绿洲灌溉农业区,农业生产十分发达,饲草料资源比较丰富。2014年农作物播种总面积42.68万亩。其中:谷物播种面积33.98万亩,总产量达到15.91万吨;蔬菜、园艺面积7.84万亩,总产量24.77万吨;瓜果、香料面积0.32万亩;药材播种面积0.54万亩,总产量2089.88吨;红枣园面积9.41万亩,红枣产量1.85万吨。农作物的大量种植为畜牧业特别是草食畜牧业发展提供了大量的精饲料和秸秆饲料。

根据全县可利用的饲料大致分为以下六类:

**一、粗饲料**

指各种农作物秸秆、茎叶、皮壳、人工种草等。其中:人工种草面积16.56万亩,主要以紫花苜蓿为主,年产优质干草16万吨;人工种植饲用玉米3万亩,年产青贮玉米秸秆18万吨。全县可用于饲养家畜的各类饲草(风干重)达到60万吨左右,饲料用量为55万吨,占91.67%,其中:玉米秸秆35万吨,占58.3%;麦类秸秆(小麦、大麦、燕麦等)6万吨,占10%;豆类秸秆2万吨,占3.3%;人工种草16万吨,占26.67%;其他秸秆1万吨,占1.6%。人工种草以苜蓿为主,草质优良,营养最好、粗蛋白质含量高,利用率在95%~100%;其次以豆类作物秸秆营养较好,粗蛋白含量丰富,消化率高,是较好的粗饲料,但种植面积小、产量少,饲料利用率为90%~100%。玉米秸秆饲料是主体,其饲料用量为30.8万吨左右,饲料利用率为88%~90%。玉米秸秆绝大部分是风干饲喂，营养价值损失严重。

近年来，临泽县大力推广玉米秸秆青贮技术，在修建的奶肉牛、肉羊养殖小区、养殖场全部规划设计建造了青贮窖。2013年，临泽县人民政府出台了《关于农作物秸秆饲料化高效利用的意见》，制定了大量的优惠政策，每年全县财政拿出300万元，专门支持青贮窖建设，新建$30m^3$以上的青贮窖每立方米补助30~50元。至2014年底，全县累计建成永久性青贮窖11791座、91.83万立方米，累计青贮、黄贮、微贮各类秸秆60万吨以上，秸秆饲料化高效利用率达到80%，使全县玉米秸秆青贮工作上了一个新台阶。

## 二、青饲料

青饲料的来源一是种植的苜蓿、甜菜叶、蔬菜废弃部分等；二是收集的田间野草和刈割湖滩的野生草。年收获鲜青草约3万吨。青饲料主要用于牛羊补饲，大部分直接饲喂，部分埂草、滩草则用来晾晒青干草，在冬春饲喂。

## 三、精饲料

精饲料主要是指留作饲用的谷物、粮油加工副产品糠麸类、饼粕类等。其来源：一是农民留作饲料的谷物；二是购买的成品配合饲料；三是食品加工业的下脚料；四是粮食、油料及其他作物加工后的副产品。主要品种有玉米、蚕豆、豌豆、青稞、大麦、大豆、麸皮、谷糠、小麦、菜籽饼、胡麻饼等。其利用方式一是以原粮的形式用于大家畜的补饲；二是配制各种类型的配、混合饲料，饲喂猪、鸡及奶牛。2014年，全县共建成张掖大北农农牧科技有限公司、临泽县鑫玉饲料有限公司2家饲料加工企业，主要产品为配合饲料、浓缩饲料以及精料补充料等，生产的饲料产品主要满足我县畜禽养殖需求，部分销往周边地区，2014年共生产各类饲料4.8万吨，实现产值1.2亿元；原县畜牧兽医局下设动物卫生监督所负责全县配合饲料的监管工作。

## 四、糟渣类饲料

糟渣类饲料大都是谷物类的加工副产品，如酒糟、醋糟、豆腐渣、粉渣等。全县糟渣总量约1000t。群众大多用来育肥猪，湿喂或晒干保存。

## 五、多汁饲料

本类饲料主要是块根、块茎及瓜类饲料，包括甜菜、胡萝卜、洋芋、白菜、南瓜等。其总量为1000t，主要用于饲喂各类家畜禽。

## 六、动物性饲料

动物性饲料主要指屠宰动物后的鲜血粉、杂骨、内脏、羽毛等。这类饲料主要以添加剂的方式用于畜牧业，其最大特点是蛋白质含量高、品质好、必需氨基酸含量高而且比例恰当。骨粉是宝贵的钙磷添加剂，对畜牧业生产是十分宝贵的资源，其总量约为500t。

## 第四节　畜禽屠宰及加工

临泽县畜禽及其产品的调运，主要以公路运输为主，境内312国道、兰新高速公路向东可以直达兰州及以东地区，向西可达酒泉、哈密、新疆、西藏等地。据调查，畜禽及其产品主要调往省会兰州以及陕西、宁夏、山西、河南、江苏、湖北、河北、内蒙古、青海、新疆、西藏等地。凡调出县境的禽畜及其产品，须由县以上动物检疫机构检疫并出具检疫合格证明，交通部门凭合格的检疫证明承运，从而有效地防止了畜禽疫病的远距离传播。

临泽县有屠宰厂4个。其中生猪屠宰场1个，年屠宰量3万头，生猪实行统一屠宰、统一检疫、统一批发配送。牛羊屠宰场3个，其中：清真牛羊屠宰场1个，年屠宰肉牛2000头，肉羊5000只；大众牛羊屠宰场2个，年屠宰肉牛5000头，肉羊8500只。全县生猪、牛、羊禁止私屠滥宰。根据动物防疫、检疫管理要求，县动物卫生监督所对上述屠宰及加工的单位和个人均发放了《动物防疫合格证》，并实施有效的兽医监督管理。

# 第三章 兽医组织机构

## 第一节 兽医行政(包括事业单位)组织机构

临泽县畜牧兽医工作站成立于1956年,为股级全民事业单位,隶属于县农林牧局,有技术干部16人,1975年晋升为副科级事业单位,1986年增设临泽县动物检疫站、临泽县渔业工作站。1987年,县政府决定撤销动物检疫站,保留临泽县畜牧兽医工作站,成立临泽县畜牧渔业公司,下设畜牧兽医技术服务中心、渔业工作站;1989年,成立临泽县肉禽蛋公司,下设畜牧兽医技术服务公司、渔业公司、畜禽及产品经销公司(临泽县食品公司及各乡肉食站)。1991年,按照临泽县人民政府文件临政发(1991)109号《关于县农牧局分设的通知》(1991年7月24日)的相关部署,成立临泽县畜牧局,下设临泽县畜牧技术服务中心、渔业站、草原工作站。2006年5月18日,按照临泽县机构编制委员会文件临编委(2006)10号《关于全县畜牧兽医和防疫检疫机构设置及人员编制方案的通知》,撤销临泽县畜牧兽医工作站、临泽县畜牧技术服务中心,成立临泽县动物防疫检疫站和临泽县畜牧技术推广站;同时,将原由各乡镇人民政府管辖的乡镇畜牧兽医工作站人、财、物三权收归临泽县畜牧局统一管理。2008年7月4日,根据临泽县机构编制委员会文件临编委(2008)22号《关于全县畜牧兽医机构设置及人员编制的通知》,撤销临泽县畜牧局,成立临泽县畜牧兽医局(加挂临泽县防制重大动物疫病指挥部办公室的牌子);撤销动物防疫检疫站,重新组建了临泽县动物卫生监督所(加挂县兽药饲料监察所、县畜产品安全检测中心的牌子)和临泽县动物疫病预防控制中心;保留县畜牧技术推广站(含草原工作站,加挂草原监理站的牌子);保留渔业工作站(加挂渔政管理站的牌子);撤销各乡镇动物防疫检疫分站,按乡镇组建畜牧兽医站,为县畜牧兽医局的派出机构。至2014年,全县畜牧兽医系统工作人员编制总数为51人,实有人数75人;学历分布情况为:研究生学历1人,大学本科学历41人,大学专科学历28人,中专学历5人;年龄分布情况为:35岁及以下47人,36~40岁3人,41~45岁8人,46~50岁9人,51~54岁6人,55岁及以上2人。岗位职称情况为:高级职称人员4人,中级职称人员8人,助理及技术员49人。

畜牧兽医局的职能职责:

(1)贯彻党和国家有关畜牧、渔业、兽医、饲料等方针、政策和规定,制定全县畜牧草业渔业生产发展规划,组织开展全县畜牧草业渔业生产专题调查,总结推广典型经验。

(2)根据《畜牧法》《草原法》《渔业法》《动物防疫法》《种畜禽管理条例》《兽药管理条例》等法律法规,依法对全县畜牧业、渔业、草业、饲料、官方兽医与执业兽医和动物防疫实施行业管理。

(3)负责对局属各单位、乡镇畜牧兽医站的管理和业务指导及监督检查。

(4)负责全县畜牧兽医渔业草业科技管理,组织培训技术管理人才,开展信息咨询,协调解决畜牧兽医草业渔业饲料生产中的重大问题,搞好社会化服务工作。

(5)承办县委、县政府交办的其他工作。

县动物疫病预防控制中心:编制6人,承担全县动物疫病防控、动物疫情监测、动物流行病学调查。建有兽医实验室,配有电冰箱、恒温箱、干燥箱、电子显微镜、酶联测试仪、免疫电泳仪、分析天平等主要必需设备47台(件),配备专职实验室技术人员5人,其中:高级兽医师2人,助理兽医师3人。可开展口蹄疫、高致病性禽流感、猪瘟、高致病性猪蓝耳病、鸡新城疫、小反刍兽疫等疫病的抗体检测和布鲁氏杆菌病的血清平板、试管实验监测等。各镇畜牧兽医站都配备有电冰箱、电冰柜、显微镜、医用冷藏柜、疫苗冷藏箱、采样箱、电动喷雾器、防护服等设施设备。

县动物卫生监督所(加挂县兽药饲料监察所、县畜产品安全监测中心的牌子):编制8人,主要承担全县动物卫生监督,兽药、饲料监察、畜禽屠宰监管等职能职责。

畜牧技术推广站(含草原工作站,加挂草原监理站牌子):编制6人,主要承担动物新品种引进改良,饲养管理新技术推广应用,项目建设,草原监察管理等。

县渔业工作站(加挂渔政管理站的牌子):编制3人,主要对全县渔业生产进行技术指导、监督管理。

基层镇畜牧兽医站(7个镇畜牧兽医站):编制21人,主要承担本镇的畜牧技术指导、动物防疫检疫、疫情监测、动物卫生监督等工作。

现有村级动物防疫员78人,承担全县春、秋两季重大动物疫病免疫接种任务。个体兽医65人,主要承担全县动物疫病、普通病的诊疗及黄牛改良等任务。

## 第二节　其他兽医机构

(1)临泽县富民奶牛养殖专业合作社(原临泽牛场):现存栏奶牛2750头,年产鲜奶1.1万吨。设有兽医室,兽医从业人员9人。

(2)张掖市蓼泉奶牛养殖农民专业合作社(前进牧业):现存栏奶牛1850头,年产鲜奶0.6万吨。设有兽医室,兽医从业人员6人。

(3)张掖市五泉奶牛养殖农民专业合作社(前进牧业):现存栏奶牛1800头,年产鲜奶0.6万吨。设有兽医室,兽医从业人员7人。

(4)张掖市新华奶牛养殖农民专业合作社(前进牧业):现存栏奶牛1000头,年产鲜奶0.4万吨。设有兽医室,兽医从业人员6人。

# 第二篇　畜禽疫病及防制

# 第一章 病原微生物与传染病总论

## 第一节 致病微生物的种类和基本特性

在自然界中有许多细小的生物，肉眼看不见，需借助于光学显微镜甚至用电子显微镜放大几百倍、几千倍甚至几万倍才能看到，这些生物通称为微生物。它们大多数是单细胞生物，构造简单，繁殖快速，在自然界中分布极广，种类繁多，数量巨大。主要包括细菌、病毒、立克次氏体、螺旋体、支原体、衣原体、放线菌和真菌等。

自然界生活着的多种微生物绝大多数对人类和动物、植物无害而有益。它们对物质的分解、转化、综合和循环起了巨大的作用。如土壤里的固氮菌、定氮菌、硝化菌、亚硝化菌和硫细菌等，是植物氨素营养供应的重要来源。微生物在工业、医药、农业和畜牧方面也被广泛利用，尤其是在酿造、抗生素和疫苗的制造方面最为突出。仅有极少数微生物对人或动、植物有害，可引起各种传染病，称为病原微生物。

病原微生物是生物学的致病因素，它们绝大部分营寄生生活，自己不能制造养料，必须依赖有机物或从生活的宿主体内获得营养，能在宿主体内繁殖，生长的适宜温度在37℃左右。

**一、细菌**

（一）细菌的形态和结构

细菌是微小而肉眼看不到的生物群，大小一般不超过几个微米。

1.细菌的形态

细菌的基本形态有三种，即球菌、杆菌及螺菌。这些形态在适宜的环境下是相对恒定的，但在营养和温度等条件变化的情况下，其形态可能发生很大的变化。

（1）球菌：呈圆形或卵圆形，直径0.8~1.2μm。依其分裂后所形成的排列不同可分为：

双球菌：细菌在分裂后保持成对的菌体。

链球菌：细菌在分裂后几个或几十个排列成串。如肺炎链球菌、马腺疫链球菌等。

葡萄球菌：细菌在分裂后不规则排列成葡萄状。如金黄色葡萄球菌、白葡萄球菌等。

只有一部分链球菌、葡萄球菌和双球菌有致病性，大多数链球菌、葡萄球菌和其他球菌的致病力极弱，或者没有致病力。

（2）杆菌：呈圆柱形，多数是直的，少数略有弯曲，两端多为钝圆形，少数呈方形。有些杆菌的菌体极短，近似球形，称为球杆菌。有的杆菌有分枝，又称分枝杆菌。有的一端膨大呈棒状，又称棒状杆菌。有的杆菌能形成芽孢，又称芽孢杆菌。

（3）螺菌：呈弯曲或扭转状。只有一个弯曲，近似马蹄形的，称弧菌。如细胞有2~6个螺旋，似螺旋状，称螺菌。

2.细菌的构造

细菌虽小，但结构完整，基本上与高等植物的细胞相差无几。外面为细胞壁，为无色透明，坚固而有弹性的薄膜，它能保持细菌的固有外形。细胞壁的内面为胞浆膜，具有半透性，细菌的内外物质交换是由它完成的。胞浆膜的里面充满着细胞质，为无色透明、黏稠匀质的胶体，内含各种物质如多糖、类脂、无机盐等。它们有些是细菌的代谢产物，有些是贮备的营养物质，且因细菌种类和发育阶段的不同而有差异。细菌的细胞核用常规的检查方法是不能看到的，须用特殊化学检验或电子显微镜观察才能看到，一般呈圆形或椭圆形，亦有呈哑铃形或新月形。除了一般构造以外，有些细菌尚具有下列某些特殊构造。

（1）鞭毛：许多杆菌和螺菌自细胞浆内的基础颗粒伸出细胞壁外形成数目不等的鞭毛，鞭毛是细菌的运动器官。

（2）荚膜：有些细菌在其细胞壁的外面围绕着一层透明的黏性物质，称为荚膜。具有存储营养和保护菌体的作用，与细菌的致病因素有关。

（3）芽孢：有些细菌在生长繁殖过程中的某一发育阶段，在一定条件下，细胞内形成圆形或椭圆形的特殊构造，叫做芽孢。形成芽孢的细菌都为革兰氏染色阳性杆菌，称为芽孢杆菌。球菌和螺菌一般不形成芽孢。形成芽孢须有一定条件，必须在有氧的条件下才能形成，在动物体内不接触空气就不形成芽孢。厌氧性芽孢杆菌如破伤风梭菌等则在缺氧条件下形成芽孢。

芽孢是细菌的一种休眠状态，而不是对不良环境的简单反应。细菌形成芽孢后，菌体破裂，芽孢游离于外，谓之芽孢体。遇到适宜的生活环境时，芽孢又重新出芽而形成菌体，进行生长繁殖，称为繁殖体。细菌的繁殖体繁殖至一定时间又形成新的芽孢。芽孢由于机体致密、水分较少，抵抗力强；一般的消毒药不能将其杀灭；在沸水中能抵抗2~3h；在土壤中存活几年甚至几十年。

（二）细菌的生长繁殖和代谢

细菌的生长繁殖：细菌和其他生物一样，必须从周围环境中摄取营养物质，排出废物，进行新陈代谢，以维持其生命活动。根据生长要求的不同，细菌可分为腐生菌和寄生菌两类。主要寄生在动、植物体内，利用活体内的有机物作为营养的叫寄生菌。大多数病原菌都是寄生菌。凡分解并利用没有生命的有机物为生的叫腐生菌，如引起肉类等食品腐败变质的细菌等。腐生菌本身不致病，但有些腐生菌能产生强烈的毒素，导致人和家畜中毒发病。细菌一旦适应了环境，就迅速分裂，呈几何级数增长，此时期细菌的形态、大小较为典型，对外界的抵抗力也有所增强。

细菌的代谢产物：细菌不能直接摄取其周围环境中存在的大分子的多糖和蛋白质，而是先通过细菌分泌的孢外酶（主要是水解酶，如蛋白酶、多糖酶、脂肪酶、核酸酶等），把多糖水解成单糖，将蛋白质分解成氨基酸及其他简单物质供细菌吸收利用。这些物质被细菌吸收到菌体内后，有的通过呼吸作用被进一步氧化分解，这一过程为分解作用。吸入菌体的简单物质，通过孢内酶的作用被合成为自身的蛋白质和糖类等，构成菌体细胞的组成或者作为贮藏的营养，这一过程称为合成作用。

分解产物：不同细菌具有不同种类的酶系统，因此它们分解糖和蛋白质的能力不同，最后产生的代谢产物也不同。细菌分解糖后，可产生各种有机酸、醇等。蛋白质在细菌胞外酶作用下，可水解为蛋白胨、肽和氨基酸等。氨基酸在细胞内门可进一步分解成更为简单的化合物。

合成产物：细菌进行合成代谢时，除合成其菌体蛋白质外，还往往合成一些特殊的产物。如细菌的外毒素和内毒素以及某些与致病作用有关的酶。还有一些特殊的合成产物在生产上用途很大，如抗生素、维生素、氨基酸、酶等。

**二、病毒**

病毒广泛存在于自然界，人类、动物、植物、昆虫及细菌均可有病毒寄生。病毒不具有完整的细胞结构，缺乏酶系统，有严格的寄生性。根据病毒寄生范围的不同，可分为植物病毒、动物病毒和细胞病毒——噬菌体。许多危害严重的家畜传染病是由病毒引起的，如口蹄疫、猪瘟、鸡新城疫等。

**（一）病毒的大小、形状及结构**

病毒的大小测定单位是纳米（nm），最小的病毒只有10nm，近于蛋白质分子。一般病毒在光学显微镜下不能看见，必须用电子显微镜才能见到。最大的病毒可达300μm。病毒的形状有球形、杆形、砖形及蝌蚪形等四种，一般动物病毒以球形较为多见。整个小型的病毒就是一个结构复杂的核蛋白颗粒，其中心是核酸。核酸是病毒的生命中枢，它决定病毒的繁殖、感染、遗传和变异。每种病毒只含一种类型的核酸：核糖核酸（RNA）或脱氧核糖核酸（DNA），可将病毒分为RNA病毒和DNA病毒两大类。

**（二）病毒的复制和培养**

病毒的生长繁殖类似核酸的复制，由于它缺乏独立代谢的酶系统，必须依赖宿主细胞供给酶系、营养和能量来进行其生命活动。因此，病毒必须在活细胞内才能复制。

常用的病毒的培养方法有三种。一是动物培养：将病毒用适宜的感染途径接种到易感动物体内，观察被接种动物的发病情况和病理变化等。如小白鼠、原鼠或家兔等。二是鸡胚培养：正在发育中的鸡胚，能适合许多种病毒的生长繁殖。鸡胚内一般是无菌的，接种病毒后，继续孵化鸡胚，若所接种的病毒能在该鸡胚内生长繁殖则鸡胚可出现病变或死亡。

三是组织(细胞)培养:将易感动物的胚胎组织(肾、淋巴结、肝、肺等组织),用胰酶消化使细胞分散,将这些细胞用人工方法培养在玻璃器皿内。当这些离体细胞在玻璃器皿内生长形成单层时,将病毒接种进去。多数病毒在这种离体的活细胞内生长繁殖后,可引起细胞发生病理变化。

(三)病毒的血球凝集现象

许多病毒(如鸡新城疫病毒、猪流感病毒及痘病毒等)能够有选择地使某些哺乳动物及禽类的红血球发生凝聚,这种现象称为血球凝集现象或血球凝集反应。各种病毒的血球凝集机制不完全相同。因此,利用病毒对凝集动物红血球种类的差异性可作为鉴定这类病毒的初步诊断。

(四)病毒的干扰现象

当两种病毒同时或先后侵入同一种的同一感染细胞时,其中一种病毒可以阻止另一种病毒在该易感细胞内生长繁殖,这种现象称为干扰现象。当机体细胞受到病毒刺激后可产生干扰素,这种干扰素可对多种病毒有干扰作用。因此,可利用干扰素作为病毒病的治疗之用。

(五)病毒的抵抗力

一般病毒对热的抵抗力不强,60℃30min即死。但对寒冷却有强大的抵抗力,将病毒冷冻、真空干燥放置于0℃~4℃的环境中可保存数月、数年或几十年。对化学药品的抵抗力不强,一般的消毒药都可将其杀灭。抗生素对病毒没有杀灭作用。

寄生于细菌体内的病毒称为噬菌体,它在易感的细菌体内生长繁殖,最后把细菌裂解。噬菌体对细菌的选择有高度特异性,一种噬菌体只能感染一种细菌,或者少数几种相近似的细菌,因此可用于细菌的鉴定。

**三、其他病原微生物**

(一)真菌

真菌是一类不分根、基、叶,不含叶绿素,营死物或生物寄生生活的低等植物,真菌的种类很多,现在已发现的约有八万多种,但对人类和动物致病的真菌还不到50种,而且仅有十几种可引起致死性感染。真菌的细胞较细菌复杂,有明显的细胞结构,如细胞壁、细胞质、细胞核等。根据真菌的进化程度,分为多细胞和单细胞两类。单细胞见于酵母菌和类酵母菌,其细胞呈圆形或椭圆形。多细胞见于各种霉菌,由许多细胞连成菌丝,并分枝交织成团而组成菌丝体。兽医上致病的真菌主要有:流行性淋巴管炎囊球菌——马流行性淋巴管炎。

(二)放线菌

放线菌是介于细菌与真菌之间的一类微生物。由细而分枝的菌丝(直径约1μm)组成,菌丝不分隔而有分枝,没有明显的细胞核。放线菌广泛分布于自然界(土壤、厩肥、植物上),大多数为非病原性的腐物寄生菌,其中很大一部分为抗生素的主要产生菌。兽医上主要有牛放线菌、皮疽诺卡氏菌等。

（三）螺旋体

螺旋体是一类介于细菌与原生动物之间的微生物，其形态特征为细长而有弹性。菌体回旋弯曲呈波状、卷曲状或弹簧状，菌体圆柱状，大小差异较大，15~500μm。致病性的螺旋体有三个属：

疏螺旋体属：螺旋弯曲稀疏而不规则，在人、动物及虫体内寄生。如人的回归热螺旋体、鸡疏螺旋体等。

密螺旋体属：螺旋弯曲致密而规则，在人及少数动物体内寄生。如兔密螺旋体致兔梅毒等。

钩端螺旋体：螺旋弯曲更致密而规则，两端呈钩状，在人及动物体内寄生。如出血性黄疸钩端螺旋体等。

（四）支原体

介于细菌和病毒之间的微生物。它和病毒相似，能通过细菌滤器。这类微生物缺乏细胞壁，支原体呈颗粒状、环状、卵圆形或丝状等。大小一般为132~200nm，可小到10~20nm，大到500nm。如牛丝状支原体—牛传染性胸膜肺炎等。

（五）立克次氏体和衣原体

立克次氏体为介于细菌与病毒之间的微生物，其大小形态和繁殖方式似细菌，但不能在人工培养基上生长，须生长于生活细胞中（当细胞代谢机能衰弱时立克次氏体的繁殖便旺盛），有的生长于细胞质内，有的生长于细胞核内。在自然界中多寄生于节足动物体内（肠上皮及唾腺细胞内），主要通过节足动物传播疾病。

立克次氏体的形状，有圆形、棒状、双球状、短杆状、丝状。小于细菌，直径约0.3μm，长度不到2μm。如结膜炎立克次氏体，绵羊、山羊、牛及骆驼的结膜炎等。

衣原体又称鹦鹉热淋巴肉芽肿沙眼病衣原体。是一种介于细菌与病毒之间的病原微生物。衣原体只能在易感动物体细胞内生长繁殖。衣原体可引起鹦鹉热（鸟疫）、肺炎和结膜炎、散发性牛脑脊髓炎等。致病性衣原体可分为沙眼衣原体和鹦鹉热衣原体，可引起人的沙眼、包涵体结膜炎和鹦鹉热、脑膜肺炎、牛脑脊髓炎、猫肺炎或山羊肺炎等病。

**四、病原微生物在外界环境中的生存**

病原微生物常随着病畜的分泌物、排泄物以及病死家畜的尸体而散布于自然界中，成为许多传染病的传播媒介，引起疫病扩大、蔓延和流行的重要原因，对人畜健康造成严重威胁。

（一）土壤

土壤含有丰富的水分和空气，有各种无机盐类和不断补充的有机养料，温度也较恒定，因此土壤是微生物生活的良好环境，在正常情况下生活着大量的土壤微生物。土壤的原有微生物对病原菌有拮抗作用，使得病原微生物不能长期存活。只有少数能形成芽孢的病原菌,如炭疽杆菌、破伤风梭菌等,它们形成芽孢后,在土壤中可生存几年乃至几十年。这类疾病可以土壤为媒介而发生传染,故称为土壤传染病。不形成芽孢的病原菌进入土壤后,大都很快死亡。

(二)水

水也是微生物广泛分布的自然环境,不论地面水或地下都含有微生物。水中微生物主要来自土壤以及污水、废物和人畜排泄物等。水源如果被病畜的尸体、排泄物等污染,则水中就有病原微生物的存在。如炭疽杆菌、钩端螺旋体、猪瘟病毒等常通过水源而传播。病原菌在水中存活的时间与水质、水温及细菌种类等都有关系。一般在清洁水中较杂菌多的污水中存活较久,水温低较水温高存活久。

(三)空气

空气中的微生物主要来自土壤,它们吸附在尘埃和其他微粒上,随着气流飞扬于空中,因此空气中的微生物数量与尘埃多少密切相关。在接近地面的空气中微生物数量极多,离开地面愈高则微生物数量显著减少。由于干燥和日光的作用,一般微生物进入空气后就会很快死亡,故空气中的微生物主要是抵抗力较强的细菌芽孢、真菌孢子产色细菌和球菌等。在病人和病畜周围的空气中,往往有大量的病原微生物。呼吸道传染病的病原菌在咳嗽与打喷嚏时随着飞沫喷入空气,落下的飞沫又可与尘埃黏附在一起,再吸入时可深入肺泡,传染的危险性也较大。无菌室、手术室、肉品加工的车间,均要求空气清洁、含菌数少,因此保持室内清洁卫生、地面潮湿、工作人员穿干净的工作服,戴口罩和换穿专用的鞋子都是为了防止病原菌随空气传播。空气消毒的常用方法有紫外线照射、福尔马林熏蒸等。

**五、物理因素对微生物的影响**

微生物的生命活动,与周围的环境有着密切的联系,一定的环境条件可使一定类型的微生物不断生长繁殖,以延续其种族的生存。当我们要利用某些微生物时,应尽力提供有利条件,使它迅速生长繁殖。当我们要扑灭某一传染病的病原菌时,就要利用对微生物有害的条件来消灭和控制它。

(一)温度

绝大多数微生物怕热不怕冷,高温可使微生物蛋白质变性、凝固、酶活动性消失,新陈代谢发生障碍,最后导致死亡。一般细菌在60℃的液体中经30~60min死亡。细菌芽孢对热的抵抗力特别强,100℃需1h以上,才被杀死。在低温的情况下,尤其是迅速低温冷冻,虽有部分细胞死亡,但仍有部分细菌长期保持生命,一旦恢复到适宜的生长温度时,仍可活动起来。由于高温特别是湿热,可以杀死一切微生物,故常用干燥和湿热来灭菌。

(二)干燥

干燥可以使细菌死亡,因为干燥后,菌体易受氧化作用而死亡。尤其对生活力旺盛的细菌,干燥更能使其死亡。但对芽孢来讲,可在干燥环境中保存生命力达相当长时间。如果冷冻干燥,微生物虽已停止生命活动,但没有死。

（三）日光和紫外线

日光能够杀菌是人尽皆知的事实，是人类长期以来在生活和医学卫生上大量应用的简单易行、不花任何代价而效果显著的方法。它的杀菌作用是因为日光中的紫外线，以及日光照射可以使菌体迅速干燥，从而使微生物死亡或停止繁殖。

（四）放射线

X射线和丙种射线能使细胞质发生电离现象，可使细菌发生变异或死亡。

（五）过滤

实验室内，有时为了除去液体中的细菌，常用滤菌器来滤除细菌。

（六）渗透压

微生物生长代谢要求一定的渗透压，渗透压过高或过低均不利于微生物生长，甚至会引起死亡。

**六、化学因素对微生物的影响**

凡对微生物有杀害作用的化学物质统称消毒剂。消毒剂在高浓度时杀菌，低浓度时抑菌。消毒剂的作用强弱、作用时间、作用温度与细菌的状态、种类及数量有关。

（一）常用的消毒剂

（1）酸类消毒剂：容易溶解的强无机酸能与蛋白质结合，使其变性，所以具有杀菌作用，一般酸度越高杀菌力越强。

（2）碱类消毒剂：碱类的杀菌作用主要决定于氢氧根离子的多少，如氢氧化钠和氢氧化钾的消毒效果比碳酸强，氢氧根离子愈多，杀菌作用亦愈强。氢氧化钠（烧碱）是很有效的消毒药，2%溶液常用于许多病毒和细菌病的消毒。芽孢杆菌的消毒需用5%的浓度。

（3）氧化剂消毒剂：与有机物相遇时能释放出初生态的氧而发挥作用。如1%的高锰酸钾、过氧乙酸等。

（4）重金属化合物消毒剂：重金属盐类具有凝固蛋白质的作用，常用的汞制剂有红汞、硫柳汞、升汞等。

（5）酚类消毒剂：包括酚、煤酚、煤焦油等，它们作用于细胞膜而使细菌细胞受损。对不产生芽孢的病原菌均有作用，但对病毒和芽孢效果不显著。常用的酚类消毒药有苯酚（石炭酸）、煤酚皂溶液（来苏尔）、臭药水（煤焦油　皂溶液）等。

（6）醇和醛消毒剂：乙醇（酒精）的杀菌作用是使菌体蛋白脱水沉淀而变性，能杀死细菌的繁殖体和某些病毒，而对芽孢无效。一般人认为70%的浓度杀菌力最强。醛类为极强的还原剂，能与蛋白质结合而使其变性，从而呈现强大的杀菌作用。常用的是40%的甲醛溶液（福尔马林），它不仅能杀死细菌的繁殖体，且能杀死霉菌、病毒及芽孢。

（7）卤素类消毒剂：卤素中的氯和碘有强大的杀菌能力，因这些元素易渗入细胞膜卤化和氧化原生质。常用的有漂白粉（含氯石灰）和碘酊等消毒药。

（8）清洁剂：又称表面活性剂，能降低水的表面张力，使细菌的新陈代谢活动发生损害，并能使菌体蛋白变性。常用的有肥皂、新吉尔灭、氯己定等。

(9)挥发性烷化剂:常用的有环氧乙烷,具有很高的化学活性和极强的穿透力,是一种高效广谱的消毒剂,对很多细菌及其芽孢和病毒、霉菌等都有杀灭作用,但气温低于15℃时则不起作用。

(二)影响消毒作用的因素

(1)消毒剂的浓度:一般消毒的效果和消毒剂的浓度成正比,浓度越高,杀菌作用愈强。但70%~75%的酒精杀菌力最强,而浓度过高则使菌体蛋白质凝固,妨碍药物向内渗透,故杀菌效果差。

(2)消毒剂作用的时间:当药物作用于微生物时,并非在同一时间内全部死亡。微生物死亡数目随着作用时间而增加,因此,消毒时必须维持一定的时间才能达到杀菌的目的。

(3)微生物的种类和生活状态:不同的消毒药对不同的微生物会出现不同的作用效果。一般细菌、病毒在酸、碱等消毒药作用下易于死亡,但结核杆菌却有一定的抵抗力。

(4)被消毒物的性质:被消毒物品的性质可影响消毒剂的消毒作用。如被消毒物品中含有较多有机物时,可与消毒剂结合成有机物而降低消毒作用。

## 第二节　传染病基础知识

病原微生物侵入动物机体,并在一定的部位定居、生长繁殖,从而引起机体一系列的病理反应,这个过程叫作传染。当病原微生物具有相当的毒力和数量,而机体的抵抗力相对较弱时,动物体在临床上出现一定的症状,这一过程就叫传染病。如果侵入的病原微生物定居在某一部位,只能进行有限度的生长繁殖,动物不会呈现任何症状,这种状态叫作隐性传染。

病原微生物进入动物体不一定引起传染过程。在多数情况下,动物体的身体条件不适合于该侵入者生长繁殖或动物体能迅速动员防御力量将该侵入者消灭,在斗争过程中不出现可见的病理变化和临床症状,这种状态就叫免疫。免疫就是机体对病原微生物的不同程度的抵抗力。

动物对某一病原微生物没有免疫力(亦即没有抵抗力)叫作易感性。病原微生物只有侵入有易感性的机体才能引起传染过程。

传染和免疫是病原微生物和机体斗争过程的两种截然不同的表现,但它们并不是互相孤立的。传染过程必然伴随着相应的免疫反应,二者互相交叉,互相渗透,互相制约,并随着病原微生物和机体双方力量对比的变化而相互转化,这就是决定传染发生、发展和结局的内在因素。

## 一、微生物的致病作用

致病力:微生物引起疾病的能力叫作致病力。致病力是微生物在宿主体内长期寄生所获得的“种”的特性。这种有致病力的微生物称为病原微生物。对人有致病力的微生物,对家畜不一定致病,反之亦然。

毒力:是指同一种微生物内某一株致病力的大小。同一种病原微生物往往有强毒、弱毒、无毒等区别。微生物的毒力是比较容易变异的,当微生物通过高度易感动物体后,毒力往往增强。相反,如在低易感动物体内或人工培养条件下长期生长繁殖后,毒力往往降低。

微生物的致病作用大致分为两类:

### 1.侵袭力

侵袭力指能抑制宿主的防御作用的因素,使侵入者能在局部组织内生长繁殖,并向周围扩散蔓延。某些病原菌的荚膜物质,如肺炎双球菌、炭疽杆菌的荚膜物质和某些微生物所产生的某些酶物质,能抗御和抑制机体的吞噬作用,从而保护该病原菌得以在体内生长繁殖。

### 2.毒素

毒素是病原微生物(主要是病原菌)所产生的有毒物质,能引起宿主不同程度的病理反应。细菌的毒素可分内毒素和外毒素两类:

(1)外毒素:外毒素是某些细菌生长繁殖过程中的产物,能分泌到菌体外部,具有强烈的毒性。如破伤风梭菌、肉毒梭菌等均能产生外毒素。外毒素的毒性作用有高度特异性,一种毒素只侵害一定的组织和细胞,并引起特征性的病理过程和临床表现。如破伤风毒素作用于脊髓前角的运动神经细胞,引起肌肉的强直与痉挛,肉毒毒素作用于神经纤维末梢,引起肌肉麻痹。外毒素的抗原性极强,能刺激机体产生抗体,称为抗毒素。抗毒素是治疗毒素中毒的最有效制剂。外毒素经甲醛处理后其毒性消失,但仍保留其抗原性。这样处理后的外毒素称为类毒素,可用于预防接种。

(2)内毒素:内毒素存在于菌体内,当菌体溶解破坏时,才释放出来。内毒素的毒性作用一般较弱,对组织没有明显的选择作用。内毒素所引起的症状主要是发热,颗粒性白细胞增多,血管舒缩机能紊乱,严重时可导致内毒素性休克。内毒素的抗原性不强,用内毒素免疫后可产生抗菌体抗体。内毒素能刺激网状内皮系统,使其活力增强,同时能使动物产生一种促进吞噬作用的物质。

### 3.侵入数量和毒力单位

病原微生物侵入机体引起传染,除与其毒力有关外,还必须有相当的数量。毒力强的只需少量微生物侵入机体就可引起致病,反之,则需较大数量的微生物才能引起传染。

### 4.侵入途径和定位

病原微生物侵入后能否致病,与侵入途径亦有密切关系。根据病原微生物的侵入途径不同,可将传染区分为以下几种:

呼吸道传染:如流感、猪气喘病等,主要通过空气、飞沫、尘埃传染。

消化道传染:如沙门氏菌病、猪传染性胃肠炎等,主要通过污染的食物和饮水传染。

血液及皮肤黏膜传染:如流行性乙型脑炎、钩端螺旋体病、狂犬病等,主要通过吸血昆虫叮咬或经皮肤黏膜传染。

有的病原微生物对传染途径要求很严,它们只能从一个途径侵入;有的从任何途径侵入均能致病,如鸡新城疫、猪瘟等。

病原微生物侵入后往往须定居于一定的组织才能发挥其致病作用。其侵入途径和定居部位多数是一致的。

病原微生物各有一定的侵入途径和排出途径,在预防工作中就可以抓住这些环节,采取相应的措施,予以截断,以达到预防的目的。

**二、动物机体的防御机能**

假若病原微生物具备了一定强度的毒力,又有一定的数量,侵入途径也合适,机体是否一定发生传染引起疾病呢?这就要看动物机体免疫力的强弱,免疫力是动物在进化过程中和个体发育过程中,适应外界条件而形成的保护性机能,在免疫过程中,动物体整个防御组成机体免疫力的因素可分为非特异性免疫和特异性免疫两类。

**(一)非特异性免疫**

又称先天性免疫,是动物长期进化过程中所形成的抗感染能力,是可以遗传的种的特性。非特异性免疫对各种病原微生物,甚至对各种异体物质的侵害均可表现其防御能力,是由机体天然的非特异防御屏障和特殊生理机能所决定的。

非特异性免疫主要包括以下因素:

1.皮肤黏膜的屏障作用

动物组织结构对外界环境来讲是一个密闭的系统,由皮肤和黏质隔开,一般的微生物不能通过,是机体抗感染的第一道防线。皮肤不仅是良好的机械屏障,还有一些化学因素如皮脂腺中的脂肪酸、汗腺中的乳酸对多种细菌有抑制作用。除布氏杆菌钩端螺旋体学能通过皮肤侵入外,大多数病原菌不能通过正常皮肤侵入。黏膜也往往具有特殊的机械屏障机制。如黏膜上的分泌物是重要的化学屏障,具有阻挡和杀菌作用。

2.淋巴网状系统

包括全身淋巴组织及网状内皮系统,这是机体防御机能的重要组织,它的功能是多样的,既参与非特异性免疫,更和特异性免疫有重要关系,是机体抵抗异物入侵的第二道防线。它对侵入淋巴管或血液的病原微生物或异物有过滤、阻滞、吞噬作用和炎症反应。

3.正常体液中的抗微生物物质

正常机体的血液和组织液中含有各种非特异性的杀菌、抑菌和增强吞噬活动的物质。如补体、溶菌酶、溶解素、备解素、白细胞杀菌素等。

4. 血脑屏障

一般认为血脑屏障主要是由脑内毛细血管壁和包被在它外面的由神经胶质细胞所形成的胶质膜所组成。它可以阻止某些有害物质从血液进入脑脊髓液及脑组织。

5. 胎盘屏障

除布氏杆菌钩端螺旋体、马流感病毒等能通过胎盘屏障外,多数病原菌和病毒及其产物均不能通过正常胎盘进入胎儿体内。

6. 生理条件

病原微生物的生长适宜温度有一定范围,适宜哺乳动物的微生物常不适宜体温较高的家禽。如炭疽杆菌、布氏杆菌对家禽没有致病力。

(二)特异性免疫

特异性免疫也叫获得性免疫,是个体生活过程中接触某种微生物或人工接种某种疫苗所获得的抗感染能力。此种抗感染能力不是对所有微生物,而是针对刺激其产生免疫力的这一特定的微生物发挥作用,所以是有特异性的。凡能刺激动物体产生特异性免疫的物质称为抗原。由抗原刺激机体产生的免疫物质称抗体。抗体内含有大量的杀菌、抑菌和增强吞噬活动的物质,如各种免疫球蛋白、溶菌素等。

**三、机体与病原微生物相互斗争的各种表现**

(一)传染的类型

传染过程是病原微生物与宿主相互斗争的过程,其发生、发展和结局决定于双方力量的对比,以及在外界因素影响下力量对比的变化。由于双方力量对比的不同,传染过程可以表现为多种形式。

1. 不传染

当病原微生物进入具有高度免疫力的机体时,未能繁殖,并迅速被宿主的防御机能所歼灭。在天然免疫或多数获得性免疫的场合都是如此。

2. 隐性传染

动物具有一定程度的免疫力,或病原微生物毒力较弱时,病原微生物虽能在体内繁殖,但它们所引起的病理过程很轻微,故不出现明显的临床症状,而表现为隐性传染。在传染病流行中,隐性传染是很多的,特别是在流行的中后期更为多见,多数家畜由于隐性传染而获得免疫力,该病的流行也就逐渐停止。同时隐性传染的动物也往往是病原微生物的带菌和排菌者,因其不易察觉,故在疾病的传播上较显性传染更为重要。带菌者除隐性传染外,其在传染病的潜伏期和康复期都是重要的传染源。

3. 显性传染

当机体抵抗力弱,病原微生物毒力强时,传染就发展为传染病,谓之显性传染。显性传染根据病原微生物在体内分布和活动不同,可以分为局部传染和全身传染。

(1)局部传染:机体对该病原有一定的抵抗力,可将侵入的病原菌控制于局部,使病变局限于一定部位，如猪炭疽，成年鸡的白痢病，猪丹毒杆菌性心内膜炎。另有一种情况为病原微生物对组织有专嗜性，它们侵入后往往定位于一定部位，引起局部的病理变化，如猪肺炎支原体定位于肺组织引起支气管肺炎（猪气喘病），布氏杆菌对生殖器官和胎儿有专嗜性。局部传染除表现局部症状外，亦可引起全身症状，甚至死亡，特别是重要的器官受到侵害时，如乙型脑炎、狂犬病等侵害到神经系统。

（2）全身传染：机体对该病原体的抵抗力弱，不能将其控制于局部，致使病原微生物及其产物向各处扩散，引起全身症状，常见的有以下几种情况：

菌血症：病原体先在一处繁殖后，突破机体的防御机能，进入血流，但不能在血液中繁殖，经由血液输送定位于其专嗜的部位，如口蹄疫、猪传染性水疱病、布氏杆菌病等，在病原体排入血液阶段称为菌血症，亦有在局部繁殖后间断地将病原体排入血流。

败血症：病原微生物侵入血流，并在血液和全身组织中大量繁殖，引起重的全身症状。在家畜传染病中有很多败血性传染病。如猪瘟、鸡新城疫、炭疽、禽出败等，此类疾病的死亡率很高，是畜牧业发展的严重威胁。

毒血症：致病微生物在局部生长繁殖，其毒素进入血流，引起全身症状，如破伤风、羊的肠毒血症等。

脓毒血症：在化脓性细菌引起败血症时，由于化脓菌随血流扩散，在全身各部位形成多发性脓肿。

根据传染源的数量和侵入先后，又有原发传染、继发传染和并发传染等；根据病原体的来源，有外源传染和内源传染；根据病程长短，又有最急性、急性、亚急性、慢性传染等型别。

（二）传染病的特征

1.传染病与其他疾病的区别

传染病是病原微生物与家畜有机体互相作用所引起，因此有它不同的特点，可与其他疾病相区别。

（1）不同的传染病各有其特异的病原微生物，也就是不同的微生物引发不同的传染病。如猪瘟病毒引起猪的猪瘟，鸡新城疫病毒引起鸡的新城疫。

（2）具有一定的传染性和流行性：传染力的强弱与流行的广度虽然也取决于病原微生物的种类与毒力，但动物机体易感性的高低和外界条件的影响，对疾病的发生和发展起着主导作用。

（3）大多数传染病可形成免疫力。动物病愈以后在一定时期内不再患同一传染病。隐性传染和有些不易觉察的慢性传染病也可表现一定程度的免疫性。

因此，检查畜群有无特异性的免疫性可以发现畜群中是否有某种传染病的存在。

2.传染病的临床特点

传染病的临床表现虽然由于疾病种类性质的不同而各自不同。但各种传染病之间有它们共同的表现。动物受传染以后须经一定时间才表现临床症状，这段时间称为潜伏期。

在表现症状的初期，大都有体温升高、呼吸和脉搏的次数增加，精神和食欲不振和生产性能降低等一般症状，这时称为前驱期。以后临床症状逐渐明显，表现出某种传染病的特征症状，具有诊断上的意义，称为明显期。随着疾病的发展，机体特异的免疫状态逐步形成，病原微生物被控制，症状逐渐消失，生理机能渐趋正常，这时期称为恢复期。以后传染病消失，家畜痊愈。在痊愈以后机体的特异免疫学反应特性仍然保持一段相当长的时间。临床上的痊愈和机体对病原微生物的完全清除，并不经常一致，此时可能出现一些病愈带菌者，仍能传播疾病。疾病发展的另一种可能是机体的生理机能很快被病原微生物所摧毁，特异免疫力来不及产生或产生太迟，机体仍不免于死亡。

## 第三节　动物传染病的发生、发展和流行

### 一、概述

动物传染病是由病原微生物引起的一类可以在动物种内、种间传播流行的疾病，对畜牧业健康发展甚至公共卫生安全具有重大影响。随着规模化养殖业的发展、气候的变化、人类活动范围扩大、交通的快捷、国际国内贸易往来频繁、疫苗的广泛使用等，动物传染病发生发展的速度已明显加快，新病出现和老病以新面目出现也屡见不鲜，过去只发生在单种动物的传染病出现跨种间感染发病，多重感染已成为规模化养殖群体的常见现象。

### 二、动物传染病的流行特点

传染性疾病的显著特点是其传染性，发病的动物可以将疾病传染给其他与其直接或间接接触的动物，一般来说，病原微生物感染都有一定的种属或宿主特异性。哺乳动物（猪、马、牛、羊等）传染病不会传给卵生动物（如禽类）；反之，卵生动物的传染病一般也不会传给哺乳动物。有一些病原微生物既可以感染动物也可以感染人（如狂犬病毒、布氏杆菌、结核分枝杆菌等）。规模化养殖业的快速发展带来的问题就是一旦一个动物感染，便会在很短时间内传给其他动物，因而预防动物传染病的发生就显得十分重要。通过贸易和便捷的交通，使得动物和动物产品在区间、省间、国际的流动变得十分容易和快捷，动物传染病传播的速度要远远高于从前。候鸟的迁徙和隐性带毒的人类是另一种无法控制的促使动物传染病跨国界流行的重要因素，多年来，针对多种动物传染病的免疫接种计划的确减少了大规模的暴发，但并未从根本上消灭临床症状，由于免疫的动物体内有一定水平的特异性抗体，感染病原后不再呈现典型的临床症状，而表现为非典型或温和型特征，这些动物常常成为潜在的传染源。免疫接种带来的免疫压力也会促使病原发生变异，变异的病原可能会逃脱免疫的压力而致病。

### 三、动物传染病的流行过程

传染病流行过程的概念是病原体从传染源排出，经过一定的传播途径，侵入另一易感

动物体内，形成新的传染并不断地传播的过程。也就是从动物个体感染发病发展到群体发病的过程。

传染病流行的三个基本环节：

(一)传染源

1.传染源的概念

是某种传染病的病原体在其中寄居、生长、繁殖并能排出体外的动物机体。

2.传染源的类型

(1)患病动物：患病动物不断向外界排出的分泌物、排泄物内含有大量的病原微生物，是主要的传染源。

(2)病原携带者：指外表无发病症状，但携带并排出病原体的动物和人。它包括潜伏期病原携带者、病后病原携带者和健康病原携带者。

①潜伏期病原携带者：指感染后至临床症状出现前能排出病原体的动物。

②病愈后病原携带者：指临床症状消失后仍能排出病原体的动物。

③健康病原携带者：指过去未患过某种传染病但却能排出该种传染病的病原体的动物。也就是健康带菌(毒)者或隐性感染者。

(3)患人畜共患病的患者是不可忽视的传染源。

3.带菌(毒)者

感染的潜伏期或康复期的一段时间和隐性感染者都可能带有某种疫病的病原，仍可能定期向外排出病原体，这种机体称为带菌(毒)者。带菌(毒)者是重要的传染源之一。由于其不表现明显的临床症状，容易被忽视，是危险传染源。

4.传染源排出病原体的途径

(1)随粪便排出。

(2)随尿液排出。

(3)随鼻液排出。

(4)随眼结膜分泌物排出。

(5)随唾液排出。

(6)随乳汁排出。

(7)随皮肤溃疡分泌物排出。

(8)出血时随血液排出。

(9)随生殖器官分泌物排出。

有些病原由多种途径排出，如口蹄疫、猪瘟等病毒；有些病原只采用一种途径排出，如狂犬病病毒只通过唾液排出。

(二)传播途径

1.概念

传染源排出的病原体经一定的方式再侵入其他易感动物所经过的途径。

2.传播途径的类型

(1)水平传播:传染源在群体或个体之间以水平方式进行传播。

①直接接触传播:是发病动物与易感动物通过直接接触的方式(啃咬、交配等)而传播。此种方式传播的特点具有明显的连锁性。单纯以此种方式传播的疫病不多,如狂犬病等。

②间接接触传播:是通过传播媒介而发生的传播。传播媒介是从传染源将病原体传播给易感动物的各种外界环境因素,包括生物和非生物。

a.经过空气传播:包括飞沫传播和尘埃传播。空气传播常引起疫病的大流行性。如流感、口蹄疫等。

b.经污染的饲料和水传播:此种方式主要引起消化系统的疫病。如沙门氏菌病和大肠杆菌病等。

c.经污染土壤传播:此种方式为产芽孢及抵抗力强的病原微生物所采用的传播媒介,如破伤风、气肿疽、炭疽等。

d.经活的媒介物传播:包括媒介昆虫,如蝇类、蚊类等。

e.经人类传播。

f.经用具传播。

(2)垂直传播:是亲代到子代的传播。

①经胎盘传播。

②经卵子传播。

③经产道传播。

④经精液传播。

(三)易感动物

1.概念

是对某种传染病具有特殊敏感性的动物。

2.决定动物易感性的因素

(1)遗传因素:这是主要因素,包括种免疫和品系免疫。即生下来就具有对某传染病的不敏感性,这是机体与病原体在长期的进化过程中所形成的关系。如猪不患牛瘟,某一品系的动物更能抵抗某一传染病的攻击。

(2)机体的年龄和性别:如沙门氏菌病和大肠杆菌病易感染幼龄动物,引起流产的传染病多侵染成年母畜。

(3)饲养、管理、卫生条件、气候等外界因素:饲养、管理、卫生条件良好的动物有较强的体质,不易患病。

(4)免疫状态:注射某一疫苗或患该传染病康复的动物对该传染病具有较强的免疫力。

(四)传染病流行的三个环节的意义

(1)传染病流行的三个环节是传染病流行的基本规律,缺不可。这三个环节构成了传染病流行的基本过程。

(2)从理论上讲,切断任何一个环节就可以中断或终止传染病的流行。

(3)在实践中,控制某一传染病必须同时从三个环节着手,并且以其中一个环节为主。如:在目前的条件下,有疫苗防制的传染病则以注射疫苗形成不易感染畜群为主;疯牛病则以扑杀消灭传染源为主。

## 四、疫源地与自然疫源地

### (一)疫源地

1.概念

疫源地是传染源和有病原体存在的地区,称为疫源地。疫源地比传染源的范围广,它包括传染源和它所污染的切物品、地区、动物、人。

2.疫源地的划分

(1)疫源地的划分原则

①根据传染病的活动范围。

②传播途径的特点。

③周围畜群的免疫状况。

④地域和环境。

(2)不同的传染病疫源地划分不同,就是同一传染病,在不同的地域和条件,其疫源地的划分也不同。

(3)疫点和疫区小的疫源地称疫点,多个疫点统称疫区。

3.疫源地消灭的条件

①传染病已被消灭(治愈)。

②通过各种措施消灭了传染源病原排于外界环境中的病原体。

③所有的易感动物(或人)度过了该病最长的潜伏期,而无新发病例或新的感染。

### (二)自然疫源地

1.概念

存在没有人和家畜参与的自然疫源性疾病的地方,叫自然疫源地。自然疫源性疾病是不受人和家畜影响而在自然界存在的动物疫病。

2.自然疫源性疾病的特点

(1)没有人与家畜的参与。

(2)有明显的季节性和地区性。

(3)有一定的生物群落性。

(4)自然疫源性疾病可以传染给人和家畜。

3. 自然疫源性疾病举例

乙脑、黄热病、出血病、蓝舌病、口蹄疫、狂犬病、伪狂犬病、非洲猪瘟、布病、钩体病等。

**五、传染病的流行特点**

(一)传染病的流行形式

根据流行强度可将传染病的流行分为下列四种形式:

1. 大流行性

指来势猛、传播快、受害动物比例大、涉及面广的传染病。常在一个国家或几个国家或几个大洲流行。如牛瘟、口蹄疫、流感等。

2. 流行性

指某疫病传播能力强,传播范围广,发病率高等特点,在一县、数县甚至数省流行。疾病的“暴发”是指在局部范围的一定动物群中短期内突然出现较多的病例的现象。

3. 地方性流行

指流行强度介于流行性和散发之间,是在一定地区或动物群中,疫病流行范围较小并具有局限性传播的特性。如猪丹毒、猪气喘病等。

4. 散发性

指在一定时间内,疫病呈散发性发生或零星出现,其各个病例在时间上和空间上没有明显的联系。如破伤风、流行性淋巴管炎等。

(二)流行的季节性与周期性

1. 流行的季节性

某些传染病经常发生于某一特定的季节或在某些季节里呈上升趋势。出现季节性流行的原因:

①某些季节有利于病原体的生存与繁殖。

②某些季节对传播媒介的活动有利。

③某些季节对易感动物的抵抗力有影响。

2. 流行的周期性

某些疫病经一定的年份再度流行。

(三)影响传染病流行的因素

1. 自然因素

自然因素包括气候、气温、湿度、阳光、雨水、地形、地理环境等。分别作用于传染源、传播媒介和易感动物。

2. 社会因素

包括社会制度、生产力、经济环境和文化科技水平等。

## 六、传染病的流行病学调查方法

### (一)流行病学

1.概念

以群体为对象,从病因、宿主、环境等各个方面来研究人和动物的健康及产生异常的原因,从而谋求增进健康、预防异常的条件。或者是研究决定疾病在群体中的频率和分布的各个因素的学科。

2.流行病学与传染病学的关系

(1)一般而言,流行病学往往从群体出发,传染病多从患病个体出发。

(2)流行病学是以健康者为对象,传染病学多以患病者为对象。

(3)二者相辅相成,互为一体。

①流行病学跨过了传染病学的范畴,寄生虫病、代谢病、中毒病甚至任何一种疾病,都可以纳入流行病学的范畴。

②流行病学又是传染病学中重要的组成部分。在传染病的诊断和防治中,必须进行流行病学的调查,并以此为基础去进行诊断和防治。

### (二)流行病学中疾病发生的度量

描述疾病在动物群体中的分布,常用疫病在不同的时间、不同的地点和不同动物群中的分布频率来表示,如发病率、死亡率、患病率、感染率、携带率等。

1.发病率

表示一定时期内某动物群中某病新出现病例的频率。发病率可用来描述疾病的分布,探讨疾病的病因或评价疾病防治措施的效果,也反映疾病对动物群体的危害程度。

2.死亡率

是指某动物群体在一定时间内死亡动物总数与该群体同期动物平均数的比率。对疾病的诊断具有参考意义,某病死亡率是疾病分布的一项重要指标,反映疾病的危害程度和严重程度,死亡率的高低。

3.病死率

是指一定时期内某种疾病的患病动物发生死亡的比率。病死率比死亡率更能精确地反映疾病的严重程度。如狂犬病和破伤风的死亡率均较低,但病死率较高。

4.患病率

是指某个时间内某病的新老病例与同期群体平均数之比率。患病率按一定时刻计数称点时患病率,按一段时间计数称期时患病率。

5.感染率

通过微生物学、血清学或其他免疫学方法检测出受感染动物与所有被检测动物总数之比。感染率可作为某疫病的流行态势,从而进一步为防治对策提供依据。

## 第四节　动物传染病防制

现代动物生产业发展的特点之一就是集约化饲养，越来越集中扩大饲养规模。这种情况下对动物疫病预防，特别是对传染病的免疫防制就显得更为重要。否则一旦引起动物传染病的发生与流行，将给饲养者造成极大的经济损失。能否预防好传染性疾病的发生，是动物饲养成败的关键。

动物疾病的防制是一项复杂的综合性工程，它的目的是要采取各种有效的措施和方法，保证动物免遭疾病侵害，尤其是传染病的感染。所以根据传染病发生与流行的特点，掌握流行的基本条件和影响因素，针对动物传染病采取综合防制措施，可以有效地控制传染病的发生和流行。

### 一、动物传染病防制工作的基本原则和内容

#### (一)动物传染病防制工作的基本原则

1.建立和健全各级防疫机构，保证防制措施的贯彻落实

动物传染病的防制工作是一项与农业、商业、外贸、卫生、交通等部门都有密切关系的重要工作。只有各部门密切配合，从全局出发，大力合作，统一部署，全面安排。建立、健全各级防制机构，特别是基层防制机构，拥有稳定的防疫、检疫、监督队伍和高素质技术人员，才能保证防制措施的贯彻和执行，把防制工作做好。

2.贯彻“预防为主”的方针

搞好饲养管理、防疫卫生、预防接种、检疫、隔离、消毒等综合性防制措施，以提高动物的健康水平和抗病能力，控制和杜绝传染病的传播蔓延，降低发病率和死亡率。实践证明，只要做好平时的预防工作，很多传染病的发生都可以避免。即使发生传染病，也能及时控制。随着集约化动物生产业的发展，以“预防为主”的方针的重要性显得更加突出。

3.建立、健全并严格执行兽医法规

兽医法规是做好动物传染病防制工作的法律依据。1991年公布的《中华人民共和国进出境动植物检疫法》将我国动物检疫的主要原则和办法做了详尽的规定。1997年公布，并于1998年1月起正式实施的《中华人民共和国动物防疫法》对我国动物防疫工作的方针、政策和基本原则做了明确而具体的规定，并出台了配套的实施细则。这两部法规是我国目前执行的主要兽医法规。2003年国家又颁布了一批动物疫病防制方面的法律法规。这些法律法规是我国开展动物传染病防制和研究工作的指导原则和有效依据，认真贯彻实施这些法律法规将能有效地提高我国防制动物疫病工作的水平。

#### (二)动物传染病防制工作的基本内容

动物传染病的流行是由传染源、传播途径和易感动物三个基本环节相互联系产生的复杂过程。因此，采取适当的防制措施来消除或切断造成流行的三个基本环节及其相互联

系，就可以阻止传染病的发生和传播，在采取防制措施时，要根据每个传染病在每个流行环节上表现的不同特点，分清轻重缓急，找出针对性强的重点措施，以达到在较短时间内以最少的人力、物力预防和控制传染病的流行。例如防制和消灭猪瘟、鸡新城疫等应以预防接种为重点，而预防和消灭猪气喘病则以控制病猪和带菌猪为重点。但是只进行一项单独的防制措施是不够的，必须采取包括"养、防、检、治"各个方面的综合性措施。

综合性防制措施可分为平时的预防措施和发生疫病时的扑灭措施两个方面。

1.平时的预防措施

(1)加强饲养管理，搞好卫生消毒工作，增强动物机体的抗病能力，贯彻自繁自养的原则。

(2)拟订和执行定期预防接种和补种计划。

(3)定期杀虫、灭鼠、防鸟，进行粪便无害化处理。

(4)认真贯彻执行进出境检疫、交通检疫、市场检疫和屠宰检疫等各项工作，以及时发现并消灭传染源。

(5)各地(省、市)兽医机构应调查当地疫情分布，组织相邻地区对动物传染病的联防协作。有计划地进行消灭和控制，并防止外来疫病的侵入。

2.发生疫病时的扑灭措施

(1)及时发现、诊断和上报疫情，并通知邻近单位做好预防工作。

(2)迅速隔离患病动物，对污染和疑似污染的地方进行紧急消毒。若发生危害性大的疫病，如口蹄疫、高致病性禽流感、炭疽等应采取封锁等综合性措施。

(3)实行紧急免疫接种，并对患病动物进行及时合理的治疗。

(4)严格处理死亡动物和被淘汰的患病动物。

以上预防措施和扑灭措施不是截然分开的，而是互相联系、互相配合和互相补充的。

**二、疫情报告和诊断**

(一)疫情报告

饲养、生产、经营、屠宰、加工、运输动物及其产品的单位和个人，发现动物传染病或疑似传染病时，必须立即报告当地动物防疫检疫机构或乡镇畜牧兽医站。特别是可疑为口蹄疫、高致病性禽流感、炭疽、狂犬病、牛瘟、猪瘟、鸡新城疫、牛流行热等法定传染病时，一定要迅速向上级有关部门报告，并通知邻近单位及有关部门注意预防工作。上级机关接到报告后，除及时派人到现场协助诊断和紧急处理外，还应根据具体情况逐级上报。疑为紧急疫情，应以最迅速的方式上报有关领导部门。当动物突然死亡或怀疑发生传染病时，应立即通知兽医人员。在兽医人员尚未到场或尚未作出诊断之前，应采取下列措施：将疑似传染病的患病动物进行隔离，派专人管理；对患病动物停留过的地方和污染的环境、用具进行消毒；完整保留患病动物尸体；不得随便急宰；不得食用患病动物的皮、肉、内脏。应经常向群众宣传这些知识，解释其中的道理，使之家喻户晓。

(二)疫病诊断

动物传染病发生后,及时而正确的诊断是防制工作的关键和首要环节,它关系到能否正确制订有效的防制措施,以减少损失。诊断动物传染病的方法很多,大体可分为两类,即现场诊断和实验室诊断。现场诊断又叫临床综合诊断,包括流行病学诊断、临床诊断和病理解剖学诊断。实验室诊断包括病理组织学诊断、病原学诊断和免疫学诊断等。

1.临床综合诊断

(1)流行病学诊断:流行病学诊断是针对患病动物群体,经常与临床诊断联系在一起的诊断方法。某些动物疫病的临床症状虽然非常相似,如口蹄疫、水疱性口炎、水疱病等。但其流行特点和规律却差别很大,无法鉴别,但从流行病学方面却往往容易得出初步诊断。

流行病学诊断是在流行病学调查(即疫情调查)的基础上进行的。疫情调查可在临床诊断过程中进行,如以座谈的方式向畜主或相关知情人员询问疫情,或对现场进行仔细观察、检查取得第一手资料,然后进行综合归纳、分析处理,作出初步诊断。流行病学调查的内容或提纲按不同的疫病和要求而制订,一般应弄清下列有关问题。

①本次流行的情况:最初发病的时间、地点,随后蔓延的情况,目前的疫情分布情况。疫区内各种动物的数量和分布情况,发病动物的种类、数量、年龄、性别,疫病传播速度和持续时间等。本次发病后是否进行过诊断,采取过哪些措施,效果如何。动物防疫情况如何,接种过哪些疫苗,疫苗来源、免疫方法和剂量、接种次数等。是否做过免疫监测,动物群体抗体水平如何。发病前有无饲养管理、饲料、用药,气候等变化或其他应激因素存在。查明其感染率、发病率、病死率和死亡率。

②疫情来源的调查:本地过去是否发生过类似的疫病;何时何地发生;流行情况如何;是否经过确诊;有无历史资料可查;何时采取过何种防制措施;效果如何;如本地未发生过,附近地区是否发生过;这次发病前,周边地区有无疫情;是否从其他地方引进了动物、动物性产品或饲料;输出地有无类似的疫病存在;是否有外来人员进入本场或本地区进行参观、访问或购销等活动。

③传播途径和方式的调查:本地各类有关动物的饲养管理制度和方法;使役和放牧情况;动物流动、收购以及防疫卫生情况如何;交通检疫、市场检疫和屠宰检验的情况如何;病死动物处理情况如何;有哪些助长疫病传播蔓延的因素和控制疫病的经验;疫区的地理、地形、河流、交通、气候、植被和野生动物、节肢动物等的分布和活动情况,它们与疫病的发生及蔓延传播之间有无关系等。

④该地区的政治、经济基本情况:群众生产和生活活动的基本情况和特点,畜牧兽医机构和工作的基本情况,当地领导干部、善医、饲养员和群众对疫情的看法等。

(2)临床诊断:临床诊断是最基本的诊断方法。它是利用人的感官或借助一些最简单的器械如体温计、听诊器等直接对患病动物进行检查。一般来说,都是简便易行的方法,有时也包括血、粪、尿的常规检验。检查内容主要包括患病动物的精神、食欲、体温、脉搏、体表及被毛变化，分泌物和排泄物，呼吸系统，消化系统，泌尿生殖系统、神经系统、运动系统及五官变化等。由于许多传染病都具有独特的症状，因此对于这些具有特征临床症状的典型病例（如破伤风狂犬病、放线菌病、马腺疫、猪气喘病等），经过仔细的临床检查，一般不难作出诊断。但是临床诊断有其一定的局限性，特别是对发病初期尚未出现有证病意义的、特征症状的病例，或症状相似病例，或非典型病例（如无症状的隐性患者），依靠临床检查往往难以作出诊断。在许多情况下，临床诊断时，只能提出可疑疫病的大致范围，必须结合其他诊断方法才能作出确诊。

（3）病理解剖学诊断：是应用病理解剖学的方法，对患传染病死亡的动物尸体进行剖检，查看其病理变化。一般情况下，患传染病死亡的动物，尸体多有一定的病理变化，有一些病如猪瘟、猪气喘病、鸡新城疫、霍乱病等还有特征性的病理变化。具有很大的诊断价值，可作为诊断的依据。病理解剖学诊断主要是检查肉眼病变或大体病变。病理剖检应由兽医人员在规定的地点和场所来完成，不可任意随地剖检，以免造成污染，散播疾病。如果怀疑炭疽，应严禁剖检。做病理解剖检查时应注意操作顺序：先观察尸体外部变化，包括营养状况，有无尸僵出现，被毛及皮肤变化；天然孔有无分泌物、排泄物和出血及其性质；体表有无肿胀或异常；四肢、头部及五官有无变化等。然后进行内部检查，先胸腔再腹腔；先看外表（浆膜），再切开实质脏器和浆膜；先检查消化道以外的器官组织，最后检查消化道，以防消化道内容物溢出而影响观察并造成感染。检查时注意实质脏器如心、肝、脾、肺、肾、胃、胰、胸腺、膀胱、子宫、卵巢、睾丸、喉头、气管、食道、淋巴结、输卵管、输尿管、肠浆膜等有无炎症、水肿、出血、变性、坏死、萎缩、肿瘤等异常变化。对家禽还应注意观察气囊和法氏囊。由于每种传染病的所有病理变化不可能在每一个病例身上都充分表现出来，因此应剖检尽可能多的病例。有的患病动物，特别是最急性死亡的病例、非典型病例和早期屠宰的病例，往往缺乏特征性的病变，因此应选择症状较典型、病程长、未经治疗的自然死亡病例进行剖检。

2. 实验室诊断

（1）病理组织学诊断：病理组织学诊断是观察组织学病变或叫显微病变。大体病变小，明显或缺乏，仅靠肉眼很难作出判断，还需做病理组织学检查才有诊断价值，如传染性海绵状脑病和肿瘤等。有些病还需检查特定的组织器官，如疑为狂犬病时应取脑海马角组织进行包涵体检查。

（2）微生物学诊断：微生物学诊断属于病原学诊断的范畴，是诊断动物传染病的重要方法之一。常用诊断方法和步骤如下：

①病料的采集：正确采集病料是微生物学诊断的重要环节。病料力求新鲜，最好能在濒临死亡时或死后数小时内采取；应从症状明显、濒死期或自然死亡而未经治疗的病例取材；要求尽量减少杂菌污染，用具、器皿应尽可能严格消毒。通常可根据所怀疑病的类型和特性来决定采取哪些器官和组织，原则上要求采取病原微生物含量多、病变明显的部位，同

时易于采取、保存和运输。应比较全面地取材，如血液、肝、脾、肺、肾脑、淋巴结等。

②病料制片、镜检：通常把有显著病变的不同组织器官的不同部位制片数张，进行染色镜检。对于一些具有特征性形态的病原菌如炭疽杆菌、巴氏杆菌等可以迅速作出诊断。

③分离培养和鉴定：用人工培养的方法将病原体从病料中分离出来。分离培养细菌、真菌、螺旋体等，再进行形态学、培养特性、动物接种、免疫学等鉴定。

④动物接种试验：通常选择对病原体最敏感的动物进行人工感染试验，然后根据对动物的致病力、症状和病理变化特点来帮助诊断。

(3)免疫学诊断：免疫学诊断是传染病诊断和检疫中最常用、最重要的诊断方法，它包括血清学实验和变态反应两大类方法。

①血清学试验：可以用已知抗原来测定被检动物血清中的特异性抗体，也可以用已知的抗体（免疫血清）来测定被检材料中的抗原。根据试验原理，血清学试验可分为中和试验（毒素抗毒素中和试验、病毒中和试验等）、凝集试验（直接凝集试验、间接凝集试验、间接血凝试验、协同凝集试验和血细胞凝集抑制试验）、沉淀试验（环状沉淀试验、琼胶扩散沉淀试验和免疫电泳等）、溶细胞试验（溶菌试验、溶血试验）、补体结合试验以及免疫荧光试验、免疫酶技术、放射免疫测定、单克隆抗体等。

②变态反应：动物患某些传染病（主要是慢性传染病）后，可对该病病原体或其产物（某种抗原物质）的再次进入产生强烈反应，即变态反应。能引起变态反应的物质（病原体或其产物或抽提物）称为变应原，如结核菌素、鼻疽菌素等，将其注入患病动物时，可引起局部或全身反应，故可用于传染病的诊断。

## 三、检疫

### （一）检疫的概念和意义

检疫是指利用各种诊断和检测方法对动物及其相关产品和物品进行疫病、病原体或抗体检查。并采取相应的措施防止传染病的发生和传播。检疫是一项重要的防疫措施。不仅在发生传染病时要进行检疫，在没有发生传染病时也要进行经常性的检疫。检疫的目的是查出传染病，切断传播途径，防止疫病传播。动物检疫是遵照国家法律、运用强制性手段和科学方法预防和阻断动物疫病的发生或从一个地区向另一个地区间传播的日常性工作。

### （二）检疫的对象及疫病

检疫工作得以正常进行并发挥其应有的作用，是以有关法规作为根本保证的。目前涉及动物检疫方面的法规有《中华人民共和国进出境动植物检疫法》《中华人民共和国进出境动植检疫法实施条例》和《中华人民共和国动物防疫法》以及有关的配套法规，如《中华人民共和国进出境动物一、二类传染病、寄生虫病名录》等。各种法规都是为了预防和消灭动物传染病、寄生虫病，其中《进出境动植物检疫法》是中国动植物检疫的一个重要法律，它对动物检疫的目的，任务、制度、工作范围、工作方式以及动物检疫机关的设置和法律责任等做了明确的规定。

1.检疫的对象

(1)动物包括各种家畜、家禽、皮毛兽、实验动物、野生动物、观赏及演艺动物和蜜蜂、鱼苗、鱼种、胚胎等。

(2)动物产品包括生皮张、生毛类、生肉、种蛋、精液、骨粉、兽骨、蹄角等。

(3)运载工具包括运输动物及其产品的车、船、飞机、包装、铺垫材料、饲养工具和饲料等。

2.检疫的疫病

动物传染病很多,但并不是所有的传染病都列入检疫对象。检疫的疫病主要是我国尚未发生而国外常发生的动物疫病;烈性传染病;危害较大或目前防治有困难的疫病;人畜共患的动物疫病和国家规定及公布的检疫对象。2008年12月,农业部第1125号公告公布的动物疫病病种名录,共计157种,一类动物疫病(17种),二类动物疫病(77种),三类动物疫病(63种)。

(三)检疫的分类

根据动物及其产品的动态和运转形式,动物检疫可分为以下几种:

1.产地检疫

产地检疫是动物生产地区的检疫,做好这些地区的检疫是直接控制动物传染病的有效办法。产地检疫可分两种。

一种是乡镇内的集市检疫,主要是在集市上对农民饲养出售的动物进行检疫。由于集市上的动物比较集中,开展检疫工作也比较方便。一般由乡镇兽医对集市的动物进行健康检查,并出具检疫证明。到市场出售动物,必须持有检疫证。当地农牧部门有权进行监督检查,禁止患病动物及危害人畜健康的肉食品上市;遇有患病动物则进行隔离、消毒、治疗或扑杀处理。对未预防注射的动物进行预防接种。

另一种是动物收购检疫。这是动物在出售时,由收购者与当地检疫部门配合进行的检疫,收购检疫工作的好坏直接影响中转、运输和屠宰前的发病率和病死率。除了上述两种检疫外,例如种鸡场的鸡白痢检疫,奶牛场的核检疫等,也属于产地检疫。

2.运输检疫

运输检疫是指动物或产品在运输前或运输途中的检疫,可分为铁路检疫和交通检疫。

(1)铁路检疫:铁路检疫是防止动物疫病通过铁路运输传播,保证农牧业生产和人民健康的重要措施之一。其主要任务是对托运的动物及其产品进行检疫,并查验产地(或市场)签发的检疫证,证明动物健康才能托运。如发现患病动物时,畜主根据铁路兽医意见对患病动物和运载车辆进行处理。没有铁路兽医检疫的地方则由车站工作人员根据国家动物检疫规定查验产地检疫、运输检疫证书。证明为健康或来自非疫区的动物及其产品时,方可托运。

(2)交通检疫:交通检疫是指无论水路、陆路或空中运输各种动物及其产品,起运时必须经过兽医检疫,认为合格并签发检疫证书,方可允许委托装运。一般在动物运输频繁的车站、码头等交通要道上设立检疫站，负责动物检疫工作。对在运输途中患传染病的动物及其尸体，要就地认真进行处理，对装运患病动物的车辆、船只要彻底清洗消毒，运输动物到达目的地后，要做隔离检疫工作，待观察判明确实无病时，才能与原有健康动物混群。

3. 国境口岸检疫

为了维护国家主权和国际信誉，保障农牧业安全生产，既不能允许国外动物疫病传入，也不允许将国内动物疫病传到国外。为此，各国在国境各重要口岸设立动物检疫机构，由官方兽医执行口岸检疫，我国则由各级国家质量监督检验检疫局执行检疫任务。我国动物检疫工作，必须遵循《中华人民共和国进出境动植物检疫法》的规定。在技术方法上要按照国家《动物检疫操作规程》进行检疫操作。

(1)进出境检疫：这是对贸易性的动物及其产品在进出国境口岸时进行的一种检疫。只有对动物及其产品经过检疫而未发现检疫对象（国家规定应检疫的传染病）后，方准进入或输出。如发现由国外运来的动物及其产品有检疫对象时，应根据疫病性质，将患病动物及可疑患病动物就地烧埋、屠宰肉用或进行治疗、消毒处理等，必要时可封锁国境线的交通。我国规定凡从国外输入动物及其产品，必须在签订进口合同前，向对方提出检疫要求。运到国境时，由国家兽医检疫机关按规定进行检查，合格的方准输入。输出的动物及其产品，由检疫机构按规定进行检疫，合格的发给"检疫证明书"，方准输出。

(2)旅客携带动物检疫：这是对进入国境的旅客、交通员工携带的或托运的动物及其产品进行的现场检疫。未发现检疫对象的可以放行；发现检疫对象的进行消毒处理后放行，无有效方法处理的销毁。如现场不能得出检疫结果可出具凭单截留检疫，并将处理结果通知货主。

(3)国际邮包检疫：邮寄入境的动物产品经检疫，如发现检疫对象时，进行消毒处理或销毁，并分别通知邮局或收寄人。

(4)过境检疫：载有动物的列车、轮船等通过中国国境时，对动物及其产品进行检疫和处理。

## 四、隔离和封锁

### （一）隔离

将不同健康状态的动物严格分离隔开，彻底切断其间的来往接触，以防疫病的传播即为隔离。隔离是为了控制传染源，是防制传染病的重要措施之一。隔离有两种情况：一种是正常情况下对新引进动物的隔离，其目的是观察动物是否健康，以防把感染动物引入新的地区或动物群体，造成疫病传播和流行；另一种是在发生传染病时实施的隔离，是将患病动物和可疑感染的患病动物隔离开，防止动物继续受到感染，以便将疫情控制在最小范围内，就地扑灭。为此，在传染病流行时，应首先查明疫病在动物群体中蔓延的程度，逐个观察临床症状，必要时进行血清学和变态反应检查。根据诊所结果，可将全部受检动物分为患病动物、可疑感染动物和假定健康动物三类。

(1)患病动物:包括有典型症状、类似症状或其他特殊检查阳性的动物。它们是危险性最大的传染源,应选择不易散播病原、消毒处理方便的场所或房舍进行隔离。由兽医机关根据国家有关规定进行严密无害化处理。

(2)可疑感染动物:未发现任何症状,但与患病动物及其污染的环境有过明显的接触的动物,如同群、同圈、同牧、使用共同的水源、用具等。这类动物有可能处在潜伏期,并有排菌(毒)的危险,应在消毒后另选地方隔离、观察,出现症状的则按患病动物处理。经一定时间不发病者,可取消隔离。

(3)假定健康动物:除上述两类动物外,疫区内其他易感动物都属于假定健康动物。此类动物应与上述两类严格隔离饲养,加强防疫消毒和相应的保护措施,立即进行紧急免疫接种。

(二)封锁

当暴发某些重要传染病时,除严格隔离患病动物之外,还应采取划区封锁的措施。所谓封锁就是切断或限制疫区与周围地区的一切自由的正常交通、交流或来往,它是为了防止疫病扩散以及安全区健康动物的误入而对疫区或其动物群体采取划区隔高、扑杀、销毁、消毒和紧急免疫接种等的强制性措施。根据《中华人民共和国动物防疫法》的规定,确诊为口蹄疫、炭疽、猪水疱病、猪瘟、非洲猪瘟、牛肺疫、禽流感等一类传染病或当地新发现的动物传染病时,兽医人员应立即报请当地政府机关,划定疫区范围,进行封锁。其目的是保护更大地区动物群体的安全和人民的健康,把疫病控制在封锁区之内,发动群众集中力量就地扑灭。

执行封锁时应遵循“早、快、严、小”的原则。即执行封锁应在流行的早期。行动果断、快速、封锁严密,范围尽可能小。

1.封锁疫点应采取的措施

(1)严禁人、动物、车辆出入和动物产品及可能污染的物品运出。在特殊情况下人员必须出入时,须经有关兽医人员许可,经严格消毒后出入。

(2)对病死动物及其同群动物,县级以上农牧部门有权采取扑杀、销毁或无害化处理等措施

(3)疫点出入口必须有消毒设施,疫点内用具、圈舍、场地必须进行严格消毒,疫点内的动物粪便、垫草、受污染的草料必须在兽医人员监督指导下进行无害化处理。

2.封锁疫区应采取的措施

(1)交通要道必须建立临时性检疫消毒关卡,备有专人和消毒设备,监视动物及其产品移动,对出入人员、车辆进行消毒。

(2)停止集市贸易和疫区内动物及其产品的采购。

(3)未污染的动物产品必须运出疫区时,须经县级以上农牧部门批准,在兽医防疫人员监督指导下,经外包装消毒后运出。

(4)非疫点的易感动物,必须进行检疫或预防注射。农村城镇饲养及牧区动物与放牧水禽必须在指定地区放牧,役畜限制在疫区内使役。

3.受威胁区应采取的措施

(1)对受威胁区内的易感动物应及时进行预防接种,以建立免疫带。

(2)管好本区易感动物,禁止出入疫区,并避免利用疫区水源。禁止从封锁区购买牲畜、草料和动物产品,如从解除封锁后不久的地区买进牲畜或产品,应注意隔离观察,必要时对畜产品进行无害化处理。

(3)对设在本区的屠宰场、加工厂、动物产品仓库进行停医卫生监督,拒绝接受来自疫区的动物及产品。

4.解除封锁

疫区内(包括疫点)最后一头患病动物被扑杀或痊愈后,经过该病一个潜伏期以上的检测观察未再出现患病动物,经彻底清扫和终末消毒,由县级以上农牧部门检查合格后,经由原发布封锁令的政府发行解除封锁令,并通报毗邻地区和有关部门。疫区解除封锁后,愈病动物根据其带毒时间,控制在原疫区范围内活动,不能将它们调到安全区去。

**五、消毒、杀虫、灭鼠和尸体处理**

1.消毒

消毒是贯彻“预防为主”的重要措施,消毒的目的是消灭被传染源散布到外界环境中的病原体,以切断传染途径,阻止疫病继续蔓延。但消毒也不是绝对的,而仅是综合性防制措施中的重要一环。

消毒的方法分物理、生物、化学的三种。

物理消毒法:包括清洁扫除、日晒、风干和高温处理等,由于不需要消耗大量药品,成本低廉、方便易行,一般应尽可能选用这类方法。

生物消毒法:包括类便、污水和其他废物的生物发酵处理等,也是简便易行、适于普遍推广的方法。

化学消毒法:是利用化学药物进行消毒处理。常用化学消毒剂有碱类、酸类、酯类、有机类等。

根据消毒的目的,可分三种情况:

(1)预防性消毒:即平时对畜舍、场地、用具及饮水等进行定期消毒,以达到预防一般传染病的目的。

(2)临时性消毒:在发生传染病时,为了及时消灭某种刚从病畜体排出的病原体而采取的措施。这种消毒可为一次性的,或在解除封锁前进行定期的多次消毒。

(3)终末消毒:即在解除封锁前,为了消灭疫点内可能残留的病原体所进行的全面彻底的大消毒。

消毒的对象:被病畜或可疑病畜污染的畜舍、场院、仓库、土壤、水源、运输工具、器械、用具、粪便、尸体和畜产品等。各种主要对象的消毒方法如下：

（1）畜舍消毒：先将粪便、垫草、残余饲料和尘土等加以清扫，堆肥发酵或焚烧深埋；对地面、墙壁、门窗、饲槽用具等，选择适宜的消毒液进行严密的喷洒或彻底的洗刷。

（2）地面土壤的消毒：被芽孢杆菌污染的地面，首先用10%漂白粉溶液喷洒，然后将表土掘起1尺左右，撒上干漂白粉，与土混合后，将此表土深埋。其他传染病所污染的地面，如为水泥地，则用消毒液仔细刷洗；如为泥地，可将地面深翻1尺，撒上干漂白粉然后以水湿润、压平。如放牧地被污染，一般利用自然力如阳光曝晒或种植某些对病原微生物起杀害作用的植物，如黑麦、小麦、葱、蒜等，使土壤发生自净作用。但在牧场土壤自净之前，或畜群尚未预防接种，则不应再在这块地区放牧。如污染面积不大，则可用化学药剂消毒。

（3）粪便的消毒：最常用的方法是将牲畜粪便堆积起来，利用发酵时产生的生物热达到消毒的目的。这种方法能使非芽孢性病原微生物污染的粪便变为无害，且不丧失肥料的应用价值。粪堆和粪池积满后表面加盖或用杂草泥土封好。粪便发酵时，温度可达60℃以上，沤熟1~3个月，粪便中的一般病原微生物和寄生虫卵都被杀死。堆粪时，如粪便过于干燥，应加水浇湿，以促其迅速发酵。如粪便中含有炭疽、气肿疽等芽孢杆菌，则应烧毁或加入化学药品处理。

（4）污水的消毒：污水中含有大量病原微生物。污水处理可用生物学和化学的方法。先使污水在缺氧条件下长期积贮于沉淀池中，一方面可使污水逐渐澄清，同时由于厌氧性微生物的生命活动，分解了污水中的大量有机物质并使需氧性微生物无法生存。而后将澄清的液体通过莲蓬头喷洒在滤过池内，在喷洒过程中又可杀死一部分厌氧性微生物。最后将滤出的液体用漂白粉消毒。

（5）皮毛消毒：用福尔马林、高锰酸钾熏蒸法消毒。

（6）车船的消毒：运送过传染病畜或疑似病畜及其尸体、粪便和畜产品的车船，在彻底清扫之后，须用烧碱溶液和漂白粉溶液洗刷消毒，清扫的粪便垃圾应堆积发酵或焚烧深埋。

2.杀虫

蚊、蝇、蚤、虱、蜱等吸血昆虫是家畜传染病活的传播媒介。因此，杀灭这些昆虫和防止它们侵袭，在预防和扑灭家畜传染病方面具有重要意义。

杀虫方法可分为物理学和化学两类。物理学方法可用火焰、干热、湿热、低温和机械拍打捕捉等；化学方法是用能使虫体代谢发生障碍的杀虫药剂，杀灭环境中的昆虫。

3.灭鼠

鼠类啮齿动物是许多家畜传染病病原体的携带者和传播者，因此消灭鼠类是预防和扑灭家畜传染病的重要措施之一。灭鼠的方法有“防、捕、毒”等措施，可根据实际情况选择应用。

4.尸体处理

传染病病畜尸体内含有大量病原体，并可污染外界环境，若不及时做无害化处理，常可引起人畜发病。

(1)化制:将某些病的病畜尸体在特设的加工厂中加工处理,不仅仅对尸体进行消毒处理,而且可保留许多有利用价值的东西,如工业用油脂、骨粉、肉粉等。

(2)掩埋:这是一种极不彻底的尸体处理方法,但由于简便易行,目前还比较广泛地使用。掩埋尸体时应选择干燥、平坦、距离住宅、道路、水井牧场及河流较远的偏僻地区。尸坑的长和宽以容纳尸体侧卧为度,深度应在1m以上。

(3)腐败:尸体投入专用的尸体坑内,使其腐败以达到消毒的目的。可以做肥料用。

(4)焚烧:这种方法最彻底,但耗费较大,故不常应用。仅适用于特别危险的传染病尸体处理。如炭疽、气肿疽等。

**六、治疗**

对传染病病畜进行适当治疗是控制传染病方法之一,同时可以减少因病死亡的经济损失。

在实际治疗中,可将传染病分为细菌性(急性、慢性、中毒性),病毒性和霉菌病等几大类来考虑。当发生急性细菌性传染病时,常可用磺胺类药物或抗生素及有抗菌作用的中草药等进行治疗。同时,还应根据病畜的临床症状,进行适当的对症疗法。发生外毒素中毒性传染病如破伤风等病时,首选的治疗药物是特异性的抗毒素,此外还应结合中西医辨证施治和对症疗法。发生病毒性传染病时,在有条件的情况下可用特异性免疫血清作早期治疗,抗生素和磺胺类药物的使用主要是为了控制继发细菌性传染,中药及对症疗法和改善饲养管理,在病毒性传染病的治疗中常有重要作用:当发生霉菌性传染病时,选用碘化物、水杨酸制剂及中药制剂等,灰黄霉素、制霉菌素等抗生素对深在性霉菌病如马流行性淋巴管炎等可能有较好疗效。

**七、建立无病畜群**

近年来由于规模畜牧业的发展,大型养殖场对家畜疫病防制工作提出了更高的要求。单纯依靠一般综合防制措施已不能适应这种发展的需要。为此,必须首先着眼于建立无病畜群。

*1.无特定病原群的建立*

无特定病原群是指无特定病原微生物和寄生虫的群体。在动物临产前,在严密消毒条件下剖腹,切开子宫,用无创手术取出胎儿用人工乳哺育生长。家禽则可用不带任何病原微生物的种蛋,在彻底消毒的条件下孵育而成。在整个培育饲养过程中均需在严格的封锁隔离条件下进行。不仅人员进出必须淋洗换衣,一切物品均需消毒后进入场内,场内须设有严密的防护设备,以防止任何动物进入场地,甚至空气中的灰尘,也须通过过滤设备。畜禽可在场内自然配种、分娩,繁殖后代。不得应用任何疫苗和菌苗,由于场内不存在任何传染源,因此也没有发生传染病和寄生虫病的危险。

2. 一般无病群的建立

是指无一种或数种对该家畜(禽)来说最遍的和最难控制的传染病或寄生虫病,如无结核病、布氏杆菌病的乳牛场,无气喘病的猪猎场,无白痢、慢性呼吸道病、马立克氏病和球虫病的鸡场等。新建大型养殖场,特别是大型的机械化的养猪场和养禽场,在引进种畜、种禽和种蛋时必须首先考虑“无病”,应从确实可靠的无病场购买。不得已时,也可以通过以下方式获得无病群。

(1)人工哺乳:如建立无气喘病猪群可采取剖腹取胎或产后立即与母猪隔离,用人工乳哺育生长。猪群不仅无气喘病,亦无影响生猪生长发育的其他常见传染病和寄生虫病。因此猪群的生长发育快,饲料报酬高,医药费用开支也大大减少。

(2)反复多次检疫:鸡白痢、慢性呼吸道病等可通过反复多次检疫剔除病鸡、带菌鸡,以达到相对的无病。结核病、鼻疽、布氏杆菌病、马传贫等均可通过反复检疫以达到无病。

(3)反复多次驱虫:清除寄生虫病则采取反复多次全群驱虫的方法,并结合粪便虫卵检查,以达到基本无虫。

无病群的畜禽必须加强防疫接种和一般的综合防制措施,严密控制任何传染源的侵入。

(4)严密防止传染源的侵入:场内外应有防护设施,严禁外人和各种动物随便出入场内,对饲料、饮水、用具等均应消毒后使用,管理人员应专职固定,禁止未经检疫和消毒物品带入场内。

# 第二章　人畜共患传染病

## 第一节　高致病性禽流感

### 一、病的概述

禽流感是禽流行性感冒的简称。是由A型禽流行性感冒病毒引起的一种禽类（家禽和野禽）传染病。又称真性鸡瘟或欧洲鸡瘟。禽流感病毒感染后可以表现为轻度的呼吸道症状、消化道症状，死亡率较低；或表现为较严重的全身性、出血性、败血性症状，死亡率较高；这种症状上的不同，主要是由禽流感的毒型决定的。根据禽流感致病性的不同，可以将禽流感分为高致病性禽流感、低致病性禽流感和无致病性禽流感。由H5N1、H7N9血清型引起的禽流感称高致病性禽流感，发病率和死亡率都很高，危害巨大。人感染后的症状主要表现为高热、咳嗽、流涕、肌痛等，多数伴有严重的肺炎，严重者心、肾等多种脏器衰竭导致死亡，病死率很高，通常人感染禽流感死亡率约为33%。此病可通过消化道、呼吸道、皮肤损伤和眼结膜等多种途径传播，区域间的人员和车辆往来是传播本病的重要途径。

### 二、流行及防治情况

1.流行情况：至今为止，临泽县没有禽流感发生和流行，为非疫区。从2004年开始选用高致病性禽流感H5N1疫苗对全县家禽进行春秋两季全覆盖强制免疫，对家禽进行疫情监测，同时对野生飞禽也进行疫情监测。未检测出感染禽。

2.流行环节：高致病性禽流感病毒与普通流感病毒相似，一年四季均可流行，但在冬季和春季容易流行，禽流感病毒在低温条件下抵抗力较强。各种品种和不同日龄的禽类均可感染高致病性禽流感，感染后禽类发病急、传播快，其致死率可达100%。候鸟迁徙季节通过候鸟迁徙将高致病性禽流感病毒携带至各地引发家禽及人发病。许多家禽如鸡、火鸡、珍珠鸡、鹌鹑、鸭、鹅等都可感染发病，但以鸡、火鸡、鸭和鹅多见，以火鸡和鸡最为易感，发病率和死亡率都很高；鸭和鹅等水禽的易感性较低，但可带毒或隐性感染，有时也会有大量死亡。各种日龄的鸡和火鸡都可感染发病死亡，而对于水禽如雏鸭、雏鹅来说其死亡率较高。禽流感的传播有病禽和健康禽直接接触和病毒污染物间接接触两种。禽流感病毒存在于病禽和感染禽的消化道、呼吸道和禽体脏器组织中。因此，病毒可随眼、鼻、口腔分泌物及粪便排出体外，含禽流感病毒的分泌物、粪便、死禽尸体污染的任何物体，如饲料、饮水、鸡舍、空气、笼具、饲养管理用具，运输车辆、昆虫以及各种携带病毒的鸟类等均可机械性传播。健康禽通过呼吸道和消化道感染，引起发病。

3.流行形式：呈地方流行性和大流行性。

4.流行因素：候鸟迁徙季节通过候鸟迁徙将高致病性禽流感病毒携带至各地引发家禽及人发病。

5.主要临床症状：禽流感的潜伏期从数小时到数天，最长可达21d。潜伏期的长短受多种因素影响，如病毒的毒力、感染的数量、禽体的抵抗力、日龄大小和品种、饲养管理情况、营养状况、环境卫生及有否应急条件的影响，高致病性禽流感的潜伏期短，发病急剧，发病率和死亡率很高。在潜伏期内有传染的可能性。急性感染的禽流感无特定临床症状，在短时间内可见食欲废绝、体温骤升、精神高度沉郁，伴随着大批死亡。

6.防制情况

防制措施：不从疫区引进病鸡、带毒鸡，引进新鸡要隔离观察；每年春秋两季选用高致病性禽流感疫苗进行免疫；严格场地、用具、环境等消毒；定期进行疫情监测。

流感病毒对消毒剂及热比较敏感。对污染的禽舍进行消毒时，必须先用去污剂清洗以除去污物，再用次氯酸钠溶液消毒，最后用福尔马林和高锰酸钾熏蒸消毒。铁制笼具也可采用火焰消毒。由于粪便中含病毒量很高，因此在处理时要特别注意。粪便和垫料应通过掩埋方法来进行处理，对处理粪便和垫料所使用的工具要用火碱水或其他消毒剂浸泡消毒。

禽流感病毒在外界环境中存活能力较差，只要消毒措施得当，养禽生产实践中常用的消毒剂，如醛类、含氯消毒剂、酚类、氧化剂、碱类等均能杀死环境中的病毒。

**三、普查情况**

本次普查，普通流行病学调查210份，定向向长期坚持养鸡的大户共计6户进行调查，全县没有高致病性禽流感发生。采集鸡血清210份，采集咽喉、泄殖腔棉拭子各210份，鸡内脏210份，经张掖市疫病预防控制中心实验室检测全部为阴性。

## 第二节　炭　疽　病

**一、病的概述**

本病是由炭疽杆菌引起的人畜共患的急性、热性、败血性传染病。其特征是突发高烧，可视黏膜发绀，天然孔出血，尸僵不全，血凝不良，皮下浆膜下组织呈出血性胶样浸润，脾脏急性肿大。对人、畜及部分禽类都能感染，以草食畜最易感。羊、山羊、牛、马属易感。

**二、流行及防制情况**

1.流行情况:1997年新华镇大寨村7社发生羊炭疽1例,畜主在大寨村兰新铁路以南放牧,回家途中发现一只羊突然死亡,带回家自食,因老伴手臂有伤,首先发生人的皮肤炭疽,后经采集病料送张掖市兽医研究所血清学诊断和菌检确诊为羊炭疽。

2.流行环节:在发生过炭疽的地方,炭疽杆菌芽孢能在土壤中生存二三十年,有可能年年发病。病畜的分泌物、排泄物和天然孔流出的血液中含有大量的炭疽杆菌,是危险的传染来源。主要经消化道传染,吸血昆虫、螨类也可以传播炭疽。

3.疫情分布:本病除1997年新华镇大寨村发生1例外,多年再未发生。

4.流行形式:呈散发性流行。

5.流行因素:夏季大雨冲刷,土壤深层的炭疽芽孢露到表层,家畜放牧时易造成感染。

6.临床症状:临床上分为最急性型、急性型。

最急性型:病势凶猛,突然发病倒地,呼吸困难,黏膜呈紫色,肌肉颤抖,口鼻流出混血的泡沫,肛门和阴户等天然孔流出不凝固的黑红色血液,约1h死亡。

急性型:体温升高至40℃~42℃,呼吸困难,脉搏弱而快,黏膜上可见出血点,粪尿带血,部分病畜体表发生水肿,常有中度瘤胃鼓气,病牛兴奋不安,惊慌吼叫,踏蹄,甚至冲人撞物,大多数在1d内死亡。

7.防制情况

防治措施:在发生过炭疽的疫点及其周围邻近村社每年注射炭疽芽孢苗;发生本病,封锁疫区,隔离治疗病畜,病尸不得剥皮利用,选择远离村庄水源,干燥、偏僻的地方深埋,并立有标志,污染的圈舍、场地、用具彻底消毒。

防制效果:本病已控制。老疫点已被拔除。

**三、普查情况**

本次普查,流行病学调查210份,全县再没有炭疽病发生。采集牛、羊、猪静脉血各210份,耳朵、脾脏病料各200份,经张掖市疫病预防控制中心实验室环状沉淀试验检测全部为阴性。

## 第三节　布鲁氏菌病

**一、病的概述**

本病是由布鲁杆菌引起的人畜共患的一种慢性传染病。家畜主要危害牛羊猪,其特征是妊娠母畜发生流产、关节炎,公畜呈现睾丸炎、关节炎。病菌分牛、羊、猪三型,人和马、骆驼、狗也可感染。

### 二、流行及防制情况

1.流行情况:临泽县于1960年开始散发流行,主要以新华、原小屯、倪家营为主,其他乡均有不同程度的发生。从1971年开始,在人、畜间大面积推广以气雾免疫为主的综合性防制措施,用羊型5号苗对牛羊进行免疫。1981年,甘肃省进行布病效果考核验收,达到了中央北办颁发的以"县(旗)为单位布病控制区"标准。1982—1993年连续进行疫情监测。1994年经甘肃省农牧厅、卫生厅联合对临泽县人、畜间布病流行防治效果考核,达到了布病"稳定控制区"标准。1995—2014年临泽县坚持开展奶牛"布病、结核"两病的检疫净化工作和羊布病抽检工作,没有检出阳性牛羊。2006年9月,临泽县疾控中心通报,沙河镇闸湾村5社农民苗发章布病血清学检测呈阳性。市县动物疫控中心对苗发章饲养的4头牛,61只羊采集血清进行血清学检测,检出阳性羊1只,并进行了扑杀等无害化处理。

2.流行环节:病畜及带菌动物是主要传染源。健畜采食被污染的饲料和饮水,主要经消化道传染,其次是病畜与健畜互相接触,或通过污染的饲养管理用具,经皮肤、黏膜和呼吸道传染;此外也可经交配而传染。吸血昆虫也可以传播布鲁氏菌病。

3.呈地方性流行:无明显季节性,但以春季产仔期多见。多种动物和禽类对布鲁氏菌均有不同程度的易感性,但自然病例在家畜主要见于羊、牛和猪,母畜较公畜易感,幼畜对本病具有一定抵抗力,随着年龄的增长,这种抵抗力逐渐减弱,性成熟后对本病最为敏感。

4.流行因素:布鲁氏菌主要存在于流产胎儿、胎衣、羊水、流产母畜阴道分泌物及病公畜精液内。当人们对此病认识不足,在缺乏消毒及防护的条件下,进行接产、护理病畜,最易造成传染,而被污染的各种物体则是扩大再传染的主要媒介。

5.临床症状:母牛除流产外,常不表现其他症状,流产多发生于怀孕的第五至七个月,产出死胎或软弱胎儿。流产后胎衣滞留不下,阴道内排出恶露,发生子宫炎及卵巢囊肿而长期不孕。患病公畜常发生睾丸炎或附睾炎。犊牛感染后通常不表现症状。

6.防治情况:1990—2004年临泽县再没有发生布病流行。每年开展奶牛布病、结核病普检和部分羊布病抽检,没有发现布病阳性牛羊。

### 三、普查情况

本次普查,流行病学调查210份,全县再没有布鲁氏菌病发生。采集牛、羊、猪、犬血清各210份,经临泽县疫病预防控制中心实验室采用平板凝集、试管凝集和补体结合试验检测全部为阴性。

## 第四节 结 核 病

### 一、病的概述

本病为结核杆菌引起的人、畜及禽的慢性传染病。特征是在器官和组织中形成特殊的结核结节，以及干酪样坏死病变，以肉牛、奶牛、危害最大，其次是禽、猪。本病分为牛型、禽型和人型。

**二、流行及防制情况**

1.流行情况：1990年以来，临泽县坚持每年对奶牛进行皮内变态反应普检，没有检出阳性反应奶牛。

2.流行环节：病牛是主要传染源，主要经呼吸道和消化道传染。

3.流行形式：呈零星散发或地方流行性。无明显季节性，大小牛均可发生，奶牛易感。

4.流行因素：厩舍狭窄，拥挤，通风不良，潮湿以及饲料中缺乏维生素和矿物质等，均可促进本病发生。通常舍饲比放牧多发，集中饲养比分散饲养多发。

5.主要临床症状：临床上分肺结核、乳房结核和肠结核。病畜逐渐消瘦，病初有短促干咳，渐变为湿性咳嗽，鼻流黄色脓液，精神不振，食欲不好，被毛失去光泽。听诊肺区常有啰音，叩诊有实音区并感疼痛和引起咳嗽。体温一般正常或稍高。最后因心力衰竭而死亡。

6.防制情况：对新购入的奶牛检疫复查，隔离观察，无感染者方可混群饲养；对奶牛连续几年检疫，检出的阳性牛淘汰处理；牛场工人每年健康检查，患结核病的人不得饲养奶牛；加强兽医卫生管理，保持圈舍清洁。本病已控制，临泽县现有奶牛基本净化。

**三、普查情况**

本次普查，流行病学调查210份，全县没有畜禽结核病发生。210头奶牛皮内变态反应检查，没有检出结核病阳性奶牛。

## 第五节　猪乙型脑炎

**一、病的概述**

猪乙型脑炎又称流行性乙型脑炎、日本脑炎，是由流行性乙型脑炎病毒引起的一种急性、人畜共患的自然疫源性传染病。猪以流产、死胎和睾丸炎为特征。

**二、流行及防制情况**

1.流行情况：本病在临泽县没有发生过流行。

2.流行环节：传染源为带毒动物。其中猪和马是最重要的动物宿主和传染源。小马是病毒的天然宿主，猪是最主要的扩散宿主。由于猪的饲养数量大、分布广、更新快，每年都能生产出大批易感性高的仔猪，猪感染乙脑病毒后，产生病毒血症，血液中病毒量较多，通过蚊—猪—蚊循环，使乙脑病毒不断扩散。所以猪是乙脑病毒最主要的增殖宿主和传染源。传播途径主要通过蚊虫(库蚊、伊蚊、按蚊等)叮咬传播，其中最主要的是三带喙库蚊。越冬蚊虫可以隔年传播病毒，病毒还可能经蚊虫卵传递至下一代。病毒的传播循环是在越冬动物及易感动物间通过蚊虫叮咬反复进行的。猪还可经胎盘垂直传播给胎儿。马属动物、猪、牛、羊、鸡和野鸟都可感染。马最易感，猪不分品种和性别均易感染，人亦易感。

3.流行形式：呈地方流行性。

4.流行因素：本病发生有明显的季节性，多发生于7～9月蚊虫滋生繁殖和猖狂活动季节。在热带地区，可常年发生。本病在猪群中的流行特征为感染率高，发病率低。绝大多数在病愈后不再复发，成为带毒猪。

5.临床症状：人工感染潜伏期一般为3～4d。体温升高至40℃～41℃，呈稽留热。精神沉郁，食欲减少，饮欲增加。结膜潮红，有的视力障碍。病猪后肢呈轻度麻痹，步行踉跄，关节肿大，最后后肢麻痹，倒地不起而死亡。妊娠母猪患病时，常突发流产，产死胎或木乃伊。流产多发生在妊娠后期，流产时乳房胀大，流出乳汁，常见胎衣停滞，自阴道流出红褐色或灰褐色黏液。流产胎儿有的已呈木乃伊化，有的死亡不久全身水肿。有的仔猪出生后几天内发生痉挛而死亡。

公猪发病后表现为睾丸炎，高热后一侧或两侧睾丸肿胀、阴囊发热，指压睾丸有痛感。数日后睾丸肿胀消退，逐渐萎缩变硬。

6.防制情况：控制传染源及传播媒介。做好灭蚊、防蚊工作，切断传播途径，减少疫病发生。在乙脑流行季节前1～2个月对猪群接种乙脑弱毒疫苗进行预防。

发生乙脑疫病时，按《中华人民共和国动物防疫法》及有关规定，采取严格控制、扑灭措施，防止疫病扩散。患病动物予以扑杀并进行无害化处理。死猪、流产胎儿、胎衣、羊水等，均须无害化处理。污染场所及用具应彻底消毒。

**三、普查情况**

本次普查，流行病学调查210份，全县没有猪乙型脑炎病发生。采集猪血清210份，经张掖市动物疫病预防控制中心实验室用病毒分离鉴定、血凝抑制试验和乳胶凝集试验检测均为阴性。

## 第六节　弓形体病

**一、病的概述**

弓形体病是由艾美科的刚地弓形虫引起的人畜共患性原虫病。

**二、流行及防制情况**

临泽县没有发病流行和临床记载。

**三、普查情况**

本次普查，采集猪、羊、鸡血清各210份，经张掖市动物疫病预防控制中心实验室采样病原分离鉴定和间接血凝试验，全部为阴性。

## 第七节 狂 犬 病

**一、病的概述**

狂犬病俗称疯狗病、恐水病，是由嗜神经性病毒引起的一种人畜共患的中枢神经系统急性传染病。人畜发病都是因为被患狂犬病的动物咬伤后传染的，主要临床表现为特有的狂躁、恐惧不安、怕风怕水、流涎和咽肌痉挛，最终发生全身麻痹而死亡。

**二、流行及防制情况**

1.流行情况：历年来临泽县没有发现狂犬病发生和流行情况。

2.流行环节：人和各种畜禽对此病都有易感性。自然界中，许多野生动物（犬科、猫科动物）也都可以感染。

3.流行形式：呈散发性和地方流行性。

4.流行因素：犬科野生动物很可能是自然保毒者，通过它们攻击咬伤家犬，使家犬感染而传播，引起其他动物和人发病。

5.主要症状：潜伏期大多数在3个月以内，最长达10年。

（1）犬：初期精神沉郁，不愿和人接近，病犬起卧不安，受到刺激时高度惊恐和跳起；进入兴奋期表现狂躁并主动攻击人畜；进入麻痹期后，出现四肢麻痹，卧地不起，最后因呼吸中枢麻痹和衰竭而死。病程6~8d。

（2）人：分为下列两期：

前驱期：在兴奋状态出现前大多数患者有低热、嗜睡、食欲缺乏，少数有恶心、呕吐、头痛（多在枕部）、背腰痛、周身不适等；对痛、声、光、风等刺激开始敏感，并有咽喉紧缩感。本期持续1~2d，很少超过4d。

兴奋期或痉挛期：可分两型，两型的表现不同。

①躁狂型狂犬病：患者逐渐进入高度兴奋状态，其突出表现为极度恐怖，有大难临头的预兆感，并对水声、光、风等刺激非常敏感，引起发作性咽肌痉挛、呼吸困难等。

恐水是本病的特殊性症状，典型者饮水、见水、闻流水声或仅提及饮水时，均可引起严重咽喉肌痉挛。因此，患者渴极而不敢饮，即使饮也无法下咽，满口流涎，沾污床褥或向四周胡乱喷吐。声带痉挛会导致吐字不清，声音嘶哑，甚至失音。怕风亦是本病特有的症状，微风、吹风、穿堂风等都可导致咽肌痉挛。其他如音响、光亮、触动等，也可引起同样发作。本期持续1~3d。

②麻痹型狂犬病:临床上无兴奋期,无恐水症状和吞咽困难,而以高热、头痛、呕吐、咬伤处疼痛开始,继则出现肢体软弱、腹胀、共济失调、部分或全部肌肉瘫痪、尿潴留或大小便失禁等,呈现横断性脊髓炎或上升性脊髓麻痹表现。病程持续4~5d。昏迷期或麻痹期两型狂犬病不易区别。痉挛停止,患者暂趋安静,有时尚可勉强饮水吞食,反应减弱或消失,转为弛缓性瘫痪,其中以肢体软瘫最为多见。眼肌、颜面部及咀嚼肌瘫痪,表现为斜视、眼球运动失调、下颌下坠、口不能闭合和面部缺少表情。此外,尚有失音、感觉减退、反射消失、瞳孔散大等。本期持续6~18d。

6.防制情况:家犬可用狂犬病疫苗进行预防:被犬咬伤的动物也可用狂犬病疫苗预防;被犬咬伤的人可以用人用狂犬病疫苗预防。平时对家犬进行检查,发现可疑病犬采取无血方法进行扑杀。

**三、普查情况**

流行病学调查210份,全县没有狂犬病发生。采集犬脑210份、犬血清210份,经张掖市动物疫病预防控制中心实验室用免疫荧光试验检测均为阴性。

## 第八节　马　鼻　疽

**一、病的概述**

鼻疽是一种严重危害马、骡、驴的传染病,多为慢性经过。病原为马鼻疽杆菌。其特征是鼻腔、肺、皮肤或其他实质性器官中形成结节或溃疡。

**二、流行及防制情况**

1.流行情况:1983年在蓼泉镇湾子村检出一匹阳性骡,后进行无血扑杀。1990年以来,经过多次抽检,没有发现马鼻疽阳性畜。

2.流行环节:病畜是本病的传染源,特别是开放性鼻疽病畜,危害性更大。主要通过被污染的饲料、饮水经消化道传染。病畜健畜互相接触,舔病变部分泌物及污染用具,也可被感染。

3.流行形式:发生无季节性,马、骡、驴最易感,无性别、年龄差异,骡、驴患病多取急性经过,人也有易感性。骆驼也可发病,其他家畜均不感染。呈零星散发或地方性流行。

4.流行因素:马匹密集饲养,牧畜流动频繁,或在交易市场、使用公共饲槽和水桶,易造成本病蔓延传播。

5.主要临床症状:临床上分为肺鼻疽、鼻鼻疽和皮鼻疽三种类型:

(1)肺鼻疽:有干性无力的咳嗽,呼吸困难,听诊肺区有啰音,身体消瘦。

(2)鼻鼻疽:初在鼻孔一侧或两侧流浆液性或黏液性鼻汁,渐变为黄色脓性鼻汁,有时混有血丝并带有臭味,呼吸带呼噜音。鼻腔中发生结节及溃疡,多在鼻腔深部黏膜上,溃疡愈后则留星芒状、冰花状的瘢痕。患病畜鼻腔一侧的颌下淋巴结肿大。

(3)皮鼻疽：四肢、胸侧和腹下等处的皮肤或皮下发生黄豆大至鸡蛋大的结节，结节破裂形成溃疡，流出黏稠灰黄或红色脓液。结节和溃疡附近淋巴结肿大，淋巴管粗硬成串珠状，患部皮下水肿，皮肤肥厚。公畜并发睾丸炎。

慢性鼻疽在临床上常无明显症状，病程可达十多年。

6.防制情况：采取检疫、隔离、扑杀、消毒、疫情监测等综合性防制措施，有效地控制了鼻疽病。

**三、普查情况**

流行病学调查210份，全县没有鼻疽病发生。采用鼻疽菌素点眼反应监测马骡210头匹均为阴性。

# 第九节　李氏杆菌病

**一、病的概述**

李氏杆菌病是由李氏杆菌引起的家畜、家禽、啮齿动物和人的一种散发性传染病。家畜和人主要表现为脑膜脑炎、败血症和流产；家禽和啮齿动物则表现为坏死性肝炎和心肌炎。

**二、流行及防制情况**

1.流行情况：经查阅资料和流行病学调查，临泽县没有发现有该病发生和流行。

2.流行环节：本病以绵羊、猪、家兔最易感，牛、山羊次之，马、犬、猫较少，禽类中以鸡、火鸡、鹅较多，鸭较少。啮齿动物中特别是鼠类及一些野兽、野禽也易感，且常成为本病病原在自然界中的贮存库。患病动物和带菌动物是本病的传染源。通过消化道、呼吸道、眼结膜及受伤的皮肤感染，被污染的饲料、饮水和吸血昆虫是传播媒介。

3.流行形式：本病为散发性流行，偶尔呈地方性流行，发病率低，致死率很高。幼畜易感性高。

4.流行因素：冬季缺乏青饲料、天气骤变、畜群中寄生虫病和沙门氏菌病感染，均可诱发本病发生。

5.主要临床症状

(1)绵羊：病初体温升高1℃~2℃，不久下降，行动迟缓，精神沉郁，向一方斜视，终至视力丧失，头颈向上弯曲，呈角弓反张，四肢爬动作游泳状，一般3~7d死亡。

(2)牛：以神经症状为主，有轻热、流延、流鼻涕、不安、不听驱使。或卧于一侧而不改变，水牛突然发生大脑炎，致死率比黄牛高。

(3)猪：体温不高，运动失常，作圆圈运动，不自主后退，后肢和四肢麻痹，不能站立，1~

4d衰竭而死。

6.防制情况：布病因本县没有发生和流行，目前没有防制记载。

**三、普查情况**

流行病学调查210份，全县没有李氏杆菌病发生。采集牛羊血清各210份，经张掖市动物疫病预防控制中心实验室用细菌分离鉴定试验检测均为阴性。

## 第十节　钩端螺旋体病

**一、病的概述**

钩端螺旋体病是由钩端螺旋体引起的一种传染病，在家畜中感染率高，发病率低，常为隐性感染。有时可发生短期发热、黄疸、血红蛋白尿，出血性素质、流产及皮肤黏膜坏死。家畜中主要发生在猪、牛、犬。人也感染。

**二、流行及防制情况**

1.流行情况：经查阅资料和流行病学调查，临泽县没有发现有该病发生和流行。

2.流行环节：病原性钩端螺旋体遍布全世界。所有的温血动物都可以感染，其中：鼠类是最主要的贮存畜主。家畜、家禽、飞禽均可感染，且可长期带菌，特别是猪感染率可达25%以上。病原除通过皮肤、黏膜、消化道感染外，还可通过交配、人工授精传染，吸血昆虫也可传播。

3.流行形式：呈散发性或地方流行性。一年四季均可发生，但以6~9月多发。

4.流行因素：饲养管理不当、机体抵抗力下降时常可促进本病的发生和流行。

5.主要临床症状

（1）猪：一般只有少量猪呈现急性临床症状，表现出发热、厌食和腹泻。母猪妊娠后期多发生流产。出血性黄疸型传染的特征为黄疸，致死率高，病猪厌食1~2d，出现黄疸和血红蛋白尿，数日后惊厥、衰竭而死。

（2）牛羊：一般为隐性感染，没有明显的临床症状。黏膜贫血和黄疸，孕畜后期流产，有时口腔黏膜及耳部或生殖器皮肤坏死。病期2~10d，死亡率50%左右。

6.防制情况：本病因本县没有发生和流行，目前没有防制记载。

**三、普查情况**

流行病学调查210份，全县没有勾端螺旋体病发生。采集牛羊猪血清各210份和肝、脾、肾、脑病料各210份，经张掖市动物疫病预防控制中心实验室用涂片镜检和间接血凝试验检测均为阴性。

# 第十一节　大肠杆菌病

## 一、病的概述

大肠杆菌病是由大肠杆菌引起的一组新生幼畜肠道传染性疾病，大肠杆菌是一种条件性病原体，不同种类的幼畜均可感染。常见的有仔猪黄痢、仔猪白痢、猪水肿病、犊牛白痢和羔羊痢疾。

## 二、流行及防制情况

1.流行情况：本病在临泽县常有流行，多呈散发性流行，特别是对仔猪、羔羊易感。大肠杆菌广泛分布于自然界，当环境卫生较差，新生幼畜抵抗力降低或发生消化障碍时易诱发本病。

2.流行环节：本病的传播途径主要是通过消化道感染，少数可通过脐带或产道感染。

3.流行形式：多呈散发性或地方流行性。

4.流行因素：在诱发疾病的各种因素中，以不喂初乳或饲喂过晚、或初乳不足、质量不好最为重要，因初乳中含有丰富的免疫球蛋白，其中有一定量的抗大肠杆菌抗体。其次，哺乳母畜饲养管理不当，致使乳汁过浓，含脂率过高，幼畜吃后不易消化；或乳汁缺乏及营养不全，使幼畜处于饥饿状态；环境卫生不良，畜舍过于拥挤，缺少运动，气候多变等因素都可促进本病的发生。一般在舍饲期间发病较多。

5.主要临床症状

（1）仔猪黄痢：以生后12h到5日龄以内的初生仔猪发病最多。在3日龄左右出现症状。最迟的不超过7d。一般在3日龄左右突然发病，有的在生后12h即可发病，先是一两头突然死亡，随后出现症状比较明显的病猪。初期拉黄色稀粪，随着病势的发展逐渐加重，粪便呈半透明的腥臭黄色液体，严重的病猪肛门松弛，排粪失禁，阴户尖端出现红色，口渴，精神沉郁，不吃奶，迅速消瘦，脱水，昏迷而死亡。也有不少病例未见下痢，发病后软弱，卧地不起，昏迷死亡。

（2）仔猪白痢：仔猪白痢是在吮乳期内的仔猪常见的以泻出乳白色或灰白色带有腥臭的稀粪为特征的肠道传染病。多见于10~30日龄的仔猪，发病率高，而死亡率不高。病原为大肠杆菌。一般体温无明显变化，病初，仔猪尚活跃，吃奶也正常，所排粪便较软，呈乳白、灰白、淡黄或黄绿色不等。有时可见吐奶。随后腹泻次数增多，排泄物腥臭而稀薄，有时混有气泡，仔猪逐渐消瘦；被毛粗乱无光泽，尾和后肢被粪便污染，精神委顿、恶寒，吃奶减少或不吃，但表现渴感；严重的见脱水、眼凹陷，目光迟钝，呼吸稍增快，终因昏迷虚脱而死。病程经过及死亡率随病因、治疗和护理情况不同而异。如果发病日龄早、病程较短，死亡率也较高，可在腹泻后一两天内死亡。日龄较大的仔猪，病情较轻，死亡率也较低。但如治疗不当，有的猪也可拖延到2~3周或反复发作。

(3)猪水肿病：猪水肿病主要是断奶后幼猪的一种肠毒血症或过敏性疾病，由于吸收了寄生在肠道内的某些溶血性大肠杆菌所产生的毒素而引起的。其特征为突然发病，呈现头部水肿，共济失调，惊厥和麻痹，病程短，常致死亡。病初，精神委顿，体温稍高或正常，食欲减少或不食，结膜充血，步样不稳。后突然兴奋不安，反应过敏，盲目行走或圈行，共济失调，肌肉震颤，口吐白沫，叫声嘶哑。不久惊厥倒地抽搐，四肢不断划动呈游泳状，或前肢不能站立或爬行，逐渐发生后肢麻痹，卧地不起，呈昏迷状态。眼睑或结膜水肿， 严重者可发展到颈、腹皮下水肿。最后在昏迷中死亡。病程数小时至1~2d，缓的可达一周以上。

(4)犊牛白痢：主要危害未饲喂初乳的一周龄以内的新生犊牛。吃过初乳和一周龄以上者较少发病。临床表现有两种类型：

①败血型：由能引起菌血症的大肠杆菌所致，呈败血症症状，并伴有腹泻。主要经消化道传染，但也有经扁桃体、脐和呼吸道传染的。

②肠型：由肠致病性菌株在小肠内增殖，产生肠毒素，引起严重的腹泻，但细菌不侵入机体实质脏器。此型类似肠毒血症。病初体温升达40℃，精神委顿，食欲减退或废绝，数小时后发生腹泻，初期排出的粪便呈淡黄色粥样，有恶臭，继则呈水样，淡灰白色，混有凝血块、血丝和气泡。病初排粪用力，继则因肛门松弛而自由流出，污染后躯及腿部。病畜常有腹痛，用腿踢腹壁，后期高度衰弱，卧地不起，有时出现痉挛。一般经1~3d因虚脱而死。死亡率可达80%~100%。耐过的病畜，恢复很慢，发育迟缓，并常继发脐炎、关节炎或肺炎等病。肠型大肠杆菌病，体温少有变化，主要表现为腹泻，严重者出现脱水现象，有的也因虚脱而死。

(5)羔羊大肠杆菌病：病原与犊牛相似。在临床上分为两种类型：

①败血型：主要侵害2~3周龄的羔羊，呈一般菌血症症状，常迅速虚脱，伴有轻微的腹泻或不腹泻。有的带有神经症状(脑膜炎)或者关节炎。

②肠型：2~8日龄的新生羔羊多发，主要呈现腹泻，精神沉郁，厌食，更重者有脱水症状，甚至引起死亡。

6.防制情况：一是尽早饲喂初乳，提高自身免疫力；二是加强圈舍、用具及环境消毒，注意饲料、饮水卫生；三是改善母畜饲养管理，保证胎儿发育，保证产后乳汁充足；四是做到计划生产，夏秋产仔；五是药物预防，用1∶(1000~2000)的高锰酸钾溶液让仔畜自由饮水，或在饲料中加入抗生素预防。

**三、普查情况**

本次普查，流行病学调查210份，全县没有发现有大肠杆菌病发生。采集牛、羊、猪、鸡血清各210份和猪、牛，羊肠黏膜210份，经张掖市动物疫病预防控制中心实验室用细菌分离鉴定试验检测均为阴性。

# 第十二节 沙门氏菌病

**一、病的概述**

沙门氏菌病(简称沙氏菌病)是指由于各种类型的沙氏菌所引起的对人类、家畜、家禽以及野生禽兽不同形式疾病的总称。对幼畜和雏禽有较大的危害性。本病在世界各地普遍存在。

**二、流行及防制情况**

1.流行情况:本病在临泽县常有流行,多呈散发性流行,特别是对猪、牛、羊、鸡幼畜易感。沙门氏菌广泛分布于自然界,为动物肠道寄生菌。幼畜抵抗力降低、消化障碍或饲料营养缺乏、阴冷潮湿及气候突变等常可诱发本病。

2.流行环节:沙门氏菌能在多种动物的体内寄生,在流行地区的下水道、池塘、河流、饲料、饮水、环境等都存在病菌。

3.流行形式:一般呈散发性和地方流行性。

4.流行因素:断奶过早、突然更换饲料、饥饿、缺乏维生素、钙磷比例失调、营养成分不当、运输、拥挤、阴冷潮湿以及气候突变等均可诱发本病。

5.主要临床症状

(1)猪沙门氏菌病(仔猪副伤寒):猪副伤寒是由沙门氏杆菌引起的仔猪传染病。其特征是大肠的坏死性炎症,有时在肺有卡他性或干酪性炎症。病原主要是猪霍乱沙门氏菌和猪伤寒沙门氏菌。此外,鼠伤寒沙门氏菌、德尔培沙门氏菌和肠炎沙门氏菌等也常可引起本病。本病潜伏期自数天至数月不等,发病症状也急慢不一。数周龄的仔猪多呈急性败血型,年龄较大的猪多为慢性肠炎。

急性败血型:在断奶前后有些猪突然死亡。可见群内有些发热、萎靡和虚弱的仔猪,并无其他显著症状即行死亡。病程稍长者可见腹痛下痢等症状,排出淡黄恶臭的液状粪便,并发生结膜炎。耳及胸腹部皮肤蓝紫色或有出血斑。群内的发病率低而致死率高,病程短。

慢性型:为最常见的一种病型。病初症状不明显,后逐渐消瘦,生长停滞、贫血,眼结膜炎或有脓性分泌物。长期腹泻,泻出物呈灰白或黄绿色水样,有恶臭并混有大量坏死组织碎片或纤维状物。后驱粘有灰褐色粪便,被毛粗乱,皮肤有痂状湿疹。病程持续可达数周,拉痢时发时停,食欲逐渐废绝,有时出现咳嗽,体温并不显著升高,最后衰竭死亡,临死前皮肤出现紫斑。致死率约为25%~50%。

(2)牛沙门氏菌病(犊牛副伤寒):本病在成年牛中多为慢性感染或带菌者,母牛或可流产。在犊牛中则发生急性胃肠炎或关节炎及肺炎,有较高的死亡率。犊牛常为急性败血型。发病时体温升高，精神委顿，食欲废绝，随后发生腹泻。泻出物含有黏液、血液及夹膜，并有恶臭。如发生肺炎则表现咳嗽和气喘等症状。病程一般为4~8d。慢性病例发生周期性腹泻，间或出现关节炎和腱鞘炎。

(3)绵羊沙门氏菌病(羊副伤寒和羊沙门氏菌性流产)：本病在性质上与猪、牛等沙门氏菌病相似。成年羊多为慢性或隐性，在母羊则发生流产。在羔羊则为急性全身性感染。传染途径以经口为主，交配或其他途径也有可能。带菌羊在运输、饥饿或其他环境条件的影响下，可能转成急性爆发。羔羊急性感染以全身症状和泻痢为主，病程2~3d即死亡。病变限于胃和肠黏膜的炎症。母羊流产前后都有全身症状，阴道流出液体。流产胎儿皮下水肿。

(4)鸡白痢：由鸡白痢沙门氏菌引起者即鸡白痢。主要对3周龄以下的雏鸡发生败血症，在成年鸡主要局限在生殖系统的慢性或隐性传染，只在特殊条件下才发生急性传染。除鸡外也能传染给火鸡。鸡白痢是一种极常见传染病，发病率和死亡率都很高，通常在出壳后2周之内死亡最多，是严重危害雏鸡存活率的因素之一。病原主要存在于病鸡的肝、肺、卵黄囊、心血管和肠道内容物中。卵内感染者在孵化中出现死胚或弱雏。一般病雏迟钝，紧靠热源处聚集成团，不食，两翅下垂，闭眼缩头，姿态异常。有些病雏拉出粉白色或绿色的黏性大便，附在肛门周围，在排便时发出凄厉的尖叫声。全身羽毛湿，呼吸辛苦而发出哔卜音。在幸存者中有不少发育不良，羽毛不丰。病愈雏鸡长成后，多成为慢性患者或带菌者。成年鸡感染后一般不表现临床症状，成为隐性带菌者，母鸡产卵量与受精率下降，孵化率也减少。

(5)鸡伤寒：本病是由鸡沙门氏菌(或称鸡伤寒沙门氏菌)所引起的一种败血性传染病。本病的分布遍及全世界，主要危害鸡及火鸡。在鸡群中主要危害6月龄以下的鸡，初春时发病较多。本病在初孵化雏鸡中的症状与病变和鸡白痢相似。在年龄较大的鸡群中，最初可见饲料消耗突然减少，病鸡精神委顿，毛松乱，冠贫血而缩小，拉黄色稀粪。急性者可立即死亡，一般病程为5~6d。有些慢性病鸡能拖延数周，恢复后成为带菌鸡。成年鸡的症状不明显。病程长的常见有肝、脾及肾充血肿胀。病程在4~5d。

(6)家禽副伤寒：本病能感染各种家禽、野鸟、野兽以及人类。人类沙门氏菌性食物中毒及副伤寒感染的最大来源即为禽类及其产品。由于本病的病原菌种类繁多，寄主的范围又广，一时还难以消灭。家禽副伤寒的损失，最常发生于孵化后两周之内，6~10d时损失最大。本病的疫原是带菌动物，可以经卵传染。人类的感染大部分来自食品，往往是肉联在加工时将有病菌的肠道内容物污染了整个工作环境，使加工出来的产品含有沙门氏菌。从症状上和鸡白痢、鸡伤寒等病非常相似，不易区别。其症状主要为嗜睡，厌食，怕寒，毛松乱与泻痢，泻出绿色或黄色稀粪。成年鸡在天然环境下被感染后常无症状，在内腔及肠道中带有本菌。

6. 防制情况：近年来临泽县没有发现沙门氏菌病的发生和流行，也没有防制记载。沙门氏菌属革兰氏染色阴性菌,对多种抗生素敏感,在生产中以消灭带菌者和杀灭圈舍等环境中的病原菌为主要措施。

**三、普查情况:**

流行病学调查210份,临泽县未发现沙门氏菌病的发生和流行。采集牛、羊、猪、鸡血清各210份和内脏器官210份,经张掖市动物疫病预防控制中心实验室用细菌分离鉴定、平板凝集试验检测均为阴性。

## 第十三节　猪Ⅱ型链球菌病

**一、病的概述**

猪链球菌病是由多种致病性链球菌感染引起的一种人畜共患病,猪Ⅱ型链球菌病是由毒力较强的一种链球菌引起的人畜共患性病。猪Ⅱ型链球菌在自然界中广泛分布于土壤、空气、水及病料和动物体中,可引起猪、人、牛、马、羊及禽类等多种动物的感染和发病。

**二、流行及防制情况**

1.流行情况:经查阅资料和流行病学调查,临泽县未发现该病发生和流行。

2.流行环节:猪Ⅱ型链球菌在自然界中广泛分布于土壤、空气、水及病料和动物体中,主要通过消化道、口、鼻,与皮肤外伤接触患病动物等方式传染。

3.流行形式:本病主要呈散发性和地方流行性。一年四季均可发生,尤以5~11月发病率较高。

4.流行因素:带病动物是主要传染源。因饲养管理不当、环境条件差、机体抵抗力下降和阴雨潮湿气候等因素可诱发本病。

5.主要临床症状:主要症状为猪的败血病及淋巴结化脓性病症、关节炎、脑炎等,哺乳期仔猪易感,死亡率也较高,中猪、大猪次之,潜伏期一般1~3d或稍长。猪链球菌2型可导致人类的脑膜炎、败血症和心内膜炎,严重时可导致人的死亡。

6.防制情况:本病因本县没有发生和流行,没有防制记载。

猪Ⅱ型链球菌为革兰氏阳性菌,对青霉素等多种抗生素敏感。在生产中加强引种检疫,防止病原带入养殖场;加强对圈舍、用具、环境的消毒灭源工作;加强饲养管理、提高机体抵抗力。

**三、普查情况**

流行病学调查210份,全县没有发现有猪Ⅱ型链球菌病发生和流行。采集猪血清210份和内脏器官210份,经张掖市动物疫病预防控制中心实验室用细菌分离鉴定试验检测均为阴性。

## 第十四节　破　伤　风

**一、病的概述**

破伤风又称锁口风、强直症，是由破伤风杆菌经创伤感染的多种家畜共患的急性传染病。其特征是病畜对外界刺激的兴奋性增高和全身或局部骨骼肌的强直性痉挛。

**二、流行及防制情况**

1.流行情况：本病在临泽县零星发生，多以马属动物发生为主。2002年倪家营镇汪家墩村三社李生家饲养驴一头，因笼头磨伤，耳后鬃毛处发现约2cm深的伤口，畜主发现第7d后，出现咀嚼缓慢，四肢僵硬，尾根翘起，并伴有惊恐不安的症状，到当地畜牧兽医站进行治疗，确诊为破伤风，经过16d治疗后痊愈。2004年下营村二社宋玉林饲养羊200只，畜主自行去势羊8只，去势后第10d 2只羊出现羊四肢僵硬，流涎、头颈部伸直，不能灵活转动，经诊断为破伤风，2只羊全部死亡。近年来没有发病记载。

2.流行环节：破伤风杆菌的芽孢常存在于人畜粪便和土壤中，主要经创伤感染，特别是伤口密闭的创伤。本病无明显季节性，春季、雨季时多见。各种家畜，不分性别、年龄，对本病都能感染。其中马属动物最易感，绵羊次之，牛、山羊及猪患病较少。

3.流行形式：主要呈散发性流行。

4.流行因素：在环境不卫生、阉割、断尾、剪毛、断脐、挽具的磨伤消毒不严引起感染的情况下，均能发生本病。

5.主要症状

马、骡、驴：体温一般正常或微高，死前体温常升高。头颈伸直，口紧垂涎，咀嚼不灵，吞咽困难。瞬膜(骨眼)外露。呼吸急促，鼻孔张大。耳直尾举，四肢、腰背僵硬，行走困难，重的形如“木”马。容易受惊，出汗，口色赤红，舌有厚苔，口臭，脉弦。

牛：牙关紧闭，耳立尾直，背弓肢硬，全身发抖，瘤胃停止蠕动，常有鼓气。

羊：头偏一侧，四肢强直，行动困难，腹泻或鼓气。

猪：牙关紧闭，两耳竖立，头向后仰，腰背弓起，全身肌肉痉挛，常难站立。

6.防制情况：阉割家畜，外科手术之前，注射破伤风类毒素，并严格消毒，防止牲畜创伤，发现伤口应及时治疗。治疗可用破伤风抗毒素及对症疗法。

**三、普查情况**

临泽县临床检查牛羊猪及马属动物各210头份，没有查出有破伤风病例。

# 第十五节　旋毛虫病

## 一、病的概述

旋毛虫病是由旋毛虫引起的人畜共患病。旋毛虫的幼虫阶段寄生于猪、人、鼠、犬等的肌肉纤维内，成虫阶段寄生于猪、人、鼠、犬等的小肠中。猫、兔和狼等均可被感染，而带有旋毛虫的猪肉又是人旋毛虫病的主要感染来源。

## 二、流行及防制情况

1.流行情况：经查阅资料和流行病学调查，本县没有发现有该病发生和流行。

2.流行环节：旋毛虫病分布于世界各地。宿主包括人、猪、犬、猫、鼠、熊、狐、狼、貂和黄鼠狼等120多种哺乳动物，甚至连不吃肉的鲸也能感染旋毛虫。许多昆虫(如蝇蛆和步行虫)也能吞食动物尸体内的旋毛虫包囊，并能使包囊的感染力保持6～8d，因而也能成为易感动物的感染源。鼠旋毛虫的感染率较高，猪感染旋毛虫的主要来源是吞食老鼠。另外，废肉水、生肉屑和其他动物尸体亦可能是猪感染旋毛虫的来源。犬的活动范围更广，可以吃到多种动物的尸体，因而其旋毛虫的感染率远远大于猪。人感染旋毛虫病主要是嗜食生肉或肉品烹调不当，误食含有活的旋毛虫包囊而致。

3.流行形式：呈散发性或地方流行性。

4.流行因素：鼠类是本病的贮存畜主。卫生习惯不好、粗放养殖、饲喂含有旋毛虫的碎肉和肉粉。都可造成本病的发生和流行。

5.临床症状：猪和犬对旋毛虫有较强的耐受力，在临诊上几乎无任何可见的症状。据试验，一个人按每千克体重吞食5条旋毛虫即可致死，而猪要10条以上。猪感染时，肠型期对胃肠道的影响极小，常不出现临诊症状。肌型期导致的病变在肌肉，可见肌细胞横纹消失、萎缩和有纤维增生等。但当人感染大量旋毛虫时，则可出现严重的症状，肠型期主要表现为肠炎，有时可出现带血的腹泻，其病变为炎症、黏膜增厚、水肿、黏液增多和淤血性出血，少见溃疡。感染后15d左右，幼虫进入肌肉，出现肌型期症状，其发病特征为急性肌炎、发热和肌肉疼痛；同时出现吞咽、咀嚼、行走和呼吸困难；眼睑水肿、食欲不振、显著消瘦。如不及时治疗可因呼吸肌麻痹、心肌及其他脏器的病变和毒素的作用而引起死亡。

6.防制情况

(1)一般治疗：急性期；对症治疗。

(2)病原治疗

①阿苯达唑：是本病治疗首选药物，疗效好，对各期旋毛虫均有杀虫作用，毒副作用小。

②甲苯达唑：对肠内期和肠外期旋毛虫有效。

③噻苯达唑：具有广谱抗蠕虫作用，对旋毛虫未成熟型、成虫和移行期与包囊期幼虫均

有较好效果。

7.防制措施：预防该病的前提是提高公民的安全卫生意识，在此基础上，搞好公共卫生，加强饲养管理，动物尸体焚烧或深埋。养猪者禁止用洗肉水喂猪，以预防该病发生；一旦发现病猪、病肉严格按照要求对其进行无害化处理；猪舍、猪场应尽量消灭老鼠，防止猪吞食死亡的老鼠等动物尸体，以减少感染和传播的机会。预防人旋毛虫病主要是一定要将肉煮熟，不吃生肉。

**三、普查情况**

流行病学调查210份，全县没有发现有旋毛虫病发生和流行。采集猪肌肉、血清各210份，经张掖市动物疫病预防控制中心实验室用压片镜检和ELISA试验检测均为阴性。

## 第十六节　肝片吸虫病

**一、病的概述**

由肝片吸虫寄生于动物肝胆管内引起的寄生虫病。主要为牛、山羊、绵羊、马、骆驼等易感染。临床上以发热、贫血、肝脏肿大及明显增多为特征。偶可感染人类。表现发热、肝区疼痛、肝脏肿大并有压痛、末梢血液酸性粒细胞明显增多等临床征象。中间宿主为椎实螺，尾蚴在水草或水生植物上形成囊蚴，动物进食这些植物时受感染。

**二、流行及防制情况**

1.流行情况：本病在1990年以前多有发生，牛羊多见，特别是倪家营、新华、小屯等有蓄水池和潮湿地区常见。近年来，随着生活环境改善，养殖方式的转变，发病率明显降低。

2.流行环节：肝片吸虫虫卵，随寄主粪便排出体外，于适宜温度下经10d左右在水中孵出毛蚴。毛蚴钻入中间寄主椎实螺科动物体内，经约30d的发育，最后产生许多尾蚴。尾蚴自螺体逸出，在水生植物或浅水面上形成囊蚴(后尾蚴)。若囊蚴被牛、羊或人吞食，后尾蚴在寄主小肠内脱囊而出，穿过肠壁钻入肝脏，并定居于肝胆管内，发育成熟并产卵。自吞食囊蚴至虫体发育成熟产卵，需3～4个月。成虫在寄主体内可存活11～12年。

3.流行形式：呈地方流行性。

4.流行因素：有人畜蓄水池、潮湿地区多发。

5.主要症状：本病的潜伏期为2～3个月，病程分急性期与慢性期。急性感染多发于夏末和秋季，以幼龄羊多见，系短时间内遭受严重感染所致，病势猛，可引起患畜突然死亡，但此类型较少见。临床上多呈慢性经过，患畜逐渐消瘦，被毛粗乱，黏膜苍白，贫血，食欲减少，反刍不正常，继而出现周期性瘤胃胀气或前胃弛缓，便秘与下痢交替发生，到后期下颌、胸下出现水肿。患畜即使在良好的饲养条件下也日渐消瘦，母畜发生流产或产奶量下降，如不治疗常引起死亡。人感染肝片吸虫主要是刺激胆管、肝细胞或微血管，引起急性肝炎和肝出血,同时虫体分泌一种有毒物质引起肝炎,毒素进入血中可引起红细胞溶解,发生全身中毒、贫血、浮肿、消瘦等症状。急性期一般持续3~4个月,此时童虫在肝脏内移行并以肝细胞为食,引起损伤性肝炎,病人表现畏冷、发热、出汗等,热型多为弛张热或稽留热,多数病人感乏力、食欲不振、腹胀,末梢血中嗜酸性粒细胞明显增多。部分病人体重减轻或有荨麻疹。肝脏轻度或中度肿大,中等硬度,轻压痛。少数病例脾脏也增大。虫体移行至胆管发育为成虫时,病程转入慢性期。成虫食胆管内壁组织。成虫的机械性刺激及其产生的脯氨酸可引起胆管扩张和胆管上皮细胞增生,常合并胆管炎、胆石症或胆管堵塞。

**表2-1 临泽县历年羊肝片吸虫病流行病学调查统计表**

| 姓　名 | 发病地点 | 发病时间 | 饲养量 | 发病数 | 死亡数 |
|---|---|---|---|---|---|
| 宋　玉 | 墩子小区 | 2000 | 95 | 6 | 2 |
| 张成财 | 黄家堡 | 2007 | 60 | 2 | |
| 陈学林 | 一工程 | 2009 | 54 | 3 | |
| 田发利 | 曹庄 | 2009 | 53 | 5 | 2 |
| 何正章 | 闸湾 | 2010 | 300 | 3 | |
| 赵克会 | 湾子村 | 2010 | 200 | 3 | |
| 向增华 | 五泉 | 2010 | 80 | 6 | 2 |
| 田兴江 | 曹庄 | 2010 | 138 | 6 | 2 |
| 科文旭 | 梨园 | 2010 | 300 | 20 | |
| 梁顺其 | 闸湾 | 2012 | 200 | 2 | |
| 尚福全 | 双泉小区 | 2013 | 110 | 7 | 1 |
| 李　军 | 小屯 | 2013 | 55 | 10 | |
| 柳召贵 | 小屯 | 2013 | 47 | 10 | |
| 赵　科 | 暖泉 | 2013 | 210 | 4 | 1 |
| 祁国政 | 白寨 | 2014 | 500 | 40 | |
| 祁正毅 | 白寨 | 2014 | 45 | 5 | |
| 祁国熊 | 白寨 | 2014 | 30 | 5 | |
| 杨　剑 | 张湾 | 2014 | 120 | 6 | 2 |
| 王建海 | 小屯 | 2014 | 200 | 20 | |
| 刘自文 | 小鸭村 | 2014 | 29 | 10 | 1 |
| 王怀海 | 古寨 | 2014 | 35 | 10 | |
| 张自芳 | 张庄 | 2014 | 50 | 10 | |
| 张　玉 | 古寨 | 2014 | 40 | 5 | 1 |
| 王天强 | 南台 | 2014 | 46 | 6 | |
| | | | 2997 | 204 | 14 |

表2-2　临泽县历年牛肝片吸虫病流行病学调查统计表

| 姓　名 | 发病地点 | 发病时间 | 饲养量 | 发病数 | 死亡数 |
| --- | --- | --- | --- | --- | --- |
| 刘德俊 | 芦湾小区 | 2009 | 21 | 2 | |
| 贾　荣 | 贾家墩 | 2009 | 7 | 1 | |
| 张　军 | 一工程 | 2012 | 10 | 1 | |
| | | | 38 | 4 | |

6.防制情况

治疗：可以硫氯酚、六氯对二甲苯及吡喹酮治疗有效。

预防：加强牛、羊等家畜的管理，及时治疗病畜。对人可加强卫生教育。

**三、普查情况**

本次普查，流行病学调查210份。发现从2000—2014年有24户农户养羊2997只、发病204只，死亡14只。发现3户养牛户饲养牛38头，发病4头。沙河镇西寨村六社顾虎，2012年饲养肉羊600只，发病10只，死亡1只，解剖发现肝脏寄生大量肝片吸虫。用驱虫药治疗效果良好。采集牛羊粪便各210份，用虫卵沉淀法和虫卵饱和盐水飘浮法镜检肝片吸虫虫卵，没有发现有虫卵。随机病理剖检绵羊14只，没有发现肝片吸虫。

## 第十七节　棘球蚴病

**一、病的概述**

棘球蚴病是由棘球绦虫成虫和幼虫引起的哺乳动物体内寄生虫病，幼虫在中间宿主的内脏形成包囊，成虫寄生于终末宿主肠道内，是严重危害人体健康和畜牧业生产的人畜共患寄生虫病。

**二、流行及防制情况**

1.流行情况：本病在1990年以前多有发生，牛羊多见，特别是倪家营、新华、小屯等有蓄水池和潮湿地区常见。近年来，随着生活环境改善，养殖方式的转变，发病率明显降低。

2.流行环节：在犬小肠内的棘球绦虫很细小，长2~6mm，由一个头节和3~4个节片构成，最后一个体节较大，内含大量虫卵。含有孕节或虫卵的粪便排出体外，污染饲料、饮水或草场，牛、羊、猪、人食入这种体节或虫卵即被感染。虫卵在动物或人这些中间宿主的胃肠内脱去外膜，游离出来的六钩蚴钻入肠壁，随血流散布全身，并在肝、肺、肾、心等器官内停留下来慢慢发育，形成棘球蚴囊泡。犬类动物如吞食了这些有棘球蚴寄生的器官，每一个头节便在小肠内发育成为一条成虫。棘球蚴囊泡有三种，即囊单房、无头囊和多房囊棘球蚴。前者多见于绵羊和猪，囊泡呈球形或不规则形，大小不等，由豌豆大到人头大，与周围组织有明显界限，触摸有波动感，囊壁紧张，有一定弹性，囊内充满无色透明液体；在牛有时可见到一种无头节的棘球蚴,称为无头囊棘球蚴。多房囊棘球蚴多发生于牛,几乎全位于肝脏,有时也见于猪;这种棘球蚴的特征是囊泡小,成群密集,呈葡萄串状,囊内仅含黄色蜂蜜样胶状物而无头节。在牛,偶尔可见到人型棘球蚴,从囊泡壁上向囊内或囊外可以生出带有头节的小囊泡(子囊泡),在子囊泡壁内又生出小囊泡(孙囊泡)。因而一个棘球蚴能生出许多子囊泡和孙囊泡。

3.流行形式:呈地方性流行。

4.流行因素:犬畜混养及不良的养殖环境和卫生习惯是本病发生流行的主要因素。

5.临床症状:随寄生部位和感染数量的不同差异明显,轻度感染或初期症状均不明显。肝部大量寄生棘球蚴时,主要表现为病畜营养失调,反刍无力,身体消瘦;当棘球蚴体积过大时可见腹部右侧臌大,有时可见病畜出现黄疸,眼结膜黄染。当肺部大量寄生时,则表现为长期的呼吸困难和微弱的咳嗽;听诊时在不同部位有局限性的半浊音灶,在病灶处肺泡呼吸音减弱或消失;若棘球蚴破裂,则全身症状迅速恶化,体力极为虚弱,通常会窒息死亡。

6.防制情况:避免犬、狼、豺、狐狸等终末宿主吞食含有棘球蚴的内脏是最有效的预防措施。疫区之犬经常定期驱虫以消灭病原也是非常重要的。

**三、普查情况**

本次普查,流行病学调查210份。没有发现棘球蚴病。采集家犬粪便210份,用虫卵沉淀法和虫卵饱和盐水飘浮法镜检棘球蚴成虫虫卵,没有发现虫卵。随机病理剖检绵羊14只,没有发现棘球蚴虫。采集牛羊脏器200份,血清200份,经张掖市动物疫病预防控制中心实验室采用虫体检查和ELISA试验检测为阴性。

## 第十八节　猪囊尾蚴病

**一、病的概述**

猪囊尾蚴病俗称囊虫病,是猪带绦虫的蚴虫即猪囊尾蚴寄生人体各组织所致的疾病。因误食猪带绦虫卵而感染,也可因体内有猪带绦虫寄生而自身感染。根据囊尾蚴寄生部位的不同,临床上分为脑囊尾蚴病、眼囊尾蚴病、皮肌型囊尾蚴病等,其中以寄生在脑组织者最严重。

**二、流行及防制情况**

1.流行情况:本病在2000年以前多有发生,生猪屠宰场每年检疫屠宰生猪约3万头,年检出猪囊虫猪几头至几十头。2000年以后,随着人们对猪囊虫病的认识和养殖环境条件的改善,猪囊虫发生率明显下降。近年来没有检出猪囊虫。流行病学调查2003年蓼泉镇墩子村刘忠磊养猪68头,发病12头,死亡2头。

2.流行环节：猪带绦虫病人是囊尾蚴病的唯一传染源。任何性别、年龄都可患本病。人作为猪带绦虫的终末宿主，成虫寄生人体，使人患绦虫病；当其幼虫寄生人体时，人便成为猪带绦虫的中间宿主，使人患囊尾蚴病。人感染囊尾蚴病的方式有：异体感染也称外源性感染，是由于食入被虫卵污染的食物而感染；自体感染，是因体内有猪带绦虫寄生而发生的感染。

3.流行形式：多呈地方流行性。

4.流行因素：人、猪同圈是本病的主要传播因素。不良的卫生习惯也是本病发生感染的主要途径。

5.临床症状：由于囊尾蚴寄生部位、感染程度、寄生时间、虫体是否存活等情况的不同以及宿主反应性的差异，临床症状各异，从无症状到突然猝死。潜伏期1个月到5年内者居多，最长可达30年。

（1）脑囊尾蚴病：表现复杂，以癫痫、头痛为最常见的症状，有时有记忆力减退和精神症状或偏瘫、失语等神经受损症状，严重时可引起颅内压增高，导致呕吐、视力模糊、视神经盘水肿，乃至昏迷等。

（2）皮下及肌肉囊尾蚴病：部分囊尾蚴病患者有皮下囊尾蚴结节。当囊尾蚴在皮下、黏膜下或肌肉中寄生时，局部可触及约黄豆粒大（0.5～1.5cm），近似软骨硬度、略有弹性、与周围组织无粘连，在皮下可移动，本皮色、无压痛的圆形或椭圆形结节。结节以躯干、头部及大腿上端较多。一般无明显感觉，少数患者局部有轻微的麻、痛感。

（3）眼囊尾蚴病：囊尾蚴可寄生在眼的任何部位，但多半在眼球深部，此外，可寄生在结膜下、眼前房、眼眶内、眼睑及眼肌等处。引起视力减退乃至失明。

6.防制情况：人、猪圈分离；驱治人体内成虫；改变不良卫生习惯。

**三、普查情况**

本次普查，流行病学调查210份。没有发现猪囊尾蚴病。生猪屠宰场检查猪心肌、咬肌、舌肌、四肢肌肉200份，没有发现猪囊尾蚴虫。采集猪粪便200份，经临泽县动物疫病预防控制中心实验室采用直接涂片法和饱和盐水漂浮法进行虫卵检查均为阴性。

# 第三章　牛传染病

## 第一节　牛口蹄疫

### 一、病的概念

口蹄疫俗称口疮、蹄癀，是由口蹄疫病毒引起的偶蹄兽的一种急性、热性、高度接触性传染病。其特征是口腔黏膜、蹄部、乳房等处的皮肤发生水疱和烂斑。

### 二、流行及防制情况

1. *流行情况*：本病于2003年4月，临泽县在蓼泉镇双泉村六社一农户饲养的2头牛发生口蹄疫疫情，经临泽县畜牧局、张掖市畜牧局联合诊断疑似牛口蹄疫，后采集病料送甘肃省兽医局动物疫病预防控制中心实验室检测确诊为牛口蹄疫。扑杀病牛及同群牛5头。此后再未发生。

2. *流行环节*：病畜能从疱液、口涎、乳汁、粪尿、泪液等排出病毒。痊愈的动物可能有半年多的时间机械带毒、散毒。主要经消化道、呼吸道感染，也可经黏膜、乳头及损伤的皮肤而感染。而含毒的分泌物、排泄物及所污染的草料、饮水、用具、草场、毛、皮是传染的主要媒介。

3. *流行形式*：呈流行性和大流行性。流行季节一般于秋末开始，入冬转剧，春末减缓，夏季趋于平息。但有时发生在春季或夏季。牛最易感，其次是猪、绵羊、山羊、骆驼等偶蹄动物，单蹄兽不感染。人偶尔也感染。

4. *流行因素*：气候骤变，饲养管理不当，畜群调动频繁，封锁、隔离、消毒、检疫不严等均可促使本病发生。

5. *临床症状*：在舌面或上下唇、齿龈、蹄部、乳房等处出现大小不等的水疱，有时水疱连成一片，破裂后留下边缘较整齐的烂斑。同时流出大量白色黏稠口涎。

6. *防制情况*

防制措施：坚持"预防为主，防治结合"的原则，严格执行隔（离）、封（锁）、检（疫）、消（毒）、扑杀等综合防制措施，认真推行"早、快、严、小"的成功经验，加强疫情监测和疫情报告制度，行政、技术和群众相结合，就能有效地扑灭和控制疫情。同时，从2003年开始每年春秋两季选用口蹄疫O型、亚I型、A型和O型、亚I型二联疫苗进行免疫注射，取得了较好的预防效果。

防制效果：本病2003年后再未发生，全县该病已得到有效控制。

**三、普查情况**

临床上再未发现病畜。本次疫病普查流行病学调查210份，定向调查养牛大户39户，没有牛口蹄疫病发生。全县采集牛血清200份，牛淋巴结200份，经张掖市动物疫病预防控制中心实验室用RT-PCR/病毒中和试验（VN）和3ABC-ELISA试验检测均为阴性。

## 第二节　牛巴氏杆菌病

**一、病的概述**

牛巴氏杆菌病又称牛出血性败血症，是牛的一种急性传染病。以发生高热、肺炎或急性胃肠炎和内脏广泛出血为特征。

**二、流行及防制情况**

1.流行情况：2014年新华镇宣威村五社李国军饲养肉牛20头，发病1头，死亡1头。其余年份再没有发生。

2.流行环节：病畜是主要传染源，经消化道、皮肤、黏膜和生殖器官传染。黄牛对本病最易感，各种年龄的牛均可发生。本病多见于春夏和秋季，冬季较少见。

3.流行形式：多为散发或地方性流行。

4.流行因素：气候骤变，饲养管理不良，易促进本病发生。

5.临床症状：潜伏期1~2d，临床上分急性败血型、浮肿型和肺炎型三种。

（1）急性败血型：主要呈败血症症状，体温升高达41℃~42℃，呼吸困难，常并发急性肠炎，经6~12h死亡。

（2）浮肿型：除表现全身症状外，特征症状是颌下、喉部肿胀，有时水肿蔓延到垂肉、胸腹部、四肢等处。眼红肿、流泪，有急性结膜炎。呼吸困难，皮肤和黏膜发绀、呈紫色至青紫色，常因窒息或下痢虚脱而死。

（3）肺炎型：主要表现纤维素性胸膜肺炎症状。病牛体温升高，呼吸困难，痛苦干咳，有泡沫状鼻汁，后呈脓性。胸部叩诊呈浊音，有疼感。肺部听诊有支气管呼吸音及水泡性杂音。眼结膜潮红，流泪。有的病牛会出现带有黏液和血块的粪便。本病型最为常见，病程一般为3~7d。

6.防制情况：临泽县从2008年开始采取因病设防，甘肃省每年配发部分牛多杀性巴氏杆菌灭活苗对一些肉牛养殖场（小区）进行免疫接种，有效地控制了本病，2004年至今再未发生该病。

**三、普查情况**

本次普查，流行病学调查210份，定向调查养牛大户39户，2014年新华镇宣威村五社李国军饲养肉牛20头，发病1头，死亡1头。其余年份再没有发生。采集牛心、肝、脾及体腔渗出液各200份，经张掖市动物疫病预防控制中心实验室用细菌分离培养试验检测均为阴性。

## 第三节　牛传染性胸膜肺炎

**一、病的概述**

牛传染性胸膜肺炎又称牛肺疫，是由丝状支原体所引起的一种牛的急性爆发性传染病。

**二、流行及防制情况**

1.流行情况：经流行病学调查和查阅相关资料，本县2005年至2014年有6年发生本病，涉及6个乡镇17户农户，养牛1447头，发病36头，死亡3头。

**表2-3　临泽县历年牛传染性胸膜肺炎流行病学调查统计表**

| 姓　名 | 地　址 | 发病时间 | 养殖数 | 发病数 | 死亡数 |
|---|---|---|---|---|---|
| 刘自光 | 小鸭村1社 | 2005 | 5 | 1 | |
| 张英俭 | 五里墩村 | 2005 | 20 | 20 | 1 |
| 宋学军 | 新民6社 | 2005.03 | 15 | 1 | |
| 吕维杰 | 四坝村 | 2005.03 | 18 | 6 | |
| 宋伟太 | 兰堡8社 | 2005.11 | 20 | 4 | |
| 宋　守 | 新民6社 | 2005.12 | 16 | 4 | 1 |
| 杨　杰 | 贾家墩 | 2006 | 15 | 4 | |
| 梁兴旭 | 花园6社 | 2006.01 | 45 | 5 | |
| 李建国 | 兰化小区 | 2006.02 | 1000 | 2 | 1 |
| 张之敢 | 花园4社 | 2006.03 | 70 | 3 | 1 |
| 梁顺龙 | 闸湾村10社 | 2006.03 | 17 | 6 | |
| 王　福 | 汪家墩村5社 | 2010 | 100 | 3 | |
| 段其忠 | 西街4社 | 2012 | 14 | 1 | |
| 陈万峰 | 向前4社 | 2012 | 15 | 1 | |
| 李天峰 | 南台村7社 | 2012.11 | 5 | 1 | |
| 冯文新 | 长庄牛场 | 2013 | 87 | 1 | |
| 季银山 | 友好 | 2014 | 1 | 1 | |
| 刘兴文 | 小鸭村1社 | 2014 | 10 | 1 | |
| 杨立荣 | 昭武1社 | 2014 | 22 | 1 | |
| | | | 1495 | 66 | 4 |

2.流行环节：本病易感动物主要是牦牛、奶牛、黄牛、水牛、犏牛、驯鹿及羚羊。病牛及带菌牛是主要传染源。病原体主要由呼吸道随飞沫排出，也可由尿及乳汁排出，在产犊时还可由子宫渗出物中排出。自然感染主要传播途径是呼吸道。当传染源进入健康牛群时，咳出的飞沫首先被邻近牛只吸入而感染，再由新传染源逐渐扩散。通过被病牛尿液污染的饲料、干草，可经口感染。

3.流行形式：本病多呈流行性和地方流行性。

4.流行因素：年龄、性别、季节和气候等因素对易感性无影响。饲养管理条件差、畜舍拥挤，可以促进本病的流行。

5.临床症状：按其经过可分为急性和慢性两型。

急性型：症状明显而有特征性，体温升高到40℃~42℃，呈稽留热，干咳，呼吸加快而有呻吟声，鼻孔扩张，前肢外展，呼吸极度困难。由于胸部疼痛不愿行动或下卧，呈腹式呼吸。咳嗽逐渐频繁，常是带有疼痛短咳，咳声弱而无力，低沉而潮湿。有时流出浆液性或脓性鼻液，可视黏膜发绀。此外还可见到胸下部及肉垂水肿，食欲丧失，泌乳停止，尿量减少而比重增加，便秘与腹泻交替出现。病畜体况迅速衰弱，眼球下陷，眼无神，呼吸更加困难，常因窒息而死。急性病程一般在症状明显后经过5~8d，约半数趋于死亡，有些患畜病势趋于静止，全身状态改善，体温下降、逐渐痊愈。有些患畜则转为慢性，整个急性病程约为15~60d。

慢性型：多数由急性转来，也有开始即取慢性经过者。除体况消瘦，多数无明显症状。偶发干性短咳，叩诊胸部可能有实音区。消化机能紊乱，食欲反复无常，此种患畜在良好护理及妥善治疗下，可以逐渐恢复，但常成为带菌者。若病变区域广泛，则患畜日益衰弱，预后不良。

6.防制情况：牛传染性胸膜肺炎病原为衣原体，革兰氏染色为阴性，可用抗生素进行治疗。在治疗过程中不能静脉输液，以免增加病牛肺部压力，加重病情，导致病牛呼吸急促而窒息死亡。本病预防工作应注意自繁自养，不从疫区引进牛只，必须引进时，对引进牛进行严格检疫。

**三、普查情况**

本次普查，流行病学调查210份，定向调查养牛大户39户，2005年至2014年有6年发生本病，涉及6个乡镇19户农户，养牛11495头，发病66头，死亡4头。采集牛肺脏、淋巴结、胸腔渗出液各200份，血清210份。经张掖市动物疫病预防控制中心实验室用微量凝集试验检测均为阴性。

## 第四节　牛气肿疽病

**一、病的概述**

气肿疽又名黑腿病。是由气肿疽梭菌引起的反刍动物的急性败血性传染病。特征是肌肉肥厚部位发生炎性肿胀，在肌肉及皮下组织中含有气泡，压之有捻发音。

### 二、流行及防制情况

1.流行情况：经流行病学调查和查阅相关资料，临泽县2009—2014年有3年发生本病，涉及2个乡镇4户农户，养牛157头，发病5头。

2.流行环节：病牛是本病的主要传染来源，主要经消化道、伤口感染。

3.流行形式：本病多呈散发性或地方性流行。

4.流行因素：炎热、潮湿季节多发，常见于3岁以下的幼龄牛。特别是手术后的牛多发。

5.临床特点：突然发病，体温迅速升高至41℃~42℃。在股、臀、腰、肩、胸、颈等肌肉丰满的部位发生气性肿胀，压之有捻发音。初热而痛，后即变冷而失去痛感。皮肤干硬而黑，甚至坏死。若将肿胀部位切开，有黑红色带气泡液体流出，并有特殊臭味。

6.防制情况

预防措施：本病的发生有明显的地区性，有本病发生的地区可用疫苗预防接种，是控制本病的有效措施。病畜应立即隔离治疗，死畜禁止剥皮吃肉，应深埋或焚烧。病畜厩舍围栏、用具或被污染的环境用3%福尔马林或0.2%升汞液消毒，粪便、污染的饲料、垫草均应焚烧。在流行的地区及其周围，每年春秋两季进行气肿疽甲醛菌苗或明矾菌苗预防接种。

治疗措施：全身治疗可用抗气肿疽血清150~200ml，重症患者8~12h后再重复一次。实践证明，气肿中后期应用青霉素肌肉注射，每次100万~200万国际单位，每日2~3次；或四环素静脉注射，每次2~3g，溶于5%葡萄糖2000ml，每日1~2次；会收到良好的作用。早期肿胀部位的局部治疗可用0.25%~0.5%普鲁卡因溶液10~20ml溶解青霉素80万~120万国际单位在周围分点注射，可收到良好效果。

### 三、普查情况

本次普查，流行病学调查210份，定向调查养牛大户39户，有4户发生牛气肿疽病。养牛157头，发病5头。采集牛肝、脾、肌肉各200份，经张掖市动物疫病预防控制中心实验室用细菌分离鉴定试验检测均为阴性。

## 第五节　牛流行热

### 一、病的概述

牛流行热又名三日热，是由牛流行热病毒引起的一种急性热性传染病。其特征为突然高热，呼吸促迫，流泪和消化器官的严重卡他炎症和运动障碍。感染该病的大部分病牛经2 ~ 3d即恢复正常，故又称三日热或暂时热。该病病势迅猛，但多为良性经过。

## 二、流行及防制情况

1.流行情况：经流行病学调查和查阅相关资料，临泽县2001—2014年有4年发生本病，涉及2个乡镇5户农户，养牛131头，发病5头。

表2-4 临泽县历年牛流行热病流行病学调查统计表

| 姓 名 | 地 址 | 发病时间 | 养殖数 | 发病数 | 死亡数 |
|---|---|---|---|---|---|
| 王有鼎 | 富强牛场 | 2001 | 48 | 1 | |
| 程自峰 | 富强牛场 | 2007 | 27 | 1 | |
| 梁兴平 | 西街5社 | 2007 | 30 | 1 | |
| 张 兵 | 南台村4社 | 2009.09 | 3 | 1 | |
| 张孔荣 | 西街8社 | 2014 | 23 | 1 | |
| | | | 131 | 5 | |

2.流行环节：该病主要侵害牛。黄牛、乳牛、水牛均可感染发病。以3～5岁壮年牛、乳牛、黄牛最易感。水牛和犊牛发病较少。该病流行具有明显的季节性，多发生于雨量多和气候炎热的6～9月。流行迅猛，短期内可使大批牛只发病。

3.流行形式：呈地方流行性或大流行。流行上还有一定周期性。约3～5年大流行一次。病牛多为良性经过，在没有继发感染的情况下，死亡率为1%～3%。

4.流行因素：该病多经呼吸道感染。吸血昆虫的叮咬，以及与病畜接触的人和用具的机械传播也是主要因素。

5.主要临床症状：潜伏期为3～7d。病初，病畜震颤，恶寒战栗，接着体温升高到40℃以上，稽留2～3d后体温恢复正常。在体温升高的同时，可见流泪，有水样眼眵，眼睑、结膜充血，水肿。呼吸促迫，呼吸困难，患畜发出呻吟声，呈苦闷状。这是由于发生了间质性肺气肿，有时可因窒息而死亡。食欲废绝，反刍停止。粪便干燥，有时下痢。四肢关节浮肿疼痛，病牛呆立，跛行，以后起立困难而俯卧。颌下可见皮下气肿。流鼻液，口炎，显著流涎。口角有泡沫。尿量减少，尿浑浊。妊娠母牛患病时可发生流产、死胎。乳量下降或泌乳停止。该病大部分为良性经过，病死率一般在1%以下，部分病例可因四肢关节疼痛，长期不能起立而被淘汰。

6.防制情况：临泽县无本病的防制记载。

针对流行热病毒由蚊蝇传播的特点，可每周两次用5%敌百虫液喷洒牛舍和周围排粪沟，以杀灭蚊蝇。该病毒对酸敏感，可用过氧乙酸对牛舍地面及食槽等进行消毒，以减少传染。

## 三、普查情况

本次普查，流行病学调查210份，定向调查养牛大户39户，有5户发生牛流行热病。养牛131头，发病5头。采集牛血清210份，经张掖市动物疫病预防控制中心实验室用补体结合试验、琼脂扩散试验和ELISA试验检测均为阴性。

# 第六节　牛恶性卡他热

## 一、病的概述

牛恶性卡他热是牛的一种急性或亚急性传染病。病原体为恶性卡他热病毒。主要特征是:短期发热、口鼻黏膜发生格鲁布性炎症,并有结膜炎和神经症状,致死率很高。

## 二、流行及防制情况

1. 流行情况:经流行病学调查和查阅相关资料,临泽县1999—2014年有12年发生本病,涉及5个乡镇24户农户,养牛349头,发病37头,死亡16头。

表2-5　临泽县历年牛恶性卡他热流行病学调查统计表

| 姓　名 | 地　址 | 发病时间 | 养殖数 | 发病数 | 死亡数 |
|---|---|---|---|---|---|
| 贵永林 | 五　泉 | 1999 | 7 | 4 | 1 |
| 柳林权 | 五　泉 | 2000 | 8 | 5 | 2 |
| 唐爱军 | 五　泉 | 2002 | 5 | 3 | 1 |
| 李召荣 | 西街5社 | 2003 | 13 | 2 | |
| 姜　龙 | 土　桥 | 2005 | 1 | 1 | |
| 李正奇 | 壕洼9社 | 2005 | 3 | 1 | |
| 程万忠 | 东柳5社 | 2005 | 5 | 1 | 1 |
| 刘红国 | 西柳5社 | 2006 | 4 | 1 | |
| 张登明 | 富强牛场 | 2008 | 98 | 1 | |
| 张　英 | 张湾3社 | 2008 | 4 | 1 | 1 |
| 宋　豹 | 下营村2社 | 2009 | 6 | 1 | |
| 王志兵 | 张湾3社 | 2009 | 2 | 1 | 1 |
| 马　龙 | 高庄村 | 2010 | 50 | 1 | 1 |
| 宋铁林 | 下营村2社 | 2010 | 4 | 1 | |
| 王　岳 | 古寨4社 | 2011 | 6 | 1 | |
| 董振伟 | 马郡村7社 | 2011.03 | 6 | 1 | 1 |
| 梁兴德 | 南台村5社 | 2011.07 | 14 | 1 | |
| 刘亮文 | 小鸭村1社 | 2012 | 5 | 1 | 1 |
| 田伏坚 | 小鸭村4社 | 2012 | 6 | 1 | 1 |
| 宋小军 | 昭武12社 | 2012 | 18 | 1 | 1 |
| 王怀海 | 古寨3社 | 2012 | 40 | 4 | 1 |
| 王建成 | 昭武牛场 | 2013 | 23 | 1 | 1 |
| 李发旺 | 昭武3社 | 2013 | 11 | 1 | 1 |
| 孔伟民 | 南台村3社 | 2013.02 | 10 | 1 | 1 |
| | | | 349 | 37 | 16 |

2.流行环节:病畜是本病的传染来源,其传播途径尚不清楚。各种品种和年龄的牛都有易感性,尤以1~4岁的牛最易感染。

3.流行形式:多为散发或地方流行性。

4.流行因素:本病于春、秋两季较多见,气候骤变、饲养管理不良是本病的诱因。

5.主要症状:在临床上可分为头眼型、肠型、皮肤型和混合型4种。

(1)头眼型:眼结膜发炎,畏光流泪,以后角膜浑浊,眼球萎缩、溃疡及失明。鼻腔、喉头、气管、支气管及颌窦卡他性及伪膜性炎症,呼吸困难,炎症可蔓延到鼻窦、额窦、角窦,角根发热,严重者两角脱落。鼻镜及鼻黏膜先充血,后坏死、糜烂、结痂。口腔黏膜潮红肿胀,出现灰白色丘疹或糜烂。病死率较高。

(2)肠型:先便秘后下痢,粪便带血、恶臭。口腔黏膜充血,常在唇、齿龈、硬腭等部位出现伪膜,脱落后形成糜烂及溃疡。

(3)皮肤型:在颈部、肩胛部、背部、乳房、阴囊等处皮肤出现丘疹、水泡,结痂后脱落,有时形成脓肿。

(4)混合型:此型多见。病牛同时有头眼症状、胃肠炎症状及皮肤丘疹等。有的病牛呈现脑炎症状。一般经5~14d死亡。病死率达60%。

6.防制情况

预防:主要是加强饲养管理,增强动物抵抗力,注意栏舍卫生。牛、羊分开饲养,分群放牧。

治疗:用土霉素1~2g(或四环素同量)、含糖盐水2000ml、氢化可的松(20ml含100mg)60ml、25%维生素C4~6ml、樟脑磺酸钠20~30ml静注。12h1次,如绝食可加25%葡萄糖500ml。用金霉素眼膏或氯霉素眼药水点眼。用0.1%依沙吖啶液冲洗鼻腔。用高锰酸钾液和稀碘液分别冲洗口腔。

**三、普查情况**

本次普查,流行病学调查210份,定向调查养牛大户39户。1999—2014年有12年发生本病,涉及5个乡镇24户农户,养牛349头,发病37头,死亡16头。采集牛血清210份,经张掖市动物疫病预防控制中心实验室用病毒中和试验、琼脂扩散试验和ELISA试验检测均为阴性。

## 第七节　牛传染性鼻气管炎

**一、病的概述**

牛传染性鼻气管炎又称坏死性鼻炎、红鼻病,是I型牛疱疹病毒引起的一种牛呼吸道接触性传染病。临床表现以呼吸道为主,伴有结膜炎、流产、乳腺炎,有时诱发小牛脑炎等。

## 二、流行及防制情况

1.流行情况:经流行病学调查,2014年平川镇一工城村陈自军养牛10头,发病2头。

2.流行环节:本病主要感染牛,多发生于育肥牛,其次是奶牛。病牛和带毒牛是传染源,有的病牛康复后带毒时间长达17个月以上。病毒随鼻、眼和阴道的分泌物、精液排出,易感牛接触被污染的空气飞沫或与带毒牛交配,即可通过呼吸道或生殖道传染。隐性带毒牛往往是最危险的传染源。牛群发病率10%~90%,病死率1%~5%,犊牛病死率较高。

3.流行形式:多呈地方流行性。

4.流行因素:本病多发于冬春季节。饲养密集、通风不良是发生本病的主要因素,当长途运输、饲养环境发生剧烈变化时易诱发本病。

5.临床症状:潜伏期3~7d,有时达20d以上。根据侵害组织的不同,本病主要有6种临床类型。

(1)呼吸道型:为最常见的一种类型。病牛高热达40℃以上,咳嗽,呼吸困难,流泪,流涎,流黏液脓性鼻液。鼻黏膜高度充血,有散在的灰黄小脓疱或浅而小的溃疡。鼻镜发炎充血,呈火红色,故有"红鼻子病"之称。病程7~10d,犊牛症状急而重,常因窒息或继发感染而死亡。死后主要病变为鼻道、喉头和气管炎性水肿,黏膜表面黏附灰色假膜。

(2)结膜角膜型:多与上呼吸道炎症合并发生。轻者结膜充血,眼睑水肿,大量流泪;重者眼睑外翻,结膜表面出现灰色假膜,呈颗粒状外观,角膜轻度云雾状,流黏液脓性眼眵。

(3)生殖器型:主要见于性成熟的牛,多由交配而传染。母牛患本病型又称传染性脓疱性外阴阴道炎。病牛尾巴竖起挥动,尿频,阴门流黏液脓性分泌物,外阴和阴道黏膜充血肿胀,散在灰黄色粟粒大的脓疱,严重时黏膜表面被覆灰色假膜,并形成溃疡,甚至发生子宫内膜炎。公牛患本病型又称传染性脓包性包皮龟头炎。病牛龟头、包皮内层和阴茎充血,形成小脓包或溃疡。同时,多数病牛精囊腺变性、坏死,种公牛失去配种能力,或康复后长期带毒。

(4)流产不孕型:如果是妊娠牛,可在呼吸道和生殖器症状出现后的1~2个月内流产,也有突然流产的。如果是非妊娠牛,则可因卵巢功能受损害导致短期内不孕。流产胎儿的肝、脾脏有局部坏死,有时皮肤有水肿。

(5)脑膜脑炎型:仅见于犊牛,在出现呼吸道症状的同时,伴有神经症状,表现沉郁或兴奋,视力障碍,共济失调,甚至倒地,惊厥抽搐,角弓反张,病灶呈非化脓性脑炎变化,病程1周左右,病死率50%以上。

(6)肠炎型:见于2~3周龄的犊牛,在发生呼吸道症状的同时,出现腹泻,甚至排血便,病死率20%~80%。

6. 防制情况：临泽县无本病的防制记载。

**三、普查情况**

本次普查，流行病学调查210份，定向调查养牛大户39户，2014年平川镇一工城村陈自军养牛10头，发病2头。采集牛血清210份，经张掖市动物疫病预防控制中心实验室用ELISA试验检测均为阴性。

## 第八节　牛副结核病

**一、病的概述**

牛副结核病又称副结核性肠炎，是由副结核分枝杆菌引起的牛的慢性接触性传染病。特征是长期顽固性腹泻和进行性消瘦。

**二、流行及防制情况**

1. 流行情况：本病在临泽县没有发生和流行记载。

2. 流行环节：本菌主要感染牛，尤其是奶牛，幼龄牛最易感，病畜是主要传染源，从粪便中持续或间歇向外排出菌体，病菌在外界能存活较长时间，通过污染的体表、场地、草料和水源经消化道感染。一部分病畜，病原菌可侵入血液，随乳汁和尿排出体外。在性腺也发现过副结核杆菌。当母牛有副结核症状时，子宫感染率在50%以上。幼龄牛感染后，由于潜伏期长（可达6～12个月或更长），往往要到2～5岁时才表现出临床症状。

3. 流行形式：本病呈散发或地方流行。

4. 流行因素：饲养管理不当、环境卫生条件差是诱发因素。

5. 症状特征：本病潜伏期为数月至一两年。病牛早期出现间歇性腹泻，以后变成顽固性腹泻，粪便稀薄，常呈喷射状排出，恶臭，带有气泡和黏液。尾根及会阴部常混有粪污。腹泻有时可停止，也能复发。随病程进展，病牛高度贫血和消瘦，精神委顿，常伏卧。泌乳停止，被毛粗乱无光，严重下颌及垂皮水肿，最后因衰竭死亡。病程几个月或1～2年。

6. 防制情况：临泽县无本病的防制记载。

预防本病重在加强饲养管理，尤其幼牛，给予足够营养，增强抗病能力；不从疫区引进牛只，尤其不进口牛，引进牛只必须做好检疫和隔离观察，确认健康方可混群；曾检出过病牛的假定健康牛群，除随时检查外，每年进行4次（间隔3日）变态反应检疫，连续3次阴性则视为健康牛群。

**三、普查情况**

本次普查，流行病学调查210份，定向调查养牛大户39户，没有发现有牛副结核病。采集牛血清210份，粪便、肠黏膜各200份。经张掖市动物疫病预防控制中心实验室用细菌分离培养和ELISA试验检测均为阴性。

# 第九节　牛放线菌病

## 一、病的概述

放线菌病是家畜的慢性、非接触性传染病。病原为牛放线菌及林氏放线杆菌。其特征是:在舌、颌间,头和颈的皮肤及软组织等部位发生坚实肿胀。

## 二、流行及防制情况

1. 流行情况:本病在临泽县多有发生。从1999—2014年有7年发生本病,涉及2个镇10户农户,养牛142头,发病14头,死亡1头。

表2-6　临泽县历年牛放线菌病流行病学调查统计表

| 姓　名 | 地　址 | 发病时间 | 养殖数 | 发病数 | 死亡数 |
|---|---|---|---|---|---|
| 王玉才 | 五　泉 | 1998 | 3 | 1 | |
| 朱进利 | 新添村 | 2007.08 | 5 | 1 | |
| 蒋长学 | 小鸭村1社 | 2009 | 3 | 1 | |
| 杨发全 | 昭武牛场 | 2010 | 48 | 1 | |
| 王克东 | 曹庄2社 | 2010 | 12 | 1 | |
| 田树生 | 曹庄1社 | 2011 | 6 | 2 | |
| 王付章 | 古寨3社 | 2011 | 8 | 2 | |
| 郭成福 | 上庄村 | 2012.03 | 25 | 1 | |
| 曹久华 | 曹庄4社 | 2013 | 12 | 3 | 1 |
| 宋天银 | 唐湾村 | 2013.05 | 20 | 1 | |
| | | | 142 | 14 | 1 |

2. 流行环节:牛放线菌存在于土壤、饮水和饲料中,并寄生于动物的口腔和上呼吸道中。当皮肤、黏膜损伤时即可能引起发病。本病主要侵害牛,2~5岁的牛易感。

3. 流行形式:多呈散发性流行。

4. 主要症状:发病牛常见上、下颌骨肿大,有硬的结块,致引起咀嚼、吞咽困难。有时,硬结破溃、流脓,形成瘘管。舌组织感染时,活动不灵,称木舌,病牛流涎,咀嚼困难。乳房患病时,出现硬块或整个乳房肿大、变形,排出黏稠、混有脓的乳汁。

5. 防制情况:防止口腔发生外伤,发生后及时处理,粗饲料泡软后饲喂。治疗多采用手术摘除病灶,内服碘化钾,注射青、链霉素及黄色素等。

## 三、普查情况

本次普查,流行病学调查210份,定向调查养牛大户39户,从1999—2014年有7年发生本病,涉及2个镇10户农户,养牛142头,发病14头,死亡1头。

## 第十节　牛传染性角膜结膜炎

### 一、病的概述

牛传染性角膜结膜炎俗称“红眼病”，是一种多病原的疾病，病原主要为牛嗜血杆菌。其特征是角膜不透明，混浊，或乳白色。

### 二、流行及防制情况

1. 流行情况：查阅资料和流行病学调查，2007—2013年有5年发生本病，涉及6个镇13户农户，养牛478头，发病52头，死亡1头。

表2-7　临泽县历年牛放线菌病流行病学调查统计表

| 姓　名 | 地　址 | 发病时间 | 养殖数 | 发病数 | 死亡数 |
|---|---|---|---|---|---|
| 安　神 | 一工程村 | 2007 | 6 | 3 | |
| 倪文堂 | 宣威村6社 | 2007 | 26 | 4 | |
| 缪建军 | 富强8社 | 2009 | 8 | 1 | |
| 李自荣 | 上庄村 | 2009.05 | 10 | 1 | |
| 吴正军 | 向前2社 | 2011 | 5 | 1 | |
| 马文奇 | 马郡村9社 | 2011.09 | 7 | 1 | |
| 赵兴才 | 下营村 | 2012 | 45 | 1 | 1 |
| 魏红银 | 宣威12社 | 2012 | 10 | 1 | |
| 王海安 | 张湾牛场 | 2012 | 26 | 5 | |
| 杨学成 | 兰化小区 | 2012 | 270 | 30 | |
| 王　富 | 双泉村 | 2012.05 | 30 | 2 | |
| 倪希云 | 宣威9社 | 2013 | 20 | 1 | |
| 朱进利 | 新添村 | 2013.06 | 15 | 1 | |
| | | | 478 | 52 | 1 |

2. 流行环节：本病3~6个月的犊牛最易感，主要通过接触传染，蝇类也能传播本病，所以传染迅速。本病主要发生在天气炎热和湿度较高的夏秋季。

3. 流行形式：多呈地方流行或流行性。

4. 主要症状：病初，病眼怕光流泪，结膜肿胀，有疼痛。2~3d后，角膜混浊，有的形成溃疡。

5. 防制情况：加强饲养管理，注意灭蝇。发现病牛应立即隔离治疗。1990年以后，全县再未发生本病。

**三、普查情况**

本次普查，流行病学调查210份，定向调查养牛大户39户，2007—2013年有5年发生本病，涉及6个镇13户农户，养牛478头，发病52头，死亡1头。采集牛血清210份，经张掖市动物疫病预防控制中心实验室用沉淀反应、凝集反应和补体结合试验检测均为阴性。

## 第十一节　牛白血病

**一、病的概述**

牛白血病是由牛白血病病毒引起的一种慢性肿瘤性疾病，其特征为淋巴样细胞恶性增生，进行性恶病质和高度病死率。

**二、流行及防制情况**

1.流行情况：查阅资料和流行病学调查，本病没有历史记载。

2.流行环节：本病主要发生于牛，水牛、水豚也能感染。本病主要发生于成年牛，尤以4~8岁的牛最常见。病畜和带毒者是本病的传染源。潜伏期平均为4年。本病可水平传播、垂直传播及经初乳传染给犊牛。

3.流行形式：本病多呈散发性和地方流行性。

4.流行因素：吸血昆虫在本病传播上具有重要作用。被污染的医疗器械（如注射器、针头），可以起到机械传播本病的作用。

5.主要症状：本病有亚临床型和临床型两种表现。

（1）亚临床型：无瘤的形成，其特点是淋巴细胞增生，可持续多年或终身，对健康状况没有任何扰乱。这样的牲畜有些可进一步发展为临床型。此时，病牛生长缓慢，体重减轻。体温一般正常，有时略微升高。从体表或经直肠可摸到某些淋巴结呈一侧或对称性增大。腮淋巴结或股前淋巴结常显著增大，触摸时可移动。如一侧肩前淋巴结增大，病牛的头颈可向对侧偏斜；眶后淋巴结增大可引起眼球突出。

（2）临床型：出现临床症状的牛，通常均取死亡转归，但其病程可因肿瘤病变发生的部位、程度不同而异，一般在数周至数月之间。

6.防制情况：无病地区应严格防止引入病牛和带毒牛；引进新牛必须进行认真的检疫；疫区每年应进行3~4次临床、血液和血清学检查，不断剔除阳性牛；对感染不严重的牛群，可借此净化牛群，如感染牛只较多或牛群长期处于感染状态，应采取全群扑杀的坚决措施。

**三、普查情况**

本次普查，流行病学调查210份，定向调查养牛大户39户，未发现牛白血病。采集牛肝、脾、淋巴结200份，经张掖市动物疫病预防控制中心实验室用镜检试验检测均为阴性。

# 第十二节　牛病毒性腹泻—黏膜病

## 一、病的概述

黏膜病又称牛病毒性腹泻。是一种由黏膜病病毒引起的传染病。其特征是发热、鼻漏、咳嗽、水泻、消瘦、白细胞减少、消化道黏膜发炎糜烂及淋巴组织显著损害。

## 二、流行及防制情况

1.流行情况：查阅资料和流行病学调查，2005—2014年有9年发生本病，涉及6个镇23户农户，养牛363头，发病37头，死亡1头。

表2-8　临泽县历年牛放线菌病流行病学调查统计表

| 姓　名 | 地　址 | 发病时间 | 养殖数 | 发病数 | 死亡数 |
|---|---|---|---|---|---|
| 倪文堂 | 宣威6社 | 2005 | 13 | 2 | |
| 张文荣 | 宣威3社 | 2005 | 42 | 3 | |
| 高补怀 | 向前8社 | 2005 | 26 | 3 | |
| 史怀军 | 壕　洼 | 2006 | 8 | 1 | 1 |
| 贾多龙 | 古　城 | 2006 | 5 | 1 | |
| 易爱华 | 五里墩8社 | 2007 | 7 | 2 | |
| 贺成军 | 寨子村 | 2009.08 | 7 | 1 | |
| 赵兴军 | 马郡村3社 | 2010.04 | 7 | 1 | |
| 宋　军 | 唐湾村 | 2010.05 | 10 | 1 | |
| 贺登豹 | 上庄村 | 2011.05 | 10 | 2 | |
| 刘增禄 | 张湾1社 | 2012 | 7 | 1 | |
| 曹克福 | 南台村6社 | 2012.04 | 38 | 1 | |
| 鲍友良 | 新添村 | 2012.05 | 10 | 1 | |
| 杨顺虎 | 向前3社 | 2013 | 7 | 2 | |
| 范维兵 | 新柳村 | 2013 | 10 | 1 | |
| 刘自整 | 小鸭村1社 | 2013 | 8 | 1 | |
| 王立志 | 昭武5社 | 2013 | 20 | 3 | |
| 刘忠智 | 墩子村 | 2013.03 | 60 | 1 | |
| 李　军 | 南台村5社 | 2013.03 | 3 | 2 | |
| 高维福 | 五里墩7社 | 2014 | 25 | 4 | |
| 田富德 | 宣威11社 | 2014 | 5 | 1 | |
| 冯国文 | 双泉村 | 2014.03 | 10 | 1 | |
| 李兆洧 | 新添村 | 2014.06 | 25 | 1 | |
| | | | 363 | 37 | 1 |

2. 流行环节：家养和野生的反刍兽及猪是本病的自然宿主，自然发病病例仅见于牛，黄牛、水牛、牦牛没有明显的种间差异。各种年龄的牛都有易感性，但6~18月龄的幼牛易感性较高，感染后更易发病。病毒可随分泌物和排泄物排出体外。持续感染牛可终生带毒、排毒，因而是本病传播的重要传染源。本病主要是经口腔感染，易感动物食入被污染的饲料，饮水而经消化道感染，也可由于吸入由病畜咳嗽、呼吸而排出的带毒的飞沫而感染。病毒可通过胎盘发生垂直感染。病毒血症期的公牛精液中也有大量病毒，可通过自然交配或人工授精而感染母牛。

3. 流行形式：以地方性流行或散发性流行为主。

4. 流行因素：常发生于冬季和早春，舍饲和放牧牛都可发病。

5. 临床症状：本病自然感染的潜伏期为7~10d，短者为2d，长者为14d。临诊上主要有如下表现形式：

（1）持续感染：持续感染是在母牛怀孕头四个月，N-CPE病毒经胎盘垂直感染胎儿造成的。大多数持续感染牛临诊上是正常的，但可以见到一些持续感染牛是早产的，生长缓慢、发育不良及饲养困难；有些持续感染牛对疾病的抵抗力下降，并在出生后六个月内死亡。通过母乳获得的母源抗体不能改变犊牛的病毒血症状态，但可能干扰从血清中分离病毒。持续感染发生率较低，一般每出生100~1000个犊牛中可能有一个持续感染牛。

（2）黏膜病（MD）和慢性BVD：目前认为MD和慢性BVD是持续感染的继续，正常牛不发生这两种疾病过程。MD主要表现为发病突然，重度腹泻、脱水、白细胞减少、厌食、大量流涎、流泪、口腔黏膜糜烂和溃疡，并可在发病后几天内死亡。慢性BVD表现为间歇性腹泻，并表现出里急后重，后期便中带血并有大量的黏膜；病牛重度脱水，体重减轻，可在发病几周或数月后死亡。

6. 防制情况：本病在临泽县没有发病及防制记载。

本病目前尚无有效治疗和免疫方法，只有加强护理和对症疗法，增强机体抵抗力，促使病牛康复。

**三、普查情况**

本次普查，流行病学调查210份，定向调查养牛大户39户，2005—2014年有9年发生本病，涉及6个镇23户农户，养牛363头，发病37头，死亡1头。采集牛血清210份，扁桃体、淋巴结各200份。经张掖市动物疫病预防控制中心实验室用BVC/MD病毒分离鉴定、微量血清中和试验检测均为阴性。

# 第四章 羊传染病

## 第一节 羊口蹄疫

**一、病的概述**

口蹄疫俗称口疮、蹄癀，是由口蹄疫病毒引起的偶蹄兽的一种急性、热性、高度接触性传染病。其特征是口腔黏膜、蹄部、乳房等处的皮肤发生水疱和烂斑。

**二、流行及防制情况**

1.流行情况：本病于2003年4月，板桥镇壕洼村农户饲养的羊只发生羊口蹄疫，经临泽县畜牧局、张掖市畜牧局专业技术人员联合诊断疑似羊口蹄疫，后采集病料送甘肃省动物疫病预防控制中心实验室确诊为羊口蹄疫。扑杀病羊及同群羊93只。此后再未发生。

2.流行环节：病畜能从疱液、口涎、乳汁、粪尿、泪液等排出病毒。痊愈的动物可能有半年多的时间机械带毒、散毒。主要经消化道、呼吸道感染，也可经黏膜、乳头及损伤的皮肤而感染。而含毒的分泌物、排泄物及所污染的草料、饮水、用具、草场、毛、皮是传染的主要媒介。

3.流行形式：呈流行性和大流行性。流行季节一般于秋末开始，入冬转剧，春末减缓，夏季趋于平息。有时也发生在春季或夏季。牛最易感，其次是绵羊、山羊、鹿、骆驼等偶蹄动物，单蹄兽不感染。人偶尔也感染。

4.流行因素：气候骤变，饲养管理不当，畜群调动频繁，封锁、隔离、消毒、检疫不严等均可促使本病发生。

5.临床症状：羊感染口蹄疫病毒后一般经过1～7d的潜伏期出现症状。病羊体温升高，初期体温可达40℃~41℃，精神沉郁，食欲减退或拒食，脉搏和呼吸加快。口腔、蹄、乳房等部位出现水疱、溃疡和糜烂。严重病例可在咽喉、气管、前胃等黏膜上发生圆形烂斑和溃疡，上盖黑棕色痂块。绵羊蹄部症状明显，口黏膜变化较轻。山羊症状多见于口腔，呈弥漫性口黏膜炎，水疱见于硬腭和舌面，蹄部病变较轻。

6.防制情况

防制措施：坚持"预防为主"的原则，严格执行隔（离）、封（锁）、检（疫）、消（毒）、扑杀等综合防制措施，认真推行“早、快、严、小”的成功经验，加强疫情监测和疫情报告制度，行政、技术和群众相结合，就能有效地扑灭和控制疫情。同时，从2003年开始每年春秋两季选用口蹄疫O型、亚I型疫苗进行免疫注射，取得了较好的预防效果。

防制效果：本病2003年后再未发生，全县已得到有效控制。

### 三、普查情况

本次普查，流行病学调查210份，定向调查养羊大户39户，没有发现有羊口蹄疫病。未发现羊口蹄疫病。采集羊淋巴结200份和羊血清210份，经张掖市动物疫病预防控制中心实验室用RT-PCR、病毒中和试验（VN）、3ABC-ELISA试验检测均为阴性。

## 第二节　小反刍兽疫

### 一、病的概述

小反刍兽疫俗称羊瘟，又名小反刍兽假性牛瘟。是由小反刍兽疫病毒引起的一种急性病毒性传染病，主要感染小反刍动物，以发热、口炎、腹泻、肺炎为特征。

### 二、流行及防制情况

1.流行情况：2013年新疆等地首次流行。临泽县没有发生和流行。

2.流行环节：本病主要感染山羊、绵羊、白尾鹿等小反刍动物。本病主要通过直接接触传染，病畜的分泌物和排泄物是传染源，处于亚临诊型的病羊尤为危险。

3.流行形式：在疫区，本病多为零星发生，当易感动物增加时，即可发生流行。

4.流行因素：从疫区调引羊只可引入本病，在疫区饲养密度大，环境条件不良时可诱发本病。

5.主要症状：小反刍兽疫潜伏期为4~5d，最长21d。自然发病仅见于山羊和绵羊。山羊发病严重，绵羊也偶有严重病例发生。一些康复山羊的唇部形成口疮样病变。感染动物临床症状与牛瘟病牛相似。急性型体温可上升至41℃，并持续3～5d。感染动物烦躁不安，背毛无光，口鼻干燥，食欲减退。流黏液脓性鼻漏，呼出恶臭气体。在发热的前4d，口腔黏膜充血，颊黏膜进行性广泛性损害、导致多涎，随后出现坏死性病灶，开始口腔黏膜出现小的、粗糙的红色浅表坏死病灶，以后变成粉红色，感染部位包括下唇、下齿龈等处。严重病例可见坏死病灶波及齿龈、腭、颊部及其乳头、舌头等处。后期出现带血水样腹泻，严重脱水，消瘦，随之体温下降。出现咳嗽、呼吸异常。发病率高达100%，在严重暴发时，死亡率为100%，在轻度发生时，死亡率不超过50%。幼年动物发病严重，发病率和死亡都很高，为我国划定的一类疾病。

6.防制情况：从2014年春季开始，选用小反刍兽疫疫苗进行全覆盖免疫，免疫期三年。此后春秋两季补充免疫，效果较好。

**三、普查情况**

本次普查，流行病学调查210份，定向调查养羊大户39户，没有发现有小反刍兽疫病。采集羊血清210份。经张掖市动物疫病预防控制中心实验室用C-ELISA试验检测均为阴性。

## 第三节　羊梭菌性病

**一、病的概述**

羊梭菌病是由梭状芽孢杆菌属中的微生物所致的一类疾病。包括羊肠毒血症、羊快疫、羊猝疽、羔羊痢疾、羊黑疫等病。本县发生流行的是前4种，且以肠毒血症多见。这一类病在临床上有不少相似之处，容易混淆。这些病都能造成急性死亡，对养羊业危害极大。

**二、流行情况**

本病临泽县多有发生，流行情况见下表。

**表2-9　临泽县历年羊梭菌病流行情况调查统计表**

| 姓　名 | 地　址 | 发病时间 | 养殖数 | 发病数 | 死亡数 |
|---|---|---|---|---|---|
| 田福珍 | 五里墩村 | 2009 | 70 | 11 | |
| 陈屯刚 | 昭武1社 | 2010 | 86 | 1 | 1 |
| 赵　旭 | 富强牛场 | 2012 | 4500 | 100 | |
| 梁兴忠 | 西街4社 | 2012 | 300 | 19 | |
| 田发珍 | 小鸭村4社 | 2012 | 60 | 10 | 2 |
| 田福凯 | 小鸭村3社 | 2012 | 40 | 20 | 4 |
| 张孝龙 | 曹庄6社 | 2012 | 51 | 3 | 1 |
| 李德珍 | 张湾2社 | 2013 | 45 | 12 | 2 |
| 张建彪 | 昭武3社 | 2013 | 197 | 2 | 2 |
| 赵小明 | 西湾村 | 2013.11 | 156 | 20 | 15 |
| 刘得山 | 德源养殖专业合作社 | 2014.6 | 12000 | 200 | 80 |
| 张立伟 | 小屯村6社 | 2014.7 | 65 | 16 | 4 |
| | | | 17570 | 414 | 111 |

(一)羊肠毒血症

本病是D型魏氏梭菌引起的绵羊的一种急性毒血症。在临床症状上极似羊快疫，故又名“类快疫”，死后肾脏柔软如泥状，故又称“软肾病”。

1.流行情况：本病临泽县多有发生。

2.流行环节：D型魏氏梭菌为土壤常在菌，也存在于污水中。羊只采食被病原菌芽孢污染的饲料与饮水，经消化道传染。本病有明显的季节性和条件性，多发生于春末至秋末采食多汁绿饲料，在肠道机能降低时，细菌大量繁殖，产生毒素，吸收而引起发病。绵羊、山羊均可发病，但绵羊更为敏感，各种品种、年龄的羊都有易感性，但1岁左右和肥壮的羊发病较多。

3. 流行形式：呈散发或地方性流行。

4. 流行因素：牲畜换青，抢茬，运动不足，雨季，气候骤变和在低洼处放牧，均可促进本病发生。

5. 主要症状：多为急性经过，当晚不见症状，次晨死于圈内，发病缓慢的，可见兴奋不安，步态不稳，呼吸困难，咬牙，嚼食泥土或其他异物，侧身卧地，头向后仰，口吐白沫，腿蹄乱蹬，拉稀，粪呈深绿色或黑色，全身肌肉颤抖。一般体温不高，常在昏迷虚弱状态中于几小时至两三天内死亡。

6. 防制情况：常发病地区在发病季节前注射羊三联菌苗，羊群中尚未发病的羊只可紧急预防接种；加强饲养管理，换青、抢茬季节避免采食过量，适当运动，增加抗病能力；发生本病，尸体无害化处理，更换污染草场和做好消毒工作。

（二）羊快疫

本病是由腐败梭菌所致的绵羊的一种急性传染病。发病突然，病程极短，死亡很快，故称“羊快疫”。其特征为消化道内产生大量气体，真胃呈出血性、炎性损害。

1. 流行情况：本病常与羊肠毒血症混淆。

2. 流行环节：主要经消化道感染。腐败梭菌常以芽孢形式分布于低洼草地、耕地及沼泽之中。羊采食被污染的饲料和饮水，芽孢进入羊消化道，多数不发病。在气候骤变，阴雨连绵，秋、冬寒冷季节，引起羊感冒或机体抗病能力下降，腐败梭菌大量繁殖，产生外毒素引起发病死亡。

3. 流行形式：常呈地方性流行，发病率约10%～20%，病死率为90%。

4. 流行因素：在气候骤变，阴雨连绵、秋、冬寒冷季节，身体抵抗力下降易诱发本病。

5. 临床症状：羊突然发病，往往未表现出临床症状即倒地死亡，常常在放牧途中或在牧场上死亡，也有早晨发现死在羊圈舍内。有的病羊离群独居，卧地，不愿意走动，强迫其行走时，则运步无力，运动失调。腹部鼓胀，有疝痛表现。体温有的升高到41.5℃，有的体温正常。发病羊以极度衰竭、昏迷至发病后数分钟或几天内死亡。

（三）羊猝狙

本病是由C型产气荚膜杆菌所引起的一种毒血症，故又称C4型肠毒血症，以急性死亡、腹膜炎和溃疡性肠炎为特征。

1. 流行情况：本病在临泽县没有发病和流行记载。

2. 流行环节：羊猝狙发生于成年绵羊，以1~2岁绵羊发病较多。常见于低洼、沼泽地区。病原随污染的饲料和饮水进入羊消化道，在小肠内繁殖，产生毒素，引起羊发病，

3. 流行形式：羊猝狙多发生于冬春季节，常呈地方性流行。

4.流行因素:在气候骤变,阴雨连绵、秋、冬寒冷季节,身体抵抗力下降易诱发本病。

5.临床症状:病程短促,常未见到症状就突然死亡。有时发现病羊掉群、卧地、表现不安、衰弱和痉挛。病变主要见于消化道和循环系统,胸腹腔和心包大量积液,小肠严重充血,糜烂,可见大小不等的溃疡及腹膜炎等。

(四)羔羊痢疾

本病是B型魏氏梭菌引起的初生羔羊的一种急性毒血症,以剧烈腹泻和小肠发生溃疡为特征。

1.流行情况:本病在本县没有发病和流行记载。

2.流行环节:病原体主要存在于健康动物和病羊的消化道内,随粪便排出体外。本病主要由消化道传染,也可经脐带或创伤传染。

3.流行形式:呈地方性流行。

4.流行因素:一般在气候骤变,产房温度低,湿度大,接羔育羔时的清洁卫生不良、羔羊饥饱不均和母羊营养不良时,均能促进本病的发生。

5.主要症状:病初头垂背弓,不吃奶,随即腹泻,有的像粥状,有的如水样,颜色有绿、黄绿、灰白等,有恶臭。体温、心跳、呼吸无明显变化。后期肛门失禁,粪中带血,眼窝下陷,被毛粗乱,很快衰竭而死。另有些病例,病初呼吸迫促,可视黏膜发绀,口流泡沫唾液,多数腹胀而不拉稀,少数排带血的粪便,最后昏迷而死。

**三、防制情况**

常发地区选用羊三联四防菌苗,春秋两季免疫注射;加强饲养管理,增强抗病能力;改善环境卫生。场地、用具、圈舍定期消毒,死亡羊只无害化处理,病羊可选用抗生素治疗。

**四、普查情况**

本次普查,流行病学调查210份,定向调查养羊大户39户,发现12户农户养羊17570只,发生肠毒血症病414只,死亡111只。采集羊心血210份,肝、脾、小肠各200份。经张掖市动物疫病预防控制中心实验室用细菌分离鉴定、魏氏梭菌毒素检查鉴定试验检测均为阴性。

## 第四节　羊支原体性肺炎

**一、病的概述**

羊支原体性肺炎是由支原体引起的羊的一种接触性慢性传染病。以增生性、间质性肺炎以及胸膜炎为特征。

**二、流行及防制情况**

1.流行情况:本病在临泽县没有发病和流行记载。

表2-10　临泽县历年羊支原体肺炎流行病学调查统计表

| 姓　名 | 地　址 | 发病时间 | 养殖数 | 发病数 | 死亡数 |
|---|---|---|---|---|---|
| 赵财善 | 黄家堡 | 2003 | 90 | 5 | |
| 顾天仁 | 南台村1社 | 2009.07 | 110 | 1 | |
| 赵克龙 | 马郡村2社 | 2011.03 | 26 | 6 | |
| 田　斌 | 新民5社 | 2014.07 | 100 | 8 | 4 |
| | | | 326 | 20 | 4 |

2.流行环节：引起羊支原体性肺炎的病原为羊肺炎支原体，革兰氏染色阴性。可感染山羊和绵羊。病羊肺组织以及胸腔渗出液中含有大量病原体。主要通过空气、飞沫经呼吸道传染，接触传染性强。

3.流行形式：本病常呈地方性流行。

4.流行因素：阴雨连绵，寒冷潮湿，营养缺乏，羊群密集、拥挤等不良因素易诱发本病。

5.临床症状：潜伏期平均18~20d。病初体温升高，精神沉郁，食欲减退。随即咳嗽，流浆液性鼻液。4~5d后咳嗽加重，干咳而痛苦，浆液性鼻液变为黏脓性，常黏附于鼻孔、上唇，呈铁锈色。病羊多在一侧出现胸膜肺炎变化，肺部叩诊有实音区，听诊肺呈支气管呼吸音或呈摩擦音，触压胸壁，羊表现敏感、疼痛。病羊呼吸困难，高热稽留，眼睑肿胀，流泪或有黏液脓性分泌物，腰背拱起做痛苦状。怀孕母羊可发生流产。

6.防制情况：临泽县没有防制记载。

从外地引进良种羊要经过严格检疫、隔离观察后方可混饲；如当地羊群系由绵羊肺炎支原体所引起，可使用新近研制成的绵羊肺炎支原体灭活疫苗；羊群发病，及时进行封锁、隔离和治疗；污染的场地、厩舍、饲管用具以及粪便，病死羊的尸体等进行彻底消毒或无害化处理。

### 三、普查情况

本次普查，流行病学调查210份，定向调查养羊大户39户，2003—2014年有4年4户农户共养羊320只，发病20只，死亡4只。采集羊心血210份、肝、脾、淋巴结各200份。经张掖市动物疫病预防控制中心实验室用病原分离鉴定试验检测均为阴性。

## 第五节　羊梅迪—威斯纳病

### 一、病的概述

梅迪—维斯纳病是由梅迪—维斯纳病毒引起的绵羊的一种慢性病毒性传染病，其特征为病程缓慢、进行性消瘦和呼吸困难。

## 二、流行及防制情况

1. 流行情况：临泽县未发现该病发生和流行，也无历史记载。

2. 流行环节：感染动物为本病的主要传染源。目前已知仅有绵羊和山羊对本病易感，而且绵羊和山羊之间有交叉感染性。所有品种的绵羊易感，但只有某些品种的绵羊出现症状。本病主要通过初乳传给新生羔羊，羔羊接触感染母羊的时间越长，发生率越高；可以通过呼吸道传播，也可以通过污染的饮水、饲料和牧草传播。

3. 流行形式：本病多为散发性和地方流行性。

4. 流行因素：饲养密度过大易引起本病的传播。

5. 临诊症状：潜伏期特别长，动物在接触病毒1~3年或更长时间后才出现临诊症状，继之呈进行性临床经过。患畜呈现呼吸困难、衰竭和进行性消瘦，有的还表现出关节炎和间质性乳腺炎症状。另外，某些病例还见到进行性瘫痪。感染绵羊可终身带毒，但多数羊不出现临床症状和病变。

6. 防制情况：没有防制记载。

## 三、普查情况

本次普查，流行病学调查210份，定向调查养羊大户39户，未发现羊梅迪—威斯纳病。采集羊血清210份。经张掖市动物疫病预防控制中心实验室用补体结合试验、琼脂扩散试验、ELISA试验检测均为阴性。

# 第六节　羊　　痘

## 一、病的概述

羊痘是由羊痘病毒引起的一种急性、热性、接触性传染病。其特征是皮肤上发生特异的痘症、丘疹、水疱等化脓性炎症。

**表2-11　临泽县历年羊痘流行病学调查统计表**

| 姓　名 | 地　址 | 发病时间 | 养殖数 | 发病数 | 死亡数 |
|---|---|---|---|---|---|
| 张立金 | 四坝村 | 1998 | 50 | 20 | |
| 将立满 | 五　泉 | 2000 | 27 | 8 | 3 |
| 陈建刚 | 新华农村 | 2001 | 150 | 5 | |
| 倪希科 | 下庄村 | 2003.04 | 300 | 6 | 1 |
| 张国保 | 西街2社 | 2004 | 360 | 18 | |
| 濮生鹏 | 上庄村 | 2004.06 | 30 | 4 | |

续表2-11

| 姓　名 | 地　址 | 发病时间 | 养殖数 | 发病数 | 死亡数 |
|---|---|---|---|---|---|
| 张国荣 | 南台村7社 | 2006.02 | 15 | 1 | |
| 师宗海 | 上庄村 | 2007.03 | 60 | 3 | |
| 彭天杰 | 富强牛场 | 2008 | 380 | 175 | |
| 康风华 | 西街6社 | 2008 | 900 | 20 | |
| 刘光贵 | 张湾八社 | 2008 | 57 | 12 | 2 |
| 田发前 | 小鸭村4社 | 2008 | 60 | 10 | 1 |
| 向恒林 | 五　泉 | 2008 | 59 | 6 | 1 |
| 张登辉 | 富强7社 | 2008 | 2400 | 190 | |
| 梁光荣 | 南台村5社 | 2008.02 | 110 | 16 | |
| 李仲祥 | 一工程村 | 2009 | 38 | 6 | |
| 田发先 | 小鸭村4社 | 2009 | 80 | 3 | 1 |
| 蒋立应 | 五　泉 | 2009 | 18 | 5 | 1 |
| 田兴平 | 曹庄1社 | 2009 | 70 | 2 | |
| 徐　荣 | 古寨5社 | 2009 | 95 | 4 | |
| 鲁发国 | 双泉村 | 2009.04 | 80 | 3 | |
| 王多明 | 汪家墩村2社 | 2010 | 16 | 4 | |
| 高登虎 | 五里墩村 | 2010 | 56 | 6 | |
| 单国荣 | 五里墩村 | 2010 | 30 | 5 | |
| 缪建军 | 富强8社 | 2010 | 100 | 4 | |
| 何延应 | 曹庄2社 | 2010 | 56 | 3 | 1 |
| 王宏忠 | 古寨2社 | 2010 | 64 | 3 | |
| 吴财丰 | 张湾7社 | 2010 | 35 | 22 | 2 |
| 鲁光珍 | 双泉村 | 2010.02 | 280 | 4 | 1 |
| 梁生玉 | 马郡村 | 2010.05 | 18 | 4 | |
| 康永年 | 南台村 | 2011 | 200 | 3 | |
| 曹吉全 | 曹庄4社 | 2011 | 34 | 6 | 2 |
| 曹　虎 | 曹庄4社 | 2011 | 49 | 7 | 3 |
| 王大银 | 古寨1社 | 2011 | 75 | 4 | |

续表2-11

| 姓 名 | 地 址 | 发病时间 | 养殖数 | 发病数 | 死亡数 |
|---|---|---|---|---|---|
| 梁占豪 | 向前8社 | 2011 | 80 | 3 | |
| 顾 虎 | 南台村1社 | 2011.02 | 38 | 1 | |
| 李培元 | 蓼泉村 | 2011.05 | 40 | 2 | |
| 李 文 | 下营村5社 | 2012 | 10 | 2 | |
| 刘永国 | 汪家墩村3社 | 2012 | 10 | 2 | |
| 蒋自胜 | 小鸭村2社 | 2012 | 80 | 10 | 1 |
| 杨发鸿 | 昭武牛场 | 2012 | 260 | 47 | 3 |
| 柳玉泉 | 五 泉 | 2012 | 53 | 8 | 2 |
| 徐大仁 | 古寨4社 | 2012 | 58 | 2 | |
| 王宏平 | 古寨5社 | 2012 | 72 | 4 | |
| 陈学强 | 新民村6社 | 2012 | 80 | 30 | 2 |
| 王学忠 | 向前5社 | 2012 | 300 | 6 | |
| 张焕荣 | 宣威3社 | 2012 | 70 | 4 | |
| 李柏裙 | 宣威5社 | 2012 | 58 | 3 | |
| 顾 斌 | 马郡村4社 | 2012.03 | 67 | 12 | |
| 周国爱 | 一工城村 | 2013 | 110 | 10 | |
| 李德英 | 张湾2社 | 2013 | 75 | 20 | 4 |
| 谢福仁 | 五里墩村 | 2013 | 150 | 20 | |
| 徐 情 | 汪家墩村5社 | 2013 | 17 | 6 | |
| 曹 军 | 张湾肉牛养殖小区 | 2013.02 | 260 | 32 | 2 |
| 张自俊 | 高庄村3社 | 2013.06 | 26 | 6 | |
| 张立伟 | 小屯村6社 | 2013.06 | 65 | 3 | |
| 丁 华 | 壕洼村8社 | 2013.07 | 120 | 10 | 1 |
| 张学军 | 西柳村8社 | 2013.07 | 600 | 25 | 5 |
| 袁兴国 | 东湾村1社 | 2013.07 | 300 | 10 | 2 |
| 吕登旺 | 五里墩村 | 2014 | 68 | 3 | |
| 张玉荣 | 一工程村 | 2014 | 65 | 18 | |
| 何天福 | 昭武11社 | 2014 | 47 | 6 | 1 |
| 濮 惠 | 一工城村3社 | 2014 | 30 | 16 | |
| 兰吉平 | 黄家堡村3社 | 2014 | | 120 | 4 |
| 曹 军 | 张湾牛场 | 2014 | 270 | 45 | 7 |

续表2-11

| 姓　名 | 地　址 | 发病时间 | 养殖数 | 发病数 | 死亡数 |
|---|---|---|---|---|---|
| 张建华 | 昭武8社 | 2014 | 54 | 4 | 1 |
| 朱子义 | 新民7社 | 2014.03 | 100 | 20 | |
| 陈学林 | 一工城村6社 | 2014.03 | 60 | 20 | |
| 姚　飞 | 一工程养殖小区 | 2014.04 | 140 | 12 | |
| 刘德山 | 德源养殖专业合作社 | 2014.06 | 12000 | 68 | 12 |
| 王德彪 | 下庄村8社 | 2014.07 | 300 | 22 | |
| 王友合 | 大寨猪场 | 2014.1 | 1000 | 18 | 9 |
| | | | 23485 | 1242 | 75 |

**二、流行及防制情况**

1. 流行情况：近年来本病在临泽县多有流行。

2. 流行环节：羊痘病毒主要存在于病羊的皮肤、黏膜的丘疹、脓疱、痂皮内及鼻黏膜分泌物中，在发病羊体温升高时，其血液中存有大量病毒，病羊为传染源，主要通过空气经呼吸道感染，也可以通过损伤的皮肤或黏膜侵入机体。饲养管理人员、护理工具、皮毛产品、饲料、垫草及体外寄生虫都为传染媒介；绵羊中细毛羊比粗毛羊或土种羊易感染，病情严重；羔羊较成年羊敏感，病死率高。

3. 流行形式：多呈地方流行性。为接触性传染病。

4. 流行因素：气候寒冷、雨季、霜冻、枯草期和饲养管理因素都是发病和加重病情的诱因。

5. 临床症状：潜伏期5～6d，初起为红色或紫红色的小丘疹、质地坚硬，以后扩大成为顶端扁平的水疱，能发展成出血性大疱或脓疱，中央可有脐凹，大小为3～5cm。在24～48h内疱破，表面覆盖厚的淡褐色焦痂，痂四周有较特殊的灰白色或紫红色晕，其外再绕以红晕，以后变成乳头瘤样结节。最后变平、干燥、结痂而自愈。病程一般为3周，也可长达5～6周，获得永久性免疫。

绵羊痘：病羊体温升高达41℃～42℃，结膜眼睑红肿，呼吸和脉搏加快，鼻流出黏液，食欲丧失，弓背站立，经1～2d后出现痘疹，痘疹多见于皮肤无毛或少毛处，先出现红斑，后变成丘疹，再逐渐形成水疱，最后变成脓疱，脓疱破溃后若无继发感染，逐渐干燥形成痂皮，经2～3周痊愈。发生在舌和齿龈的痘疹往往形成溃疡。有的羊咽喉、支气管、肺脏和前胃或真胃黏膜上发生痘疹时，病羊因继发细菌或病毒感染而死于败血症。有的病羊可见痘疹内出血，呈黑色痘；还有的病例痘疹发生化脓和坏疽，形成深层溃疡，发出恶臭，常为恶性经过，病死率高达20%～50%。

山羊痘：病羊发热，体温升高达40℃～42℃，精神不振，食欲减退或不食，在尾根、乳房、阴唇、尾内肛门的周围、阴囊及四肢内侧，均可发生痘疹，有时还出现在头部、腹部及背部的毛丛中，痘疹大小不等，呈圆形红色结节、丘疹，迅速形成水疱、脓疱及痂皮，经3～4周痂皮脱落。

6.防制情况：发生羊痘的地区每年用山羊痘活疫苗预防接种；病羊隔离治疗，污染的场舍、用具彻底消毒；加强产地、市场、运输检疫，防止羊痘相互传播。由于采取上述措施，羊痘疫情减缓，发病疫点减少。

**三、普查情况**

本次普查，流行病学调查210份，定向调查养羊大户39户，发现有7个镇的72户农户的羊群先后发生过羊痘。合计饲养羊只23485只，发病1242只，死亡75只。采集羊血清、羔羊睾丸各210份。经张掖市动物疫病预防控制中心实验室用中和试验和ELISA试验检测均为阴性。

## 第七节　羊巴氏杆菌病

**一、病的概述**

羊巴氏杆菌病也称羊出血性败血病，是由多杀性巴氏杆菌和溶血性巴氏杆菌引起的一种传染性疾病。其特征是急性病例表现为败血症及组织器官的出血性炎症。绵羊主要表现为败血症和肺炎。

**二、流行及防制情况**

1.流行情况：本病没有资料记载。流行病学调查有本病发生。

表2-12　临泽县羊巴氏杆菌病流行病学调查统计表

| 姓　名 | 地址 | 发病时间 | 养殖数 | 发病数 | 死亡数 |
|---|---|---|---|---|---|
| 王立权 | 湾子村 | 2006.08 | 600 | 6 | 2 |
| 刘发理 | 双泉村 | 2013.07 | 85 | 3 | 1 |
| | | | 685 | 9 | 3 |

2.流行环节：病羊和带菌羊是主要的传染源。内源性感染多呈散发或地方性流行。如果控制措施不力可导致内源性传染发展至外源性传染并迅速得以传播，导致本病的暴发与流行。

3.流行形式：多呈散发或地方性流行。

4.流行因素：本病病原多为条件性病原，但发病后未能及时采取隔离病畜、消毒等有效防治措施，再加上圈舍卫生不良，粪尿污物，通风不良，阴雨潮湿、突变的气候等可为发病诱因。

5.临床症状：临床上分为最急性、急性、慢性三型。

最急性型：多发生于羔羊，往往只表现寒战。可在几分钟至数小时内死亡。

急性型：病羊精神不好，食欲废绝，体温升高41℃~42℃，咳嗽，眼红肿，眼、鼻流黏液，甚至鼻孔出血，在头部、颈部以至前胸部可能出现弥漫性肿胀，腹泻带血，病程3~6日。

慢性型：主要见于成年羊，病程约一个月，咳嗽，气喘，呼吸困难，有黏液性鼻涕，颈胸部水肿，腹泻，消瘦。有时并发慢性肺炎。

6.防制情况：没有防制记载。

**三、普查情况**

本次普查，流行病学调查210份，定向调查养羊大户39户，有1个镇2户农户养羊685只，发病9只，死亡3只。采集羊心、肝、脾及体腔渗出液各200份，经张掖市动物疫病预防控制中心实验室用细菌分离鉴定试验检测均为阴性。

## 第八节　羊链球菌病

**一、病的概述**

羊链球菌病是由溶血性链球菌所致绵羊和山羊的急性热性传染病。其特征是颌下淋巴结与咽喉肿胀，胆囊肿大，俗称嗓喉病、大胆病。

**二、流行及防制情况**

1.流行情况：本病没有临床和资料记载。流行病学调查本病在临泽县有发生。

**表2-13　临泽县羊链球菌病流行病学调查统计表**

| 姓　名 | 地　址 | 发病时间 | 养殖数 | 发病数 | 死亡数 |
|---|---|---|---|---|---|
| 蒋立银 | 五　泉 | 1999 | 53 | 8 | 2 |
| 刘广文 | 小鸭村1社 | 2005 | 40 | 3 | 1 |
| 闫天秀 | 张湾1社 | 2010 | 35 | 4 | 1 |
| 柳平权 | 五泉村 | 2010 | 36 | 7 | 2 |
| 田学俊 | 曹庄3社 | 2011 | 62 | 2 | |
| 王素云 | 王寨猪场 | 2011 | 3000 | 200 | |
| 陈建新 | 西街二社 | 2011 | 360 | 17 | |
| 杨学红 | 宣威12社 | 2014 | 50 | 3 | |
| | | | 3636 | 244 | 6 |

2.流行环节：病畜为主要传染源。主要通过消化道和呼吸道传染。主要发生于绵羊，山羊也易感，各种年龄和品种的羊均可感染。

3.流行形式：散发或地方性流行。

4.流行因素：当天气严寒，气候剧变或大风雪以后，发病和死亡数显著增加。

5.临床症状：最急性的1d内死亡，一般2~3d。病初精神不好，食欲减少或废绝，反刍停止。结膜充血，流泪，后流出脓性分泌物。鼻孔流出浆液性鼻液，后变为脓性，口流涎有泡沫。体温升高到41℃以上，呼吸急促，脉搏增快。咽喉肿胀，颌下淋巴结肿大，有时舌也肿大。粪松软或带血液，临死前磨牙、呻吟、抽搐、怕惊。

6.防制情况：1990年以来，本病没有防制记载。

### 三、普查情况

本次普查，流行病学调查210份，定向调查养羊大户39户，有2个镇8户农户养羊3636只，发病244只，死亡6只。采集羊肝、脾、胸腹水、血、淋巴结各200份，经张掖市动物疫病预防控制中心实验室用细菌分离鉴定、涂片镜检试验检测均为阴性。

## 第九节 羊口疮

### 一、病的概述

羊口疮，又称为羊传染性脓疱，是由病毒引起的绵羊和山羊的一种接触性传染病，以口唇、舌、鼻、乳房等部位形成丘疹、水疱、脓疱和结成疣状结痂为特征。

### 二、流行及防制情况

1.流行情况：本病在临泽县多有流行。

表2-14 临泽县羊口疮病流行病学调查统计表

| 姓 名 | 地 址 | 发病时间 | 养殖数 | 发病数 | 死亡数 |
|---|---|---|---|---|---|
| 将立满 | 五 泉 | 2000 | 27 | 8 | 3 |
| 张国荣 | 南台村7社 | 2006.02 | 15 | 1 | |
| 田发前 | 小鸭村4社 | 2008 | 60 | 10 | 1 |
| 向恒林 | 五 泉 | 2008 | 59 | 6 | 1 |
| 张登辉 | 富强7社 | 2008 | 2400 | 190 | |
| 梁光荣 | 南台村5社 | 2008.02 | 110 | 16 | |
| 徐 荣 | 古寨5社 | 2009 | 95 | 4 | |
| 吴财丰 | 张湾7社 | 2010 | 35 | 22 | 2 |
| 曹 虎 | 曹庄4社 | 2011 | 49 | 7 | 3 |
| 王大银 | 古寨1社 | 2011 | 75 | 4 | |
| 梁占豪 | 向前8社 | 2011 | 80 | 3 | |
| 顾 虎 | 南台村1社 | 2011.02 | 38 | 1 | |
| 王学忠 | 向前5社 | 2012 | 300 | 6 | |
| 张焕荣 | 宣威3社 | 2012 | 70 | 4 | |
| 李柏裙 | 宣威5社 | 2012 | 58 | 3 | |
| 顾 斌 | 马郡村4社 | 2012.03 | 67 | 12 | |
| 刘自忠 | 小鸭村10社 | 2013 | 20 | 6 | |
| 谢福仁 | 五里墩村 | 2013 | 150 | 20 | |

续表2-14

| 姓　名 | 地　址 | 发病时间 | 养殖数 | 发病数 | 死亡数 |
|---|---|---|---|---|---|
| 徐　情 | 汪家墩村5社 | 2013 | 17 | 6 | |
| 王　聪 | 新民7社 | 2013.04 | 100 | 10 | 2 |
| 李干林 | 新民4社 | 2013.06 | 1500 | 55 | 2 |
| 曹　军 | 张湾牛场 | 2014 | 270 | 45 | 7 |
| 张建华 | 昭武8社 | 2014 | 54 | 4 | 1 |
| 王永国 | 一工程村 | 2014 | 100 | 30 | 2 |
| 张友其 | 一工程村 | 2014 | 600 | 100 | 1 |
| 何天才 | 西柳4社 | 2014 | 50 | 10 | |
| 吴佩珍 | 板桥3社 | 2014 | 150 | 42 | 6 |
| 张永生 | 兰化小区 | 2014.02 | 300 | 3 | |
| 温怀金 | 东寨12社 | 2014.02 | 100 | 10 | |
| 朱子义 | 新民7社 | 2014.03 | 100 | 20 | |
| 兰吉翔 | 东寨9社 | 2014.03 | 160 | 5 | |
| 梁光志 | 闸湾2社 | 2014.07 | 1000 | 120 | 28 |
| 兰吉天 | 兰堡4社 | 2014.08 | 150 | 16 | 1 |
| | | | 8359 | 799 | 60 |

2.流行环节：本病感染绵羊以及山羊，人类与病羊接触也可感染。一年四季均可发生，但以春秋产羔季节发病较多。多发于3～6月龄的羔羊，常呈群发性，发病率可达100%。如无继发感染，病死率不超过10%；若有继发感染，则病死率高达20%~50%不等。疫区的成年羊多有一定的抵抗力。病羊及带毒羊是主要传染源。可通过直接接触和饲料、饮水及中间媒介传播。通过损伤的皮肤、黏膜感染。

3.流行形式：呈散发或地方流行性。

4.临床症状：本病的潜伏期为2~3d，山羊羔一般在唇、口角、鼻或眼睑的皮肤上出现散在的小红斑，继而形成水疱和脓疱，破溃后结痂，一般经10~14d脱落后痊愈。绵羊羔感染以后除了和山羊一样的症状外，还会在四肢的蹄叉、蹄冠或蹄部皮肤上出现脓疱、水疱或是丘疹，病羊跛行，长期卧地，病期漫长。羔羊吮乳时，常使母羊乳房的皮肤感染，有时还会发生乳腺炎，有时母羊外阴有黏液性或脓性分泌物，公羊的阴鞘及阴茎上也会发生小脓包和溃疡。

5.防制情况：在本病流行地区，可使用与当地流行毒株相同的弱毒疫苗作免疫接种。治疗措施多采用对症治疗的方法。

**三、普查情况**

本次普查，流行病学调查210份，定向调查养羊大户39户，有6个镇33户农户养羊8359只，发病799只，死亡60只。采集羊血清200份，经张掖市动物疫病预防控制中心实验室用琼脂扩散试验、止凝试验和ELISA试验检测均为阴性。

## 第十节　羊衣原体性流产

**一、病的概述**

羊衣原体病是由鹦鹉热衣原体引起的绵羊、山羊的一种传染病。临床上以发热、流产、死产和产出弱羔为特征。在疾病流行期,也见部分羊表现多发性关节炎、结膜炎等疾患。

**二、流行及防制情况**

1.流行情况:本病无资料记载。临床上虽有疑似病例,但未经实验室确诊。

2.流行环节:患病动物和带菌动物为主要传染源,可通过粪便、尿液、乳汁、泪液、鼻分泌物以及流产的胎儿、胎衣、羊水排出病原体,污染水源、饲料及环境。本病主要经呼吸道、消化道及损伤的皮肤、黏膜感染;也可通过交配或用患病公畜的精液人工授精发生感染,子宫内感染也有可能;蜱、螨等吸血昆虫叮咬也可能传播本病。

3.流行形式:羊衣原体性流产多呈地方性流行。

4.流行因素:密集饲养、营养缺乏、长途运输或迁徙、寄生虫侵袭等应激因素可促使本病的发生、流行。

5.临床症状:鹦鹉热衣原体感染绵羊、山羊可有不同的临诊表现,主要有下列几种病型。

(1)流产型:潜伏期50~90d。流产通常发生于妊娠中后期,一般观察不到征兆,临诊表现主要为流产、死产或娩出生命力不强的弱羔羊。流产后往往胎衣滞留,流产羊阴道排出分泌物可达数日。有些病羊可因继发感染细菌性子宫内膜炎而死亡。羊群首次发生流产,流产率可达20%~30%,以后则流产率下降。流产过的母羊,一般不再发生流产。在本病流行的羊群中,可见公羊患有睾丸炎、附睾炎等疾病。

(2)关节炎型:鹦鹉热衣原体侵害羔羊,可引起多发性关节炎。感染羔羊于病初体温升高达41℃~42℃。食欲减退,掉群,不食,肢关节(尤其腕关节、跗关节)肿胀、疼痛,一肢或四肢跛行。患病羔羊肌肉僵硬,或弓背而立,或长期卧地,体重减轻,生长发育受阻。有些羔羊同时发生结膜炎。发病率高,病程2~4周。

(3)结膜炎型:结膜炎主要发生于绵羊,特别是肥育羔和哺乳羔。病羔一眼或双眼均可患病,眼结膜充血、水肿,大量流泪。病后2~3d,角膜发生不同程度的混浊,出现血管翳、糜烂、溃疡或穿孔。数天后,在瞬膜、眼结膜上形成直径1~10mm的淋巴滤泡(滤泡性结膜炎)。某些病羊可伴发关节炎,发生跛行。发病率高,一般不引起死亡。病程6~10d,角膜溃疡者,病期可达数周。部分病例可发生肺炎、肠炎等疾患。

6.防制情况:临泽县没有本病的防制记载。

防治措施:第一,加强饲养卫生管理,消除各种诱发因素,防止寄生虫侵袭,增强羊群体质；第二，流行本病的地区，用羊流产衣原体灭活苗对母羊和种公羊进行免疫接种，可有效控制羊衣原体病的流行；第三，发生本病时，流产母羊及其所产弱羔应及时隔离，流产胎盘、产出的死羔应予销毁，污染的羊舍、场地等环境用2%氢氧化钠溶液、2%来苏儿溶液等进行彻底消毒；第四，治疗可肌注氯霉素、青霉素，也可将四环素族抗生素混于饲料中喂给，结膜炎患羊可用土霉素软膏点眼治疗。

**三、普查情况**

本次普查，流行病学调查210份，定向调查养羊大户39户，未发现本病的发生和流行。采集羊结膜、尿道、子宫刮片、血清各200份，经张掖市动物疫病预防控制中心实验室用涂片镜检、补体结合试验、间接血凝试验检测均为阴性。

## 第十一节　羊传染性角膜结膜炎

**一、病的概述**

羊传染性角膜结膜炎又称流行性眼炎、红眼病。是一种多病原的疾病，其病原体有鹦鹉热衣原体、立克次体、结膜乳支原体、奈氏球菌、李氏杆菌等，目前认为，主要由衣原体引起。主要以急性传染为特点，眼结膜与角膜先发生明显的炎症变化，其后角膜混浊，呈乳白色。

**二、流行及防制情况**

1.流行情况：临泽县没有本病发生和流行及临床诊疗记载。

**表2-15　临泽县羊传染性角膜结膜炎病流行病学调查统计表**

| 姓　名 | 地　址 | 发病时间 | 养殖数 | 发病数 | 死亡数 |
|---|---|---|---|---|---|
| 三二羊场 | 三二村 | 1995 | 200 | 200 | |
| 闫　峰 | 墩子村 | 2002.08 | 40 | 3 | |
| 李怀有 | 南台村5社 | 2007.07 | 46 | 8 | |
| 王天强 | 南台村4社 | 2009.03 | 44 | 4 | |
| 濮生鹏 | 上庄村 | 2009.06 | 400 | 5 | 2 |
| 王德峰 | 双泉村 | 2009.06 | 80 | 2 | |
| 程双新 | 新添村 | 2010.04 | 140 | 3 | |
| 罗天靖 | 蓼泉村 | 2012.03 | 260 | 3 | |
| 鲁世伟 | 双泉村 | 2012.04 | 200 | 7 | 2 |
| 倪富周 | 下庄村 | 2012.04 | 210 | 4 | |
| 刘彦君 | 双泉村 | 2013.05 | 200 | 6 | 1 |

2. 流行环节：主要侵害山羊，尤其是奶山羊，绵羊、牛、骆驼等也能感染。年幼动物最易得病。一般是由已感染的动物或传染物质感染畜群，蝇类或某种飞蛾可传播本病，患病的分泌物如鼻涕、泪、奶及尿的污染物，均能散播本病。

3. 流行形式：多为地方性流行。

4. 流行因素：多发生在蚊蝇较多的炎热季节，一般是在5~10月夏秋季，以放牧期发病率最高，进入舍饲期也有少数发病的。

5. 临床症状：主要表现为结膜炎和角膜炎。发病初期呈结膜炎症状，流泪，畏光，眼睑半闭。眼内角流出浆液或黏液性分泌物，不久则变成脓性。上、下眼睑肿胀、疼痛、结膜潮红，并有树枝状充血，其后发生角膜炎、角膜浑浊和角膜溃疡，眼前房积脓或角膜破裂，晶状体可能脱落，造成永久性失明。

6. 防制情况：临泽县没有此病的防制记载。

预防：有条件的种畜场（羊场）应建立健康群，发生此病时，应立即隔离病畜，划定疫区，定时清扫消毒，严禁易感牛羊流动；新购买的羊只，至少需隔离观察60d，经检疫后方能允许与健康者合群。

**三、普查情况**

本次普查，流行病学调查210份，定向调查养羊大户39户，发现有3个乡镇村社的11户农户的羊发病，养羊1820只，发病245只，死亡5只。采集羊血清210份，经张掖市动物疫病预防控制中心实验室用沉淀反应、凝集反应、补体结合试验检测均为阴性。

## 第十二节　山羊伪结核病

**一、病的概述**

羊伪结核病由伪结核棒状杆菌所引起的一种接触性、慢性传染病，主要以化脓性、干酪性淋巴结炎为特征。

**二、流行及防制情况**

1. 流行情况：临泽县没有此病发生和流行及临床诊疗记载。

2. 流行环节：伪结核棒状杆菌存在于土壤、饲料、肠道内和皮肤上，经创伤感染。该病在羔羊中少见，随年龄增长，发病增多。

3. 流行形式：呈散发或地方流行性。

4. 流行因素：饲养管理不当，羊自身抵抗力下降；环境卫生不良；气候突变等可诱发本病。

5. 临床症状：感染初期，局部发生炎症，后波及邻近淋巴结，淋巴结慢慢增大和化脓，脓初稀，渐变为牙膏样或干酪样。病羊一般没有明显症状，屠宰时才被发现。如体内淋巴结和内脏受波及，病羊逐渐消瘦、衰弱，呼吸加快，时有咳嗽，最后陷于恶病质而死亡。该病在头部和颈部淋巴结发生较多,肩前、股前和乳房等淋巴结次之。

6.防制情况:临泽县没有本病的防制记载。

伪结核棒状杆菌对青霉素高度敏感,但因脓肿有厚包囊,疗效不好。据报道,早期用0.5%黄色素静脉注射有效,如与青霉素并用,可提高疗效。对脓肿按一般外科常规连同包膜一并摘除。平时预防须做好皮肤和环境的清洁卫生工作,皮肤破伤应注意及时处理,发现病畜应及时隔离治疗。

**三、普查情况**

本次普查,流行病学调查210份,定向调查养羊大户39户,未发现有本病的发生和流行。采集羊肝、脾、肺及子宫角各200份,经张掖市动物疫病预防控制中心实验室用病原分离培养试验检测均为阴性。

## 第十三节　羊肺腺瘤病

**一、病的概述**

羊肺腺瘤病是一种由反转录病毒引起的慢性、传染性绵羊肺脏肿瘤病。其特征是潜伏期长,病羊肺部形成腺体样肿瘤。

**二、流行及防制情况**

1.流行情况:临泽县没有此病发生和流行及临床诊疗记载。

2.流行环节:各品种和年龄的绵羊均能发病。本病的潜伏期长,出现临诊症状的多为2~4岁成年绵羊。本病一般都以死亡而告终。山羊对病毒有一定的抵抗力。病毒可经呼吸系统传播。病羊肺内肿瘤发展到一定阶段时,肺内出现大量分泌物,病羊通过呼吸及低头采食,将含有传染性病毒的飞沫或悬滴排至外界环境中或污染草料,被易感绵羊吸入而感染。尤其在密闭的圈舍中,羊只拥挤,更易导致本病传播。

3.流行形式:主要呈地方性散发。

4.流行因素:随着气候的逐渐寒冷或阴雨天气,病羊的临诊症状更加明显,如并发其他细菌性肺炎或绵羊进行性肺炎,则病程大大缩短。

5.临诊症状:潜伏期为数月至数年。自然病例出现临诊症状最早的为当年出生的羔羊,但多见2~4岁的成年绵羊。随着肺内肿瘤的不断增长,病羊表现呼吸困难。尤其在剧烈运动或长途驱赶后,病羊呼吸加快更加明显。当病程发展到一定阶段,病羊肺内分泌物增加,可听到湿性啰音。当病羊低头采食时,从鼻孔流出大量水样稀薄的分泌物,污染草场或饲槽。此时如抬起病羊后肢,放低头部,可采集到大量含有传染性病毒的水样分泌物。一般来说,病羊体温不高,逐渐消瘦,偶见咳嗽,最后病羊由于呼吸困难、心力衰竭而死亡。

6.防制情况:临泽县没有本病的防制记载。

**三、普查情况**

本次普查，流行病学调查210份，定向调查养羊大户39户，未发现本病的发生和流行。采集绵羊血清210份，经张掖市动物疫病预防控制中心实验室用琼脂凝胶扩散试验检测均为阴性。

## 第十四节 羊副结核病

**一、病的概述**

副结核病又称副结核性肠炎、稀屎痨，是由副结核分枝杆菌引起的牛、绵羊、山羊的一种慢性接触性传染病。在草场青黄不接、草料供应不上、羊只体质不良时，发病率上升。草场转入青草期，病羊症状减轻，病情大见好转。其特征是病羊腹泻反复发生，稀便呈卵黄色、黑褐色，带有腥臭味或恶臭味，并带有气泡。

**二、流行及防制情况**

1.流行情况：临泽县没有本病发生和流行及临床诊疗记载。

2.流行环节：副结核分枝杆菌主要存在于病畜的肠道黏膜和肠系膜淋巴结，通过粪便排出，污染饲料、饮水等，经消化道感染健康家畜。幼龄羊的易感性较大，大多在幼龄时感染，经过很长的潜伏期，到成年时才出现临床症状。

3.流行形式：呈散发或地方性流行。

4.流行因素：机体的抵抗力减弱，饲料中缺乏无机盐和维生素，容易发病。

5.临床症状：病羊腹泻反复发生，稀便呈卵黄色、黑褐色，带有腥臭味或恶臭味，并带有气泡。开始为间歇性腹泻，逐渐变为经常性而又顽固的腹泻，后期呈喷射状排出。有的母羊泌乳少，颜面及下颌部水肿，腹泻不止，最后消瘦骨立，衰竭而死。病程长短不一，病程4~5d，长的可达70d，一般是15~20d。

6.防治情况：临泽县没有本病的防制记载。

对疫场（或疫群）可采用以提纯副结核菌素变态反应为主要检疫手段，每年检疫4次，凡变态反应阳性而无临床症状的羊，立即隔离，并定期消毒圈舍；无临床症状但粪便检菌阳性者均扑杀。非疫区（场）应加强卫生措施，引进种羊应隔离检疫，确认无病才能入群。对感染羊群，采取接种副结核灭活疫苗、综合防治等措施，可以使本病得到控制和逐步消灭。

**三、普查情况**

本次普查，流行病学调查210份，定向调查养羊大户39户，未发现对本病的发生和流行。采集绵羊肠系膜淋巴结、心血、肝、脾各200份，经张掖市动物疫病预防控制中心实验室用涂片镜检试验检测均为阴性。

# 第五章　猪传染病

## 第一节　猪口蹄疫

**一、病的概述**

口蹄疫是由口蹄疫病毒引起的以患病动物的口、蹄部出现水疱性病症为特征的传染性疫病。特点是起病急、传播极为迅速。

**二、流行及防制情况**

1.流行情况：2003年4月在蓼泉镇双泉村发生猪口蹄疫，经临泽县畜牧局、张掖市畜牧局联合诊断疑似猪口蹄疫，后采集病料送甘肃省兽医局动物疫病预防控制中心实验室确诊为猪口蹄疫。扑杀病猪及同群猪203头。此后再未发生。

2.流行环节：病畜能从疱液、口涎、乳汁、粪尿、泪液等排出病毒。痊愈的动物可能有半年多的时间机械带毒、散毒。主要经消化道、呼吸道感染，也可经黏膜、乳头及损伤的皮肤而感染。含毒的分泌物、排泄物及污染的草料、饮水、用具、草场、毛、皮是传染的主要媒介。

3.流行形式：呈流行性和大流行性。流行季节一般于秋末开始，入冬转剧，春末减缓，夏季趋于平息。但有时发生在春季或夏季。单蹄兽不感染。人偶尔也感染。

4.流行因素：气候骤变，饲养管理不当，畜群调动频繁，封锁、隔离、消毒、检疫不严等均可促使本病发生。

5.临诊症状：以蹄部水疱为特征，体温升高，全身症状明显，蹄冠、蹄叉、蹄踵发红，形成水疱和溃烂，有继发感染时，蹄壳可能脱落；病猪跛行，喜卧；病猪鼻盘、口腔、齿龈、舌、乳房（主要是哺乳母猪）也可见到水疱和烂斑；仔猪可因肠炎和心肌炎死亡。

6.防制情况

防制措施：坚持“预防为主，防治结合”的原则，严格执行隔（离）、封　（锁）、检（疫）、消（毒）、杀等综合防制措施，认真推行“早、快、严、小”的成功经验，加强疫情监测和疫情报告制度，行政、技术和群众相结合就能有效地扑灭和控制疫情。同时，从2003年开始每年春秋两季选用口蹄疫O型疫苗进行免疫注射，取得了较好的预防效果。

防制效果：本病2003年后再未发生，全县已得到有效控制。

**三、普查情况**

本次疫病普查全县流行病学调查210份，定向调查养猪大户26户，没有发生猪口蹄疫病，采集猪血清210份，猪淋巴结200份，经张掖市动物疫病预防控制中心实验室用RT-PCR、病毒中和试验（VN）和3ABC-ELISA试验检测均为阴性。

## 第二节 猪 瘟

**一、病的概述**

猪瘟俗称烂肠瘟，是一种由RNA型猪瘟病毒所引起的急性、热性高度接触性传染病。急性病例以败血症和针点状出血为特征。

**二、流行及防制情况**

1.流行情况：1990年以来临泽县没有发生大的流行。以地方性散发为主，多呈慢性发病过程或混合型感染。猪只不分年龄、品种、性别，都有易感性，一年四季均可发生，但多在春季前后流行。

2.流行环节：病猪及其产品是主要的传染来源。病毒随粪便、分泌物、唾液排出体外，污染环境，经易感动物的消化道、呼吸道、眼结膜及皮肤伤口感染；犬、家禽、苍蝇、蚊虫等也能传播病毒。

3.流行形式：散发或地方流行性。

4.流行因素：通常多因健康猪与病猪直接接触或采食了被污染的饲料，饮水后经消化道感染、流行，或通过呼吸道、伤口、眼结膜感染传播。引种时检疫不严，引进病猪，疫点消毒不严，病尸乱抛，也是造成疫病流行的重要因素。

5.临床症状：潜伏期一般为5~6d，病程2~3周。临床上分为最急性、急性、慢性3型。病猪体温升高达40℃~41℃，有的达41℃以上。食欲不振，精神委顿，寒战，喜钻草窝，怕冷。有脓性结膜炎，口黏膜有伪膜溃疡。皮肤上常有紫红色的出血斑点，指压不褪色。先便秘，后下痢，或有交替发生者。有时咳嗽，小猪常有神经症状。

6.防制情况

防制措施：1990年以来临泽县将猪瘟作为重点疫病，全面设防。采取以免疫接种为主的综合防制措施，对猪进行主动免疫。防疫密度达100%，效果显著。散养猪每年春秋两季坚持用猪瘟兔化弱毒冻干苗进行免疫，每月坚持补免；规模养殖场多采用程序化免疫方式，即：商品猪20日龄初免，60日龄加强免疫一次；种公猪20日龄免疫一次，60日龄加强免疫一次，以后每4~6个月免疫一次；种母猪20日龄初免，60日龄加强免疫一次，以后每次配种前免疫一次。对控制猪瘟起了很大作用，之后没有发生大的流行，以零星发生或混合感染为主，多呈慢性发病过程，病程1~2个月。特别是近几年来，加强活猪及其肉品检疫，坚持对上市交易仔猪常年补针，发现本病立即上报，迅速隔离和严格消毒，对病猪隔离治疗，死猪焚烧和深埋，圈舍、食槽、用具消毒，防止病原外散，对猪瘟的发生和流行进行了有效的控制。

防制效果：1990年以来，全县范围内基本无发生猪瘟流行，仅个别地方有零星发生。临泽县生猪屠宰场屠宰生猪也很少检出猪瘟病肉。猪瘟的有效控制，确保了养猪业的健康发展，取得了十分明显的社会效益和经济效益。

**三、普查情况**

本次疫病普查全县流行病学调查210份，定向调查养猪大户26户，没有发生猪瘟疫病，采集猪血清210份，经张掖市动物疫病直接荧抗体试验检测均为阴性。

## 第三节　猪　丹　毒

**一、病的概述**

猪丹毒俗称为打火印、大红袍，是由猪丹毒杆菌引起的一种急性传染病，其特征为高热和在皮肤上形成特异性疹块。

**二、流行及防制情况**

1.流行情况：本病临泽县也有发生。

**表2-16　临泽县历年猪丹毒病流行情况调查统计表**

| 姓　名 | 地　址 | 发病时间 | 养殖数 | 发病数 | 死亡数 |
|---|---|---|---|---|---|
| 闫天选 | 张湾村2社 | 1994.09 | 50 | 10 | 6 |
| 宋久荣 | 大鸭猪场 | 2010 | 527 | 31 | 1 |
| 田伏松 | 小鸭村4社 | 2011.09 | 150 | 10 | 4 |
|  |  |  | 727 | 51 | 11 |

2.流行环节：病猪是主要传染源。主要是通过消化道和皮肤伤口感染。

3.流行形式：呈散发性地方流行性。

4.流行因素：主要发生在夏秋多雨炎热季节，以6~8月最多见，特别是在天气闷热、暴雨之后，发病更多。

5.临床症状：临床上分急性败血型、亚急性型（疹块型）、慢性型3种。潜伏期为1~5d。体温最高可达42℃~43℃。急性病猪皮肤上有充血性红斑，指压褪色。亚急性病猪有方形或菱形疹块，界限明显。慢性病猪有关节炎，出现跛行。

6.防制情况

防制措施：发病地区对猪每年普遍注射猪丹毒菌苗；发生疫情时，对病猪隔离治疗，应用猪丹毒血清、青霉素等均有良好效果；病死猪深埋或化制处理，对污染的场地、用具消毒。

防制效果:本病已基本控制,目前仅有零星发生。

**三、普查情况**

本次疫病普查流行病学调查210份,定向调查养猪大户26户,有3户农户养猪727头,发病51头,死亡11头。全县采集猪血清、组织各210份,经张掖市动物疫病预防控制中心实验室用琼脂双相扩散试验和细菌分离鉴定试验检测均为阴性。

## 第四节　猪　肺　疫

**一、病的概述**

猪肺疫是多杀性巴氏杆菌引起的猪的一种急性、热性传染病。以败血症、咽喉炎和胸膜肺炎为主要特征。

**二、流行及防制情况**

1.流行情况:没有临床记载,流行病学调查210份,定向调查养猪大户26户,没有发现本病流行。

2.流行环节:病猪与带菌猪是主要传染源。主要是通过消化道、呼吸道传染。本病在临泽县有发生流行。

3.流行形式:多呈散发,较少呈地方流行性,常与猪瘟、猪流感混合感染或相继感染。

4.流行因素:在春秋两季气候骤变时容易发病。

5.临床症状:本病有急性、亚急性、慢性3型。潜伏期1~3d,长的可达14d。体温很少超过41℃,时发痛咳,常自口、鼻流出泡沫样液体。有时皮肤有出血点,指压褪色,呼吸困难,黏膜呈蓝紫色,有时可见犬坐姿势。颈部、咽喉部有炎性肿胀。

6.防制情况

防制措施:20世纪90年代每年春秋两季猪只全部注射猪肺疫氢氧化铝菌苗,有效地控制了猪肺疫。2000年以来猪肺疫很少发生,采取因病设防,仅在疫点注射。发现病猪,立即隔离治疗,同群猪注射菌苗预防。死猪焚烧、深埋,圈舍彻底消毒。

防制效果:本病现已控制,多年未有发病疫点,未见有临床症状的病猪。市场及食品部门屠宰检疫中,也很少发现病猪。

**三、普查情况**

本次疫病普查流行病学调查210份,定向调查养猪大户26户,没有发现有本病流行。全县采集猪血清、心血、肝各200份,经张掖市动物疫病预防控制中心实验室用间接血凝试验和细菌分离鉴定试验检测均为阴性。

## 第五节　猪细小病毒病

### 一、病的概述

猪细小病毒病，又称猪繁殖障碍病，是由猪细小病毒引起的一种猪的繁殖障碍病。以怀孕母猪发生流产、死产、产木乃伊胎为特征。

### 二、流行及防制情况

1.流行情况：没有临床记载，流行病学调查210份，没有发现本病流行。

2.流行环节：各种不同年龄、性别的家猪和野猪均易感。传染源主要来自感染细小病毒的母猪和带毒的公猪，后备母猪比经产母猪易感染，病毒能通过胎盘垂直传播，而带毒猪所产的活猪可能带毒排毒时间很长甚至终生。感染种公猪也是该病最危险的传染源，可在公猪的精液、精索、附睾、性腺中分离到病毒，种公猪通过配种传染给易感母猪，并使该病传播扩散。污染的猪舍是猪细小病毒的主要储藏所。在病猪移出，空圈4~5个月，经彻底清扫后，再放进易感猪，仍可被感染。污染的食物及猪的唾液等均能长久地存在传染性。本病多发生于春夏季节或母猪产仔和交配季节。母猪怀孕早期感染时，胚胎、胎猪死亡率可高达80%～100%。母猪在怀孕期的前30～40d最易感染，孕期不同时间感染分别会造成死胎、流产、木乃伊胎、产弱仔猪和母猪久配不孕等不同症状。病毒的感染率与动物年龄成正比。

3.流行形式：呈地方流行性。

4.流行因素：引进种猪时可能同时引进本病毒，环境卫生不良及消毒不严和气候突变可诱发本病。

5.临床症状：猪群暴发此病时常与木乃伊胎、窝仔数减少、母猪难产和重复配种等临床表现有关。在怀孕早期30~50d感染，胚胎死亡或被吸收，使母猪不孕和不规则地反复发情。怀孕中期50~60d感染，胎儿死亡之后，形成木乃伊胎，怀孕后期60~70d以上的胎儿有自免疫能力，能够抵抗病毒感染，则大多数胎儿能存活下来，但可长期带毒。

6.防制情况：没有临床记载，流行病学调查210份，没有发现本病流行。

细小病毒对外界环境的抵抗力很强，要使一个无感染的猪场保持下去，必须采取严格的卫生措施，尽量坚持自繁自养，如需要引进种猪，必须从无细小病毒感染的猪场引进。引进后严格隔离2周以上。发病猪场，应特别防止小母猪在第一胎采食时被感染，可把其配种期拖延至9月龄，此时母源抗体已消失（母源抗体平均可持续21周），通过人工主动免疫使其产生免疫力后再配种。疫苗预防是预防猪细小病毒病，提高母猪抗病力和繁殖率的有效方法，疫苗注射可选在配种前几周进行，以使怀孕母猪于易感期保持坚强的免疫力。在生产上为了给母猪提供坚强的免疫力，最好猪每次配种前都进行免疫，可以通过用灭活油乳剂苗两次注射，以避开体内已存在的被动免疫力的干扰。将猪在断奶时从污染区移到没有细小病毒污染地方进行隔离饲养，也有助于本病的净化。要严格引种检疫，做好隔离饲养管理工作，对病死尸体及污物、场地，要严格消毒，做好无害化处理工作。

**三、普查情况**

本次疫病普查流行病学调查210份，定向调查养猪大户26户，没有发现有本病流行。全县采集猪血清210份，经张掖市动物疫病预防控制中心实验室用PCR诊断试验和乳胶凝集试验检测均为阴性。

## 第六节　猪繁殖与呼吸综合征

**一、病的概述**

猪繁殖与呼吸综合征是由动脉炎病毒属的有囊膜的单股正链RNA病毒引起的以繁殖障碍和呼吸系统症状为特征的一种急性、高度传染的病毒性传染病。

**二、流行及防制情况**

1.流行情况：2003年临泽县华特种猪场首次发生，饲养母猪730头，流产母猪达到350头。此后仍有零星发生。

2.流行环节：猪繁殖与呼吸综合征的主要感染途径为呼吸道，空气传播、接触传播、精液传播和垂直传播为主要的传播方式，病猪、带毒猪和患病母猪所产的仔猪以及被污染的环境、用具都是重要的传染源。此病在仔猪中传播比在成年猪中传播更容易。当健康猪与病猪接触，如同圈饲养，频繁调运，高度集中，都容易导致本病发生和流行。

3.流行形式：呈散发性和地方流行性。

4.流行因素：猪场卫生条件差，气候恶劣、饲养密度大，可促进猪繁殖与呼吸综合征的流行。老鼠可能是猪繁殖与呼吸综合征病原的携带者和传播者。

5.临床症状：母猪染病后，初期出现厌食、体温升高、呼吸急促、流鼻涕等类似感冒的症状，少部分(2%)感染猪四肢末端、尾、乳头、阴户和耳尖发绀，并以耳尖发绀最为常见，个别母猪拉稀，后期则出现四肢瘫痪等症状，一般持续1～3周，最后可能因为衰竭而死亡。怀孕前期的母猪流产，怀孕中期的母猪出现死胎、木乃伊胎，或者产下弱胎、畸形胎，哺乳母猪产后无乳，乳猪多被饿死。公猪感染后表现咳嗽、打喷嚏、精神沉郁、食欲不振、呼吸急促和运动障碍、性欲减弱、精液质量下降、射精量少。生长肥育猪和断奶仔猪染病后，主要表现为厌食、嗜睡、咳嗽、呼吸困难，有些猪双眼肿胀，出现结膜炎和腹泻，有些断奶仔猪表现下痢、关节炎、耳朵变红、皮肤有斑点。病猪常因继发感染胸膜炎、链球菌病、喘气病而致死。如果不发生继发感染，生长肥育猪可以康复。哺乳期仔猪染病后，多表现为被毛粗乱、精神不振、呼吸困难、气喘或耳朵发绀，有的有出血倾向，皮下有斑块，出现关节炎、败血症等症状,死亡率高达60%。仔猪断奶前死亡率增加,高峰期一般持续8～12周,而胚胎期感染病毒的,多在出生时即死亡或生后数天死亡,死亡率高达100%。

6.防制情况:一是及时注射疫苗。一般情况下,种猪接种灭活苗,而育肥猪接种弱毒苗;二是受疫情威胁的猪场,应在饲料和饮水中添加药物预防;三是最根本的办法是消除病猪、带毒猪和彻底消毒猪舍,严密封锁发病猪场,对死胎、木乃伊胎、胎衣、死猪进行焚烧等无害化处理,及时扑杀、销毁患病猪,切断传播途径,坚持自繁自养,因生产需要不得不从外地引种时,应严格检疫,避免引入带毒猪;四是加强饲养管理,调整好猪的日粮,把矿物质(Fe、Ca、Zn、Se、Mn等)提高5%～10%,维生素含量提高5%～10%,其中维生素E提高100%,生物素提高50%,平衡好赖氨酸、蛋氨酸、胱氨酸、色氨酸、苏氨酸等,都能有效提高猪群的抗病力。

**三、普查情况**

本次疫病普查流行病学调查210份,定向调查养猪大户26户,未发现本病流行和临床记载。全县采集猪血清210份,经张掖市动物疫病预防控制中心实验室用血清中和试验和间接ELISA、RT-PCR试验检测均为阴性。

## 第七节　高致病性猪蓝耳病

**一、病的概述**

高致病性猪蓝耳病是由猪繁殖与呼吸综合征(俗称蓝耳病)病毒变异株引起的一种急性高致死性疫病。各种品种、不同年龄和用途的猪均可感染,以妊娠母猪和1月龄以内的仔猪最易感,育肥猪也可发病死亡。

**二、流行及防制情况**

1.流行情况:没有流行和临床记载。

2.流行环节:本病是一种高度接触性传染病,只感染猪,各种品种、不同年龄和用途的猪均可感染,但以妊娠母猪和1月龄以内的仔猪最易感。患病猪和带毒猪是本病的重要传染源。主要传播途径是接触感染、空气传播和精液传播,也可通过胎盘垂直传播。易感猪可经口、鼻腔、肌肉、腹腔、静脉及子宫内接种等多种途径而感染病毒,猪感染病毒后2～14周均可通过接触将病毒传播给其他易感猪。易感猪与带毒猪直接接触,或与有病毒的运输工具、器械接触均可受到感染。感染猪的流动也是本病的重要传播方式。

3.流行形式:呈地方流行性。

4.流行因素:猪场卫生条件差,气候恶劣、饲养密度大,可促进本病的流行。

5.临床症状:本病的潜伏期差异较大,潜伏期,最短为3d,最长为37d。临床上可分为急性型、慢性型、亚临诊型等。

急性型:发病母猪主要表现为精神沉郁、食欲减少或废绝、发热,出现不同程度的呼吸困难,妊娠后期(105～107d),母猪发生流产、早产、死胎、木乃伊胎、弱仔。母猪流产率可达50%～70%,死产率可达35%以上,木乃伊胎可达25%,部分新生仔猪表现呼吸困难,运动失调及轻瘫等症状,产后1周内死亡率明显增高(40%～80%)。少数母猪表现为产后无乳、胎衣停滞及阴道分泌物增多。1月龄仔猪表现出典型的呼吸道症状,呼吸困难,有时呈腹式呼吸,食欲减退或废绝,体温升高到40℃以上,腹泻,被毛粗乱,共济失调,渐进性消瘦,眼睑水肿。少部分仔猪可见耳部、体表皮肤发紫,断奶前仔猪死亡率可达80%～100%,断奶后仔猪的增重降低,日增重可下降50%～75%,死亡率升高(10%～25%)。耐过猪生长缓慢,易继发其他疾病。生长猪和育肥猪表现出轻度的临诊症状,有不同程度的呼吸系统症状,少数病例可表现出咳嗽及双耳背面、边缘、腹部及尾部皮肤出现深紫色。感染猪易发生继发感染,并出现相应症状。种公猪的发病率较低,主要表现为一般性的临床症状,但公猪的精液品质下降,精子出现畸形,精液可带毒。

慢性型:主要表现为猪群的生产性能下降,生长缓慢,母猪群的繁殖性能下降,猪群免疫功能下降,易继发感染其他细菌性和病毒性疾病。猪群的呼吸道疾病(如支原体感染、传染性胸膜肺炎、链球菌病、附红细胞体病)发病率上升。

亚临诊型:感染猪不发病,表现为病毒的持续性感染,猪群的血清学抗体阳性,阳性率一般在10%～88%。

6.防制情况:本县没有发病记载。一是坚持自繁自养的原则,建立稳定的种猪群,不轻易引种;二是规模化猪场要彻底实现全进全出,至少要做到产房和保育两个阶段的全进全出;三是建立健全规模化猪场的生物安全体系,定期对猪舍和环境进行消毒,保持猪舍、饲养管理用具及环境的清洁卫生;四是做好猪群饲养管理;五是做好其他疫病的免疫接种,控制好其他疫病,特别是猪瘟、猪伪狂犬和猪气喘病的控制;六是对发病猪场要严密封锁;七是进行疫苗接种。

**三、普查情况**

本次疫病普查流行病学调查210份,定向调查养猪大户26户,未发现本病流行和临床记载。全县采集猪血清210份,经张掖市动物疫病预防控制中心实验室用血清中和试验和间接ELISA、RT-PCR试验检测均为阴性。

## 第八节　猪伪狂犬病

**一、病的概述**

猪伪狂犬病是由猪伪狂犬病毒引起的猪的急性传染病。该病在猪呈爆发性流行。以引起妊娠母猪流产、死胎,公猪不育,新生仔猪大量死亡,育肥猪呼吸困难、生长停滞为特征。

## 二、流行及防制情况

1.流行情况：流行病学调查，2007年蓼泉镇新添村十社一户农户养猪200头，发病20头，死亡20头。2011年汪家墩村养殖户贺宝山，养猪260头，发病2头。此后再没有发生和临床记载。

2.流行环节：猪是伪狂犬病毒的贮存宿主，病猪、带毒猪以及带毒鼠类为本病重要传染源。伪狂犬病毒主要通过已感染猪排毒而传给健康猪，被伪狂犬病毒污染的工作人员和器具在传播中起着重要的作用。空气也是主要传播途径。

3.流行形式：呈散发性和地方流行性。

4.流行因素：伪狂犬病的发生具有一定的季节性，多发生在寒冷的季节。

5.临床症状：伪狂犬病毒的临诊表现主要取决于感染病毒的毒力和感染量，以及感染猪的年龄。新生仔猪感染伪狂犬病毒会引起大量死亡，临诊上新生仔猪第一天表现正常，从第二天开始发病，3～5d内是死亡高峰期，有的整窝死光。同时，发病仔猪表现出明显的神经症状、昏睡、鸣叫、呕吐、拉稀，一旦发病，1～2d内死亡。15日龄以内的仔猪感染本病者，病情极严重，发病死亡率可达100%。仔猪突然发病，体温上升达41℃以上，精神极度委顿，发抖，运动不协调，痉挛，呕吐，腹泻，极少康复。断奶仔猪感染伪狂犬病毒，发病率在20%～40%，死亡率在10%～20%，主要表现为神经症状、拉稀、呕吐等。成年猪一般为隐性感染，若有症状也很轻微，易于恢复。主要表现为发热、精神沉郁，有些病猪呕吐、咳嗽，一般于4～8d内完全恢复。怀孕母猪可发生流产、产木乃伊胎或死胎，其中：以死胎为主，无论是头胎母猪还是经产母猪都发病，而且没有严格的季节性，但以寒冷季节即冬末春初多发。伪狂犬病的另一发病特点是表现为种猪不育症。公猪感染伪狂犬病毒后，表现出睾丸肿胀、萎缩，丧失种用能力。

6.防制情况：临泽县没有防制记载。

## 三、普查情况

本次疫病普查流行病学调查210份，定向调查养猪大户26户，有2户发生。再没有发现有本病流行和临床记载。全县采集猪大脑、扁桃体、肺、血清各200份，经张掖市动物疫病预防控制中心实验室用病毒分离鉴定、家兔接种试验、RT-PCR试验检测均为阴性。

# 第九节　猪　流　感

## 一、病的概述

猪流感是猪流感病毒引起的一种高度接触性传染病。其特征是突然发病，高热和呼吸道炎症。

## 二、流行及防制情况

1.流行情况：本病没有流行记载。流行病学调查有本病流行。

表2-17　临泽县历年猪流感流行情况调查统计表

| 姓　名 | 地　址 | 发病时间 | 养殖数 | 发病数 | 死亡数 |
| --- | --- | --- | --- | --- | --- |
| 彭　冲 | 银先猪场 | 2005 | 2800 | 32 | |
| 杨克军 | 四坝村6社 | 2010 | 260 | 120 | |
| 田生兵 | 生态区 | 2010 | 800 | 10 | |
| 王生红 | 富强村8社 | 2013 | 360 | 10 | 1 |
| 安　霆 | 汪家墩村 | 2013.06 | 800 | 24 | |
| 李义万 | 胜利猪场 | 2014 | 600 | 15 | |
| 李　聪 | 兰化小区 | 2014.01 | 1000 | 60 | |
| 郭天晓 | 合强小区 | 2014.04 | 300 | 2 | |
| | | | 6920 | 273 | 1 |

2.流行环节：病猪为主要传染源，经呼吸道感染。各种年龄的猪都可感染，但仔猪发病率较高。

3.流行形式：呈散发性和地方性流行。

4.流行因素：多发生在春、秋和冬初。天气突变，风寒侵袭，圈小拥挤，阴暗潮湿，体内外寄生虫等都可促进本病发生。

5.主要症状：突然发病，病猪精神沉郁，不爱吃食，喜钻垫草，多挤在一起。体温升高达40℃以上，怕冷打颤，眼红，怕光流泪，咳嗽气喘，打喷嚏，流浆液性鼻液，呈腹式呼吸，可继发支气管炎、肺炎等。

6.防制情况：平时加强对猪的饲养管理，保持圈舍清洁干燥，冬天猪舍用塑料大棚防寒保暖，可防止本病发生。

## 三、普查情况

本次疫病普查流行病学调查210份，定向调查养猪大户26户，有4个镇8户农户养猪6920头。发病272头，死亡1头。全县采集猪血清210份，经张掖市动物疫病预防控制中心实验室用血凝抑制试验检测均为阴性。

# 第十节　猪链球菌病

## 一、病的概述

猪链球菌病是由多种致病性猪链球菌感染引起的一种人畜共患病。主要表现为发热和严重的毒血症状。

## 二、流行及防制情况

1. 流行情况：本病没有资料记载。流行病学调查有本病流行。

表2-18 临泽县历年猪链球菌病流行情况调查统计表

| 姓 名 | 地 址 | 发病时间 | 养殖数 | 发病数 | 死亡数 |
|---|---|---|---|---|---|
| 贾国双 | 胜利猪场 | 2007 | 300 | 4 | |
| 安 霆 | 汪家墩村 | 2012.08 | 480 | 6 | |
| 刘振华 | 黄家湾 | 2012.10 | 600 | 5 | |
| 杨自平 | 鑫源养殖场 | 2013 | 250 | 4 | |
| 彭 冲 | 银先猪场 | 2014 | 2800 | 15 | |
| 李军国 | 东柳3社 | 2014 | 10 | 3 | |
| | | | 4440 | 37 | |

2. 流行环节：猪是主要传染源，尤其是病猪和带菌猪是本病的主要传染源，猪体内猪链球菌的带菌率约为20%~40%，在正常情况下不引起疾病。如果细菌产生毒力变异，引起猪发病。猪链球菌的自然感染部位是猪的上呼吸道（特别是扁桃体和鼻腔）、生殖道、消化道。在猪与猪之间通过呼吸道和密切接触传播。

3. 流行形式：呈散发性和地方流行性。

4. 流行因素：猪场卫生条件差，气候恶劣、饲养密度大，可促进本病的流行。

5. 临床症状：在流行初期常有最急性的病例，往往当晚未见任何症状，翌晨已死亡或突然减食或不食，体温41.5℃～42.0℃，精神委顿，腹下有紫红斑，死亡率高，易与败血性猪丹毒混淆。急性的病程2～4d，体温40.5℃～41.5℃，有时达到42℃，呈稽留热，精神沉郁，低头、喜卧。个别病例一肢或四肢疼痛，站立时悬蹄，跛行或后肢不全麻痹，有时出现神经症状，尤以15kg左右小猪多见，颈部强直，偏头或呈一个方向打转或是跳跃。病猪减食或不食，眼结膜充血，流泪有少量脓性分泌物，有浆液性鼻汁，呼吸浅快，一般大小便正常。个别有血尿或腹泻、便秘现象。病猪迅速消瘦、贫血，表现极度衰竭。濒死期出现角弓反张，嘶叫，全身颤抖或四肢做划泳挣扎。少数在病后期于耳尖、四肢下端、腹下呈紫色或出血紫红斑。

6. 防制情况：临泽县没有临床和防制记载。

## 三、普查情况

本次疫病普查流行病学调查210份，定向调查养猪大户26户，有2个镇6户农户养猪4440头。发病37头。全县采集猪全血210份，肝、脾各200份，经张掖市动物疫病预防控制中心实验室用培养特性检查、涂片镜检试验检测均为阴性。

## 第十一节　猪传染性萎缩性鼻炎

**一、病的概述**

猪传染性萎缩性鼻炎是由支气管败血波氏杆菌和多杀性巴氏杆菌引起猪的一种慢性呼吸道传染病。其特征为鼻炎,颜面部变形,鼻甲骨尤其是鼻甲骨下卷曲发生萎缩和生长迟缓。

**二、流行及防制情况**

1.流行情况:本病没有发病资料记载,流行病学调查有本病发生。

表2-19　临泽县历年猪传染性萎缩性鼻炎病流行情况调查统计表

| 姓　名 | 地　址 | 发病时间 | 养殖数 | 发病数 | 死亡数 |
|---|---|---|---|---|---|
| 王有贵 | 双泉猪场 | 2009 | 114 | 8 | 1 |
| 王海兵 | 下庄猪场 | 2009.12 | 210 | 60 | 7 |
| 盛　林 | 大鸭猪场 | 2011 | 374 | 3 | |
| | | | 698 | 71 | 8 |

2.流行环节:本病在自然条件下只见猪发生,各种年龄的猪都可感染,最常见于2~5月龄的猪。病猪和带菌猪是主要传染来源。昆虫、污染物品及饲养管理人员,是主要的传播途径。

3.流行形式:本病在猪群中传播速度较慢,多为散发或呈地方流行性。

4.流行因素:饲养管理条件不好,猪圈潮湿、寒冷、通风不良,猪只饲养密度大、拥挤、缺乏运动,饲料单纯及缺乏钙、磷等矿物质等,常易诱发本病,加重病的演变过程。

5.临床症状:受感染的小猪出现鼻炎症状,打喷嚏,呈连续或断续性发生,呼吸有鼾声。猪只常因刺激鼻部黏膜表现不安定,用前肢搔抓鼻部,或鼻端拱地,或在猪圈墙壁、食槽边缘摩擦鼻部,并可留下血迹;从鼻部流出分泌物,分泌物先是透明黏液样,继之为黏液或脓性物,甚至流出血样分泌物,或引起不同程度的鼻出血。在出现鼻炎症状的同时,病猪的眼结膜常发炎,从眼角不断流泪。由于泪水与尘土沾积,常在眼眶下部的皮肤上,出现一个半月形的泪痕湿润区,呈褐色或黑色斑痕,故有“黑斑眼”之称,这是具有特征性的症状。大多数病猪,进一步发展引起鼻甲骨萎缩。当一侧鼻腔病变较严重时,可造成鼻子歪向一侧,甚至呈45°歪斜。由于鼻甲骨萎缩,致使额窦不能以正常速度发育,以致两眼之间的宽度变小,头的外形发生改变。病猪体温正常,生长发育迟滞,育肥时间延长。有些病猪由于某些继发细菌通过损伤的筛骨板侵入脑部而引起脑炎,发生鼻甲骨萎缩的猪群往往同时发生肺炎,并出现相应的症状。

6.防制情况:加强饲养管理和改善圈舍卫生条件,发现病猪及时淘汰处理,圈舍严格消毒。

## 三、普查情况

本次疫病普查流行病学调查210份，定向调查养猪大户26户，有2个镇3户农户养猪698头。发病71头。死亡8头。再没有发现有本病流行和临床记载。全县采集猪血清、鼻黏液拭子各200份，经张掖市动物疫病预防控制中心实验室用细菌分离培养、平板凝集试验检测均为阴性。

# 第十二节　猪传染性胃肠炎

## 一、病的概述

本病是由病毒引起的猪的一种以急性腹泻为特征的消化道传染病。

## 二、流行及防制情况

1.流行情况：本病没有资料记载。流行病学调查有本病流行。

表2-20　临泽县历年猪传染性胃肠炎病流行情况调查统计表

| 姓　名 | 地　址 | 发病时间 | 养殖数 | 发病数 | 死亡数 |
|---|---|---|---|---|---|
| 顾天兵 | 墩子村 | 1998 | 70 | 6 | |
| 王　磊 | 富强村8社 | 2000 | 3000 | 16 | |
| 顾天兵 | 墩子村 | 2006 | 200 | 17 | 1 |
| 田生兵 | 生态区 | 2007 | 300 | 2 | 2 |
| 杨克军 | 四坝村6社 | 2007 | 580 | 80 | 5 |
| 贾国双 | 胜利猪场 | 2009 | 200 | 2 | |
| 倪希迅 | 下庄猪场 | 2010.03 | 300 | 36 | 9 |
| 鲁好平 | 下庄猪场 | 2010.06 | 300 | 49 | 5 |
| 杨自平 | 鑫源养殖场 | 2011 | 200 | 3 | |
| 魏增兵 | 双泉猪场 | 2012 | 38 | 7 | 1 |
| 孔利忠 | 鑫源养殖场 | 2013 | 250 | 5 | |
| 杨万鸿 | 西柳村8社 | 2013 | 50 | 15 | 5 |
| 贺　伟 | 壕　洼 | 2014 | 20 | 12 | |
| 孔太军 | 板桥3社 | 2014 | 17 | 2 | 1 |
| 李义万 | 胜利猪场 | 2014 | 500 | 4 | |
| 田生兵 | 生态区 | 2014 | 2200 | 1 | 1 |
| 曹天才 | 沙河1社 | 2014.03 | 400 | 10 | |
| 张居春 | 兰化小区 | 2014.04 | 300 | 2 | 1 |
| | | | 8925 | 269 | 31 |

2.流行环节：本病多发生于早春或冬末的产仔期间，特别是两周内的仔猪最易感，病死率也很高，而成年猪很少死亡。病猪是主要传染源。本病主要通过污染的猪圈、饲料、母猪奶头，经消化道感染。

3.流行形式：地方流行性。

4.流行因素：猪群密集，各猪圈邻近，饲养管理不当，猪舍潮湿不卫生，易促进本病流行。

5.临床症状：潜伏期一般为2~8d，传播快，在短时间内，常同群猪相继发病。主要症状为呕吐，腹泻，粪便水样，灰白或黄绿色，病猪脱水消瘦，严重的2~3d死亡。

6.防制情况：没有临床和防制记载。

引进猪只，进行严格检疫，加强饲养管理。对病猪污染的圈舍、用具用20%石灰乳和2%氢氧化钠溶液消毒，病猪对症治疗。

**三、普查情况**

本次疫病普查流行病学调查210份，定向调查养猪大户26户，有6个镇18户农户养猪8925头。发病269头。死亡31头。再没有发现有本病流行和临床记载。全县采集猪血清、鼻黏液拭子各200份，经张掖市动物疫病预防控制中心实验室用细菌分离培养、平板凝集试验检测均为阴性。

## 第十三节　猪衣原体病

**一、病的概述**

猪衣原体病是由鹦鹉热亲衣原体的某些菌株引起的一种慢性接触性传染病。临床可分为：流产型、关节炎型、支气管肺炎型和肠炎型，表现为妊娠母猪流产、死产和产弱仔，新生仔猪肺炎、肠炎、胸膜炎、心包炎、关节炎，种公猪睾丸炎等。

**二、流行及防制情况**

1.流行情况：本病没有流行记载。

2.流行环节：不同品种及年龄的猪群都可感染，但以妊娠母猪和幼龄仔猪最易感。病猪和隐性带菌猪是该病的主要传染源。几乎所有的鸟粪都可能携带衣原体。绵羊、牛和啮齿动物携带病原菌都可能成为猪感染衣原体的疫源。通过粪便、尿、乳汁、胎衣、羊水等污染水源和饲料，经消化道感染，也可由飞沫和污染的尘埃经呼吸道感染，交配也能传播本病；蝇、蜱可起到传播媒介的作用。

3.流行形式：该病无明显的季节性，常呈地方流行性。

4.流行因素：猪场可因引入病猪后暴发该病，康复猪可长期带菌。该病的发生和流行与一些诱发因素有关。

5.临床症状：该病的潜伏期长短不一，短则几天，长则可达数周乃至数月。依据临诊表现，可分为流产型、肺炎型、关节炎型和肠炎型等。怀孕母猪感染后引起早产、死胎、流产、胎衣不下、不孕症及产下弱仔或木乃伊胎。初产母猪发病率高，一般可达40%～90%，早产多发生在临产前几周（妊娠100～104d）发生，妊娠中期（50～80d）的母猪也可发生流产。母猪流产前一般无任何表现，体温正常，也有的表现出体温升高（39.5℃～41.5℃）。产出仔猪部分或全部死亡，活仔多体弱、初生重小、拱奶无力，多数在出生后数小时至1～2d死亡，死亡率有时高达70%。公猪生殖系统感染，可出现睾丸炎、附睾炎、尿道炎等生殖道疾病，有时伴有慢性肺炎。仔猪还会表现出肠炎、多发性关节炎、结膜炎，断奶前后常患支气管炎、胸膜炎和心包炎。表现为体温升高、食欲废绝、精神沉郁、咳嗽、喘气、腹泻、跛行、关节肿大，有的可出现神经症状。

6.防制情况：没有临床和防制记载。

预防：引进种猪时要严格检疫和监测，阳性种猪场应限制及禁止输出种猪；搞好猪场的环境卫生消毒工作；避免健康猪与病猪、带菌猪及其他易感染的哺乳动物接触；用猪衣原体灭活疫苗对母猪进行免疫接种，初产母猪配种前免疫接种2次，间隔1个月。经产母猪配种前免疫接种1次。

治疗：猪群发病时，应及时隔离病猪，分开饲养，清除流产死胎、胎盘及其他病料，进行深埋或火化；对猪舍和产房用石炭酸、福尔马林喷雾消毒消灭病原；药物治疗：四环素为首选药物，也可用金霉素、土霉素、红霉素、螺旋霉素、氧氟沙星等。

**三、普查情况**

本次疫病普查流行病学调查210份，定向调查养猪大户26户，没有发现有本病流行和临床记载。全县采集猪血清、肺、脾、淋巴结各200份，经张掖市动物疫病预防控制中心实验室用补体结合试验、间接血凝试验和病原分离鉴定试验检测均为阴性。

## 第十四节　猪支原体肺炎

**一、病的概述**

猪支原体性肺炎是由猪肺炎支原体引发的一种慢性肺炎，又称猪地方流行性肺炎。其特征是咳嗽和气喘。

**二、流行及防制情况**

1.流行情况：本病没有资料记载。流行病学调查有本病流行。

根据流行病学调查，2010年平川镇四坝村八社一户农户养猪450头，发病84头，死亡11头。

**表2-21　临泽县历年猪支原体肺炎病流行情况调查统计表**

| 姓　名 | 地　址 | 发病时间 | 养殖数 | 发病数 | 死亡数 |
|---|---|---|---|---|---|
| 顾天兵 | 墩子村 | 1995 | 50 | 5 | |
| 魏增兵 | 双泉猪场 | 2000 | 65 | 5 | 2 |
| 尚吉宝 | 双泉猪场 | 2000 | 50 | 5 | |
| 顾天兵 | 墩子村 | 2009 | 350 | 1 | |
| 鲁好平 | 下庄猪场 | 2009.05 | 160 | 29 | 7 |
| 豆永伟 | 四坝村8社 | 2010 | 250 | 84 | 11 |
| 安　霆 | 汪家墩村 | 2011.05 | 300 | 10 | |
| 王海兵 | 下庄猪场 | 2012.04 | 130 | 22 | 5 |
| 倪希迅 | 下庄猪场 | 2012.11 | 180 | 25 | 11 |
| 贾国双 | 胜利猪场 | 2013 | 400 | 2 | |

2.流行环节:中国地方猪种明显较引入品种易感本病,带菌猪是本病的主要传染源,病原体是经气雾或与病猪的呼吸道分泌物直接接触传播的,其经母猪传给仔猪使本病在猪群中持久存在。

3.流行形式:呈地方流行性。

4.流行因素:常因管理水平、季节、通风条件、猪的密度以及其他环境因素改变发病。

5.临床症状:潜伏期一般为11~16d,最长可达1个月以上。本病主要临床特征为咳嗽和气喘,根据病的经过可分为急性、慢性和隐性3种类型。

急性型:常见于新发本病的猪群,尤以怀孕母猪、仔猪多见。病猪体温正常(伴有继发感染时可升至40℃以上),精神不振,很少走动。呼吸增数,张口喘气,呈腹式呼吸或犬坐姿势,一般咳嗽次数少而低沉。

慢性型:常见于老疫区的架子猪、育肥猪和后备母猪。早、晚吃食后或运动时发生咳嗽,严重的连续痉挛性咳嗽。咳嗽时,站立不动,背弓起,颈伸直,头下垂,直至咳出分泌物咽下为止。随着病程的发展,常出现不同程度的呼吸困难,表现呼吸次数增加和腹式呼吸。体温一般仍属正常,体态消瘦,发育迟缓。

隐性型:偶见咳嗽和气喘,生长发育几乎正常,但X线检查或剖检时,可见肺炎病灶。

6.防制情况:加强饲养管理,尽可能自繁自养,自育及全进全出;保持舍内空气新鲜,加强通风,减少尘埃,人工清除干粪,降低舍内氨气浓度;断奶后10~15d内仔猪环境温度应为28℃~30℃,保育阶段温度应在20℃以上,最少不低于16℃。防止猪群过度拥挤,对猪群进行定期驱虫;尽量减少迁移,降低混群应激;避免饲料突然更换,定期消毒,彻底消毒空舍等。

**三、普查情况**

本次疫病普查流行病学调查210份，定向调查养猪大户26户，有4个镇11户农户养猪2417头。发病205头。死亡37头。全县采集猪血清210份，经张掖市动物疫病预防控制中心实验室用平板凝集试验、ELISA试验检测均为阴性。

## 第十五节　猪传染性胸膜肺炎

**一、病的概述**

猪传染性胸膜肺炎是由胸膜肺炎放线杆菌引起的一种接触性传染病，又称为猪接触性传染性胸膜肺炎。以急性出血性纤维素性胸膜肺炎和慢性纤维素性坏死性胸膜肺炎为特征，是猪的一种重要呼吸道疾病。

**二、流行及防制情况**

1. *流行情况*：流行病学调查发现2012年大鸭村猪场王维新养猪320头，发病13头。2013年大鸭村猪场张海青养猪359头，发病26头，死亡1头。

2. *流行环节*：各种年龄、性别的猪都有易感性，其中6周龄至6月龄的猪较多发，但以3月龄仔猪最为易感。本病的发生多呈最急性型或急性型病程而迅速死亡，急性暴发猪群发病率和死亡率一般为50%左右，最急性型的死亡率可达80%～100%。病猪和带菌猪是本病的传染源。种公猪和慢性感染猪在传播本病中起着十分重要的作用。病菌随呼吸、咳嗽、喷嚏等途径排出后形成飞沫，通过直接接触而经呼吸道传播。也可通过被病原菌污染的车辆、器具以及饲养人员的衣物等间接接触传播。小啮齿类动物和鸟也可能传播本病。

3. *流行形式*：呈地方流行性。

4. *流行因素*：本病的发生具有明显的季节性，多发生于4～5月和9～11月。饲养环境突然改变、猪群的转移或混群、拥挤或长途运输、通风不良、湿度过高、气温骤变等应激因素，均可引起本病发生或加速疾病传播，使发病率和死亡率增加。

5. *临床症状*：临诊上发病猪的病程可分为最急性型、急性型、亚急性型和慢性型。

(1)最急性型：突然发病，病猪体温升高至41℃～42℃，心率增加，精神沉郁，废食，出现短期的腹泻和呕吐症状，早期病猪无明显的呼吸道症状。后期心衰，鼻、耳、眼及后躯皮肤发绀，晚期呼吸极度困难，常呆立或呈犬坐式，张口伸舌，咳喘，并有腹式呼吸。临死前体温下降，严重者从口鼻流出泡沫血性分泌物。病猪于出现临诊症状后24～36h内死亡。有的病例见不到任何临诊症状而突然死亡。此型的病死率高达80%～100%。

(2)急性型：病猪体温升高达40.5℃～41℃，严重的呼吸困难，咳嗽，心衰，皮肤发红，精神沉郁。由于饲养管理及其他应激条件的差异，病程长短不定，所以在同一猪群中可能会出现病程不同的病猪，如亚急性型或慢性型。

(3)亚急性型和慢性型:多于急性型后期出现。病猪轻度发热或不发热,体温在39.5℃~40℃,精神不振,食欲减退。不同程度的自发性或间歇性咳嗽,呼吸异常,生长迟缓。病程几天至1周不等,或治愈或当有应激条件出现时症状加重,猪全身肌肉苍白,心跳加快而突然死亡。

6.防制情况

临床实践中选用氟甲砜霉素肌肉注射或胸腔注射,连用3d以上;饲料中拌支原净、多西环素、氟甲砜霉素或北里霉素,连续用药5~7d,有较好的疗效。本病早期治疗可收到较好的效果。

预防:

(1)首先应加强饲养管理,严格卫生消毒措施。

(2)从无病猪场引进公猪或后备母猪,防止引进带菌猪;采用"全进全出"饲养方式。

(3)对已污染本病的猪场应定期进行血清学检查,清除血清学阳性带菌猪,逐步建立健康猪群。

(4)疫苗免疫接种。

**三、普查情况**

本次疫病普查流行病学调查210份,定向调查养猪大户26户,有1个镇2户农户养猪679头,发病39头,死亡1头。全县采集猪血清、淋巴结、肺各210份,经张掖市动物疫病预防控制中心实验室用病原分离鉴定、微量凝集试验检测均为阴性。

## 第十六节　猪圆环病毒病

**一、病的概述**

猪圆环病毒病是指以2-型圆环病毒(PCV)为主要病原、单独或继发或混合感染其他致病微生物的一系列疾病的总称,是迄今发现的一种最小的动物病毒。它是断奶仔猪多系统衰竭综合征的主要病原,一般于断奶后2~3d或1周开始发病,急性发病猪群中,病死率可达10%,耐过猪后期发育明显受阻。

**二、流行及防制情况**

1.流行情况:流行病学调查没有发现有本病发生和流行记载。

2.流行环节:最常见于6~8周龄的猪,极少感染乳猪。一般于断奶后2~3d或1周开始发病,急性发病猪群中,病死率可达10%,耐过猪后期发育明显受阻。但常常由于并发或继发细菌或病毒感染而使死亡率大大增加,病死率可达25%以上。猪对该病毒具有较强的易感性,感染猪可自鼻液、粪便等废物中排出病毒,经口腔、呼吸道途径感染不同年龄的猪。怀孕母猪感染后,可经胎盘垂直传播感染仔猪。公猪精液可能是另一种传播途径。猪在不同猪群间的移动是该病毒的主要传播途径，也可通过被污染的衣服和设备进行传播。

3. 流行形式：呈地方流行性。

4. 流行因素：饲养管理不善、恶劣的断奶环境、不同来源及年龄的猪混群、饲养密度过高及刺激仔猪免疫系统均可诱发本病。

5. 临床症状：最常见的是猪只渐进性消瘦或生长迟缓，有厌食、精神沉郁、行动迟缓、皮肤苍白、被毛蓬乱、呼吸困难，咳嗽为特征的呼吸障碍。发病率一般很低而病死率都很高。体表浅淋巴结肿大，肿胀的淋巴结有时可被触摸到，特别是腹股沟浅淋巴结；贫血和可视黏膜黄疸。一般临床症状可能与继发感染有关，或者完全是由继发感染所引起的。在通风不良、过分拥挤、空气污浊、混养以及感染其他病原等因素时，病情明显加重，一般病死率为10%~30%。

先天性颤抖的症状：颤抖由轻微到严重不等，一窝猪中感染的数目也变化较大。严重颤抖的病仔猪常在出生后1周内因不能吮乳而饥饿致死。耐过1周的乳猪能存活，3周龄时康复。颤抖是两侧性的，乳猪躺卧或睡眠时颤抖停止。外部刺激如突然声响或寒冷等能引发或增强颤抖。有些猪一直不能完全康复，整个生长期和育肥期继续颤抖。

常见的混合感染：病毒感染可引起猪的免疫抑制，从而使机体更易感染其他病原，这也是圆环病毒与猪的许多疾病混合感染有关的原因。最常见的混合感染有伪狂犬病毒、细小病毒、肺炎支原体、多杀性巴氏杆菌、猪流感病毒等，有的呈二重或三重感染，其病猪的病死率也将大大提高，有的可达25%~40%。

6. 防制情况：引种不慎往往是暴发疫情的主要原因；改进饲养管理，减少应激，合理配制日粮；注意通风与保暖，保持猪舍干燥，改善猪舍的空气质量，降低氨气浓度；去势和注射须遵循良好的卫生和消毒习惯；在猪场内禁养猫、犬，定期驱蚊蝇、投饵灭鼠；搞好种猪群的净化，坚持自繁自养；合理制订免疫程序。

### 三、普查情况

本次疫病普查流行病学调查210份，定向调查养猪大户26户，没有发现发病记载。全县采集猪血清210份，经张掖市动物疫病预防控制中心实验室用ELISA、PCR试验检测均为阴性。

## 第十七节　猪放线菌病

### 一、病的概述

猪放线菌病主要由猪放线杆菌、驹放线杆菌等致病性放线杆菌引起。主要临诊特征为败血症、肺炎、肾炎、关节炎、尿道炎、膀胱炎、输尿管炎等尿道疾病，流产和心内膜炎，患病动物的皮肤、黏膜或其他组织形成明显的肉芽肿或脓肿。

**二、流行及防制情况**

1. 流行情况：临泽县没有本病的流行和临床记载。流行病学调查发现2011年双泉村猪场丁有贵、尚吉宝养猪176头，发病9头。其他年份没有记载。

2. 流行环节：患病猪和带菌猪是该病的主要传染源。猪放线杆菌常存在于各种年龄健康猪的扁桃体、口腔、母猪的阴道和猪的上呼吸道、消化道、皮肤，污染的土壤、饲料和饮水等。猪放线杆菌属于条件性致病菌，主要通过损伤的黏膜或皮肤感染。饲养公猪的猪圈地板、饲养人员的鞋常受到本病的污染。猪放线杆菌可在交配时从公猪传给母猪。新生仔猪、哺乳仔猪和断奶猪常出现临诊发病，而母猪和成年猪发病少见。

3. 流行形式：呈散发性。

4. 流行因素：猪群的饲养管理不当，猪舍的卫生消毒不严，皮肤、黏膜受损等均可诱发本病。

5. 临床症状：放线菌病暴发，可见在一窝或多窝哺乳仔猪，2~4周龄仔猪突然死亡。发病猪体温升高(40℃)，皮肤发绀、有出血性瘀斑。发病猪喘气，有时伴有震颤或呈划水样。肢体远端充血(导致蹄、尾和耳坏死)和关节肿胀。断奶猪可见厌食、发热、持续性咳嗽和呼吸困难，肺炎。成年猪暴发此病，死亡率低，可见体温升高，在皮肤上出现圆形或菱形红斑，不食，突然死亡。母猪可发生乳腺炎、脑膜炎和流产。

6. 防制情况：没有防制记载。

预防：猪放线杆菌应加强猪群的饲养管理，饲喂高营养的全价料，搞好猪舍的卫生消毒，防止皮肤、黏膜受损，局部损伤后及时处理与治疗，在饲料中定期适当添加抗生素药物，对预防本病的发生有较好的效果。

治疗：猪群发病后，对病猪进行隔离，可选用抗生素治疗。

**三、普查情况**

本次疫病普查流行病学调查210份，定向调查养猪大户26户，有1个镇2户农户养猪176头。发病9头。全县采集猪淋巴结200份，经张掖市动物疫病预防控制中心实验室用淋巴结切片涂片镜检试验检测均为阴性。

# 第六章　禽传染病

## 第一节　鸡新城疫(亚洲鸡瘟)

**一、病的概述**

鸡新城疫是鸡的一种急性、热性、高度接触性传染病。病原为一种病毒。临床上以严重下痢,呼吸困难,神经症状为特征。

**二、流行及防治情况**

1.流行情况:本病在临泽县没有大的流行,多呈慢性发病过程和混合感染。近年来没有发病流行和临床记载。

2.流行环节:本病多因健鸡与病鸡或潜伏期带毒鸡直接接触,经消化道和呼吸道传染,也可经损伤的皮肤及眼结膜、泄殖腔黏膜传染。

3.流行形式:多呈地方流行性。

4.流行因素:多因气候突变,鸡抵抗力下降,圈舍潮湿拥挤,引种时调入病鸡,圈舍消毒不严等都可导致本病发生。

5.临床症状:临床上可分为最急性型、急性型和慢性型。

最急性型:见于流行的初期,常看不到明显症状,迅速死亡。

急性型:体温升高,精神委顿,不吃呆立,羽毛松乱,头、翅和尾下垂,闭眼似睡,冠及肉垂呈暗红或紫黑色。拉稀,粪便黄绿或黄白色。不断流涎,摇头吞咽,呼吸困难,张口伸颈,常发咕咕之声,后转为慢性。

慢性型:出现神经症状,头向后仰或偏向一侧,腿麻痹,运动失调,瘫痪而死。

6.防制情况

防制措施:不引进病鸡、带毒鸡,引进新鸡隔离观察;定期使用鸡新城疫弱毒疫苗预防接种,一周龄雏鸡用E系苗滴鼻,2月龄以上鸡用I系苗注射或刺种;发生本病时,采取隔离封锁、消毒、紧急接种等措施,病鸡无害化处理。

防制效果:经过二十多年的努力,鸡新城疫在临泽县已基本得到控制,无发生流行。

**三、普查情况**

本次疫病普查流行病学调查210份,定向调查养鸡大户6户,没有发现发病记载。全县采集鸡血清、肺、淋巴结、脑组织各200份，经张掖市动物疫病预防控制中心实验室用血凝和血凝抑制试验及RT-PCR试验检测均为阴性。

## 第二节　禽　霍　乱

**一、病的概述**

本病是由禽巴氏杆菌引起的鸡、鸭、鹅及野禽的传染病。其特征是急性病例呈败血症症状，剧烈下痢；慢性病例发生肉髯水肿和关节炎。

**二、流行及防制情况**

1.流行情况：近年来没有发病流行和临床记载。

2.流行环节：病鸡为主要传染源。病禽的粪便、鼻汁含有大量的病菌，污染饲料、饮水、土壤、用具等，经消化道、呼吸道及皮肤损伤而传染。本病一年四季都可发生，但以春末、初秋发生较多。各种禽类对本病均有易感性，其中以鸡、鸭最易感染。

3.流行形式：呈散发或地方流行性。

4.流行因素：健康鸡的上呼吸道有病菌存在，饲养管理不良时，鸡体抵抗力降低可发生内源性传染。另外，病禽的分泌物、排泄物污染饲料、饮水、用具使病源传播。

5.临床特点：潜伏期2~9d。临床上可分为最急性型、急性型和慢性型。

最急性型：多见于流行初期，突然发病，倒地死亡。

急性型：精神不好，体温升高。羽毛松乱，头藏于翅下。鸡冠暗红色，张口呼吸，不爱吃食，喜饮水。严重腹泻，粪呈灰黄、灰绿及淡红色。死亡率高。常经1~3d死亡。

慢性型：鸡冠苍白，肉垂发炎肿大。有顽固性的腹泻，粪带绿色或淡红色。爪部关节肿大，有的形成脓肿。有时鼻窦有脓肿，流出恶臭的分泌物。病程常延至数周。

6.防制情况

防制措施：发病地区注射禽霍乱菌苗；加强检疫，严防本病传入；加强饲养管理，隔离病禽，圈舍彻底消毒，死鸡无害化处理，减少致病因素；治疗用抗生素或磺胺类药，效果良好。

防制效果：本病基本控制，流行仅限于个别鸡群和小范围地区。

**三、普查情况**

本次疫病普查流行病学调查210份，定向调查养鸡大户6户，没有发现发病记载。全县采集鸡血清、肝、脾、心血、骨髓各200份，经张掖市动物疫病预防控制中心实验室用病原分离鉴定、琼脂扩散试验检测均为阴性。

# 第三节 鸡 痘

## 一、病的概述

鸡痘是鸡的一种急性、接触性传染病，其特征是在鸡的无毛或少毛的皮肤上发生痘疹，或在口腔、咽喉部黏膜形成纤维素性坏死性假膜。

## 二、流行及防制情况

1.流行情况：根据流行病学调查，2013年鸭暖镇五泉村一户农户饲养鸡40只，发病20只，死亡11只。其他年份没有临床记载。

2.流行环节：健康鸡群因与病鸡接触而传染。蚊子与野鸟皆是本病的传播者。虽然鸡痘由病毒引起，但传播却相当缓慢。

3.流行形式：呈地方流行性。

4.流行因素：在集体或大型养鸡场易造成流行，可使增重缓慢，消瘦；产蛋鸡受感染时，产蛋量暂时下降，若并发其他传染病、寄生虫病和卫生条件或营养不良时，可引起较多的死亡，对幼龄鸡更易造成严重的损失。

5.临床症状：主要发病日龄在70日龄至开产前后，该段时期发病最多，可分为：

（1）干燥型鸡痘：病变部分很大，呈白色隆起，后期则迅速生长变为黄色，最后才转为棕黑色。2~4周后，痘泡干化成痂癣。本病症状于鸡之冠、脸、和肉垂出现最多。但也可出现于腿部、脚部以及身体之其他部位。

（2）潮湿型鸡痘：会引起呼吸困难、流鼻涕、眼泪、脸部肿胀、口腔及舌头有黄白色之溃疮。

（3）混合型鸡痘：上述两种症状同时存在，死亡率较高。

6.防制情况：一是免疫接种痘苗，适用于7日龄以上各种年龄的鸡；二是搞好环境卫生，消灭蚊、蠓和鸡虱、鸡螨等；三是及时隔离病鸡甚至淘汰，并彻底消毒场地和用具。

## 三、普查情况

本次疫病普查流行病学调查210份，定向调查养鸡大户6户，发现1户有发病，再未发现发病记载。全县采集鸡血210份，经张掖市动物疫病预防控制中心实验室用琼脂凝胶免疫扩散、中和试验和ELISA试验检测均为阴性。

# 第四节 鸡传染性喉气管炎

## 一、病的概述

鸡传染性喉气管炎是由传染性喉气管炎病毒引起的一种急性、接触性上部呼吸道传染病。其特征是呼吸困难、咳嗽和咳出含有血样的渗出物。

**二、流行及防制情况**

1.流行情况:流行病学调查,2014年7月鸭暖镇暖泉村1户农户养鸡3600只,发病1000只、死亡300只。近年来没有发病流行和临床记载。

2.流行环节:在自然条件下,本病主要侵害鸡,各种年龄及品种的鸡均可感染。但以成年鸡症状最为典型。幼龄火鸡、野鸡、鹌鹑和孔雀也可感染。鸭、鸽、珍珠鸡和麻雀不易感。哺乳动物不易感。病鸡、康复后的带毒鸡和无症状的带毒鸡是主要传染来源。经呼吸道及眼传染,亦可经消化道感染。由呼吸器官及鼻分泌物污染的垫草、饲料、饮水及用具可成为传播媒介,人及野生动物的活动也可机械地传播。本病一年四季均可发生,秋冬寒冷季节多发。

3.流行形式:多呈地方流行性。

4.流行因素:鸡群拥挤,通风不良,饲养管理不好,缺乏维生素,寄生虫感染等,都可促进本病的发生和传播。本病一旦传入鸡群,则迅速传播,感染率可达90%~100%,死亡率一般在10%~20%或以上,最急性型死亡率可达50%~70%,急性型一般在10%~30%,慢性型或温和型死亡率约5%。

5.临床症状:发病初期自然感染的潜伏期6~12d,人工气管接种后2~4d鸡只即可发病。潜伏期的长短与病毒株的毒力有关。发病初期,常有数只病鸡突然死亡。患鸡初期有鼻液,半透明状,眼流泪,伴有结膜炎,其后表现为特征的呼吸道症状,呼吸时发出湿性啰音,咳嗽,有喘鸣音,病鸡蹲伏地面或栖架上,每次吸气时,头和颈部呈向前向上张口、尽力吸气的姿势,有喘鸣叫声。严重病例,高度呼吸困难,痉挛咳嗽,可咳出带血的黏液,可污染喙角、颜面及头部羽毛。在鸡舍墙壁、垫草、鸡笼、鸡背羽毛或邻近鸡身上沾有血痕。若分泌物不能咳出堵住时,病鸡可窒息死亡。病鸡食欲减少或消失,迅速消瘦,鸡冠发灰:有时还排出绿色稀粪。最后多因衰竭死亡。产蛋鸡的产蛋量迅速减少(可达35%)或停止,康复后1~2个月才能恢复。

6.防制情况:本病流行的地区,可考虑接种鸡传染性喉气管炎弱毒疫苗,滴鼻、点眼(也有用饮水)免疫。病愈鸡不可与易感鸡混群饲养。饲养管理用具及鸡舍进行消毒。

**三、普查情况**

本次疫病普查流行病学调查210份,定向调查养鸡大户6户,没有发现发病和临床记载。全县采集鸡血210份,经张掖市动物疫病预防控制中心实验室用琼脂凝胶免疫扩散试验检测均为阴性。

# 第五节　鸡传染性支气管炎

## 一、病的概述

鸡传染性支气管炎是由传染性支气管炎病毒引起的鸡的一种急性高度接触性呼吸道传染病。其临诊特征是呼吸困难、发出啰音、咳嗽、张口呼吸、打喷嚏。

## 二、流行及防制情况

1.流行情况:本病没有资料记载,流行病学调查发现有本病发生。

表2-22　临泽县历年鸡传染性支气管炎流行病学调查统计表

| 姓　名 | 地　址 | 发病时间 | 养殖数 | 发病数 | 死亡数 |
|---|---|---|---|---|---|
| 王金军 | 西街8社 | 2009 | 800 | 10 | |
| 田伏松 | 小鸭村6社 | 2012.6 | 140 | 100 | 30 |
| 濮文祥 | 五泉村4社 | 2014.7 | 40 | 19 | 9 |
| | | | 980 | 129 | 39 |

2.流行环节:各种日龄的鸡都易感,但5周龄内的鸡症状较明显,死亡率可达到15%~19%。发病季节多见于秋末至次年春末,但以冬季最为严重。主要是通过空气传播。此外,人员、用具及饲料等也是传播媒介。本病传播迅速,常在1~2d内波及全群。

3.流行形式:多呈地方流行性。

4.流行因素:环境因素主要是冷、热、拥挤、通风不良,特别是强烈的应激作用如疫苗接种、转群等可诱发该病发生。

5.临床症状:本病自然感染的潜伏期为36h或更长一些。本病的发病率高,雏鸡的死亡率可达25%以上,但6周龄以上的死亡率一般不高,病程一般多为1~2周,雏鸡、产蛋鸡、肾病变型的症状不尽相同,现分述如下:

(1)雏鸡:无前驱症状,全群几乎同时突然发病。最初表现呼吸道症状,流鼻涕、流泪、鼻肿胀、咳嗽、打喷嚏、伸颈张口喘气。夜间听到明显嘶哑的叫声。随着病情发展,症状加重,缩头闭目、垂翅挤堆、食欲不振、饮欲增加,如治疗不及时,有个别死亡现象。

(2)产蛋鸡:表现轻微的呼吸困难、咳嗽、气管啰音,有“呼噜”声。精神不振、减食、拉黄色稀粪,症状不很严重,有极少数死亡。发病第二天产蛋开始下降,1~2周下降到最低点,有时产蛋率可降到一半,并产软蛋和畸形蛋,蛋清变稀,蛋清与蛋黄分离,种蛋的孵化率也降低。产蛋量回升情况与鸡的日龄有关,产蛋高峰的成年母鸡,如果饲养管理较好,经两个月基本可恢复到原来水平,但老龄母鸡发生此病,产蛋量大幅下降,很难恢复到原来的水平,可考虑及早淘汰。

(3)肾病变型：多发于20~50日龄的幼鸡。在感染肾病变型的传染性支气管炎毒株时，由于肾脏功能的损害，病鸡除有呼吸道症状外，还可引起肾炎和肠炎。肾型支气管炎的症状呈二相性：第一阶段有几天呼吸道症状，随后又有几天症状消失的“康复”阶段；第二阶段就开始排水样白色或绿色粪便，并含有大量尿酸盐。病鸡失水，表现虚弱嗜睡，鸡冠褪色或呈紫蓝色。肾病变型传染性支气管炎病程一般比呼吸器官型稍长(12~20d)，死亡率也高(20%~30%)。

6.防制情况：本病在临泽县没有流行和防制记载。

本病预防应考虑减少诱发因素，提高鸡只的免疫力。清洗和消毒鸡舍后，引进无传染性支气管炎病疫情鸡场的鸡苗，搞好雏鸡饲养管理，鸡舍注意通风换气，防止过于拥挤，注意保温，适当补充雏鸡日粮中的维生素和矿物质，制订合理的免疫程序。目前尚无有效的治疗方法，人们常用中西医结合的对症疗法。

**三、普查情况**

本次疫病普查流行病学调查210份，定向调查养鸡大户6户，再没有发现发病和临床记载。全县采集鸡血210份，经张掖市动物疫病预防控制中心实验室用琼脂扩散试验、血凝抑制试验和ELISA试验检测均为阴性。

## 第六节　鸡马立克氏病

**一、病的概述**

本病是鸡的一种淋巴组织增殖性疾病。其特点是在外周神经、皮肤、肌肉、生殖器官和其他脏器发生淋巴组织增生，形成肿瘤。病原为疱疹病毒。

**二、流行及防制情况**

1.流行情况：近年来没有发病流行和临床记载。

2.流行环节：病鸡和带毒鸡是主要传染源，病鸡的分泌物、排泄物及脱落的羽毛和皮屑等都可成为传播媒介，可通过呼吸道、消化道传染。一年四季均发生，常见于2~5月龄的鸡。

3.流行形式：多呈散发性。

4.流行因素：饲养管理不当，圈舍潮湿拥挤，鸡食病鸡的羽毛、皮屑，或对病死鸡隔离、消毒手段不当，引种时检疫不严，引入病鸡，都可促使本病发生。

5.临床症状：潜伏期3~4周，临床上分神经型、内脏型、眼型、皮肤型。主要特点是外周神经、皮肤、肌肉和其他脏器发生淋巴组织增生形成肿瘤，运动失调，肢体麻痹，呼吸困难，眼睛变色，视觉消失等。

6.防制情况

防制措施：孵化季节使用鸡马立克氏冻干苗对1日龄雏鸡接种免疫，发现病鸡，及时淘汰,引种时严格检疫,防止传入本病。

防制效果:本病疫情减缓,但仍有发生。

**三、普查情况**

本次疫病普查流行病学调查210份,定向调查养鸡大户6户,没有发现发病和临床记载。全县采集鸡血210份,经张掖市动物疫病预防控制中心实验室用琼脂　扩散试验检测均为阴性。

## 第七节　鸡传染性法氏囊炎

**一、病的概述**

鸡传染性法氏囊炎是由传染性法氏囊炎病毒引起的2~6周龄雏鸡的一种急性、高度接触性传染病。以法氏囊肿胀、出血、坏死,胸肌、腿肌出血,腺胃、肌胃交界处条状出血为特征。

**二、流行及防制情况**

1.流行情况:近年来没有发病流行和临床记载。

2.流行环节:主要感染2~16周龄鸡,3~6周龄时最易感。本病一年四季都能发生,但以5~7月发病较多。蛋雏鸡比肉仔鸡病情严重,死亡率较高,若无继发感染,死亡率一般不超过5%。本病发生无季节性,全年都可发生。病鸡及隐性感染的带毒鸡是本病的主要传染源。污染的饲料、饮水、垫草、用具等皆可成为传播媒介。主要经呼吸道、眼结膜及消化道感染。

3.流行形式:多呈散发性和地方流行性。

4.流行因素:饲养管理不当、卫生消毒不严、各种应激因素等可促进本病的发生。

5.临床症状:本病潜伏期很短,感染后2~3d出现症状,早期为厌食、呆立、羽毛蓬乱、畏寒战栗等,继而部分鸡有自行啄肛的现象,随后病鸡排白色或黄白色水样便,肛门周围羽毛被粪便污染。急性者出现症状后1~2d内死亡,死前拒食、畏光、震颤。病鸡耐过后出现贫血、消瘦、生长缓慢,饲料利用率低。当本病与曲霉菌病等合并感染时,病鸡不仅病情加重,死亡率高,而且病程加长。发病突然,病鸡沉郁,缩头炸毛,呆立不动。乳白色水泻、脱水。出现症状后2~3d为死亡高峰,群体病程一般不超过7d,新疫区死亡率最高,流行数年后死亡率渐低。病鸡常继发感染鸡新城疫、大肠杆菌病、球虫病等。

6.防制情况:加强鸡群的饲养管理,保持进雏时间的间隔,实行全进全出的饲养制,做好清洁卫生及消毒工作,减少和避免各种应激因素等;免疫接种:通过有效的免疫接种,使鸡群获得特异性抵抗力。

**三、普查情况**

本次疫病普查流行病学调查210份,定向调查养鸡大户6户,没有发现发病和临床记载。临泽县采集鸡血、病变组织各210份，经张掖市动物疫病预防控制中心实验室用病理组织学检查、琼脂扩散试验检测均为阴性。

## 第八节　鸡减蛋综合征

### 一、病的概述

鸡减蛋综合征是由腺病毒引起的一种无明显症状，仅表现产蛋母鸡产蛋量明显下降的疾病。

### 二、流行及防制情况

1.流行情况：本病没有资料记载，流行病学调查临泽县有本病发生。近年来没有发病流行和临床记载。

表2-23　临泽县历年鸡减蛋综合征流行病学调查统计表

| 姓　名 | 地　址 | 发病时间 | 养殖数 | 发病数 | 死亡数 |
|---|---|---|---|---|---|
| 马吉荣 | 唐湾2社 | 2001.10 | 1000 | 300 | 9 |
| 王金军 | 西街8社 | 2004 | 600 | 20 | |
| 罗永超 | 蓼泉村19社 | 2008.09 | 1000 | 300 | 8 |
| 张文学 | 开发区 | 2014.04 | 2500 | 500 | |
| | | | 5100 | 1120 | 17 |

2.流行环节：任何年龄的鸡都易感。鸡感染禽类腺病毒后影响整个产蛋期的生产。本病多为垂直传播，通过胚胎感染小鸡，鸡群产蛋率达50%以上时开始排毒，并迅速传播；也可水平传播，多通过污染的蛋盘、粪便、免疫用的针头、饮用水传播，传播较慢且呈间断性。笼养鸡比平养鸡传播快。肉鸡和产褐壳蛋的重型鸡较产白壳蛋的鸡传播快。

3.流行形式：呈散发性或地方流行性。

4.临床症状：最初症状是有色蛋壳的色泽消失，出现薄壳、软壳、无壳蛋和小型蛋。薄壳蛋蛋壳粗糙像砂纸，或蛋壳一端有粗颗粒，蛋白呈水样。蛋壳无明显异常的种蛋受精率和孵化率一般不受影响。病程持续4～10周，产蛋下降幅度达10%～40%，发病后期产蛋率会回升；有的达不到预定的产蛋水平，或开产期推迟，有的出现一过性腹泻。

5.防制情况：本病在临泽县没有流行和防制记载。

本病无特异性治疗方法。为避免垂直感染，应从非感染鸡群引种。采取综合防制措施，防止由带毒的粪便、蛋盘和运输工具传播该病；不要与其他禽类混养，隔离饲养，防止野鸟进入鸡舍。在鸡开产前2～4周，用鸡产蛋下降综合征油乳剂灭活疫苗或含有鸡产蛋下降综合征抗原的多联油乳剂灭活疫苗免疫，免疫力至少可持续1年。发病时，可用抗生素、维生素、矿物质等辅助治疗。

**三、普查情况**

没有发现发病和临床记载。定向调查养鸡大户6户，有4户养鸡户养鸡5100只，发病1120只，死亡9只。全县采集鸡血清210份，经张掖市动物疫病预防控制中心实验室用红细胞凝集抑制试验检测均为阴性。

## 第九节　鸡衣原体病

**一、病的概述**

鸡衣原体病又叫鹦鹉热，是由鹦鹉热衣原体感染引起的多种禽类和人的一种接触性传染病。以呼吸器官损伤为特征。

**二、流行及防制情况**

1.流行情况：本病临泽县在临床上没有发现，也没有记载。

2.流行环节：衣原体病主要通过空气传播，呼吸道可能是最常见的传播途径。其次是经口感染。吸血昆虫也可传播该病。该病一年四季均可发生，以秋冬和春季发病最多。病鸟和带菌者是本病的主要传染源。由于人也可被传染，因此要注意自身的保护。

3.流行形式：呈散发性和地方流行性。

4.流行因素：饲养管理不善、营养不良、阴雨连绵、气温突变、禽舍潮湿、通风不良等应激因素，均能增加该病的发生率和死亡率。

5.临床症状：鸡对鹦鹉衣原体引起的疾病具有很强的抵抗力。只有幼年鸡发生急性感染，出现死亡，真正发生流行的较少。急性病鸡发生纤维素性心包炎和肝脏肿大，颜色变淡，表面覆盖有纤维素。气囊膜增厚，腹腔浆膜和肠系膜静脉充血，表面覆盖泡沫状白色纤维素性渗出物。

6.防制情况：本病在临泽县没有流行和防制记载。

本病尚无有效疫苗，预防应加强管理，建立并严格执行防疫制度。经常清扫环境，鸡舍和设备在使用之前进行彻底清洁和消毒，严格禁止野鸟和野生动物进入鸡舍。

**三、普查情况**

本次疫病普查流行病学调查210份，定向调查养鸡大户6户，没有发现发病和临床记载。全县采集鸡血210份，经张掖市动物疫病预防控制中心实验室用快速血清凝集试验检测均为阴性。

## 第十节　鸡曲霉菌病

**一、病的概述**

鸡曲霉菌病是真菌中的曲霉菌引起多种禽类、哺乳动物和人的真菌病，主要侵害呼吸器官。病的特征是形成肉芽肿结节，在禽类以肺及气囊发生炎症和小结节为主。

**二、流行及防制情况**

1.流行情况：临泽县在临床上没有发现本病，也没有记载。

2.流行环节：曲霉菌的孢子广泛存在于自然界。霉菌孢子还可借助于空气流动而散播到较远的地方，在适宜的环境条件下，可大量生长繁殖，污染环境，引起传染。曲霉菌可引起多种禽类发病，鸡、鸭、鹅、鸽、火鸡及多种鸟类（水禽、野鸟、动物园的观赏禽等）均有易感性，以幼禽易感性最高，特别是20日龄以内的雏禽呈急性暴发和群发性发生，而在成年家禽常只是散发。本病的主要传染媒介是被曲霉菌污染的垫料和发霉的饲料。引起传播的主要途径是霉菌孢子被吸入经呼吸道而感染；发霉饲料亦可经消化道感染。

3.流行形式：呈暴发或散发性流行。

4.流行因素：孵化环境受到严重污染时，霉菌孢子容易穿过蛋壳侵入而感染，使胚胎发生死亡，或者出壳后不久即出现症状，也可在孵化环境经呼吸道感染而发病。养禽和育雏阶段的饲养管理及卫生条件不良是引起本病暴发的主要诱因。

5.临床症状：自然感染的潜伏期2~7d。1~20日龄雏鸡常呈急性经过，成年禽呈慢性经过。雏鸡开始减食或不食，精神不振，不爱走动，翅膀下垂，羽毛松乱，呆立一隅，闭目、嗜睡状，对外界反应淡漠，接着就出现呼吸困难，呼吸次数增加，喘气，病鸡头颈直伸，张口呼吸，如将小鸡放于耳旁，可听到沙哑的水泡声响，有时摇头、甩鼻、打喷嚏，有时发出咯咯声。少数病鸡，还从眼、鼻流出分泌物。后期，还可出现下痢症状。最后倒地，头向后弯曲，昏睡死亡。病程在1周左右。如不及时采取措施，或发病严重时，死亡率可达50%以上。慢性多见于成年或青年鸡，主要表现为生长缓慢，发育不良，羽毛松乱、无光，喜呆立，逐渐消瘦、贫血，严重时呼吸困难，最后死亡。产蛋禽则产蛋减少，甚至停产，病程数周或数月。

6.防制情况：本病在临泽县没有流行和防制记载。

不使用发霉的垫料和饲料是预防本病的关键措施。育雏室保持清洁、干燥；合理通风换气，减少育雏室空气中的霉菌孢子；保持室内环境及用物的干燥、清洁，饲槽和饮水器具经常清洗，防止霉菌滋生；注意卫生消毒工作；目前尚无特效的治疗方法。用制霉菌素防治有一定效果。

**三、普查情况**

本次疫病普查流行病学调查210份，定向调查养鸡大户6户，未发现发病和临床记载。全县采集鸡肺、气囊各210份，经张掖市动物疫病预防控制中心实验室用压片镜检试验检测均为阴性。

## 第十一节　鸡白血病

**一、病的概述**

鸡白血病是由禽白血病病毒引起的慢性传染性肿瘤病，也叫做鸡淋巴细胞白血病，俗称大肝病。以在成年鸡中产生淋巴样肿瘤和产蛋量下降为特征。

**二、流行及防制情况**

1.流行情况：临泽县在临床上没有发现本病，也没有记载。

2.流行环节：鸡是禽白血病病毒群的自然宿主。经卵垂直传播是禽白血病病毒的主要传播方式。鸡蛋的感染频率较低，但用感染的鸡蛋孵出的雏鸡将终生带毒。并将感染通过鸡蛋而一代代重复下去。也可通过接触水平传播。

3.流行形式：呈散发性和地方流行性型。

4.临床症状：病鸡无特异的临诊症状。有的病鸡可能完全没有症状。许多患有肿瘤的病鸡表现不健壮或消瘦，头部苍白，由于肝部肿大而导致患鸡腹部增大。用手指经泄殖腔可触摸到肿大的法氏囊。禽白血病感染率高的鸡群产蛋量很低。禽白血病一般发生在性成熟或即将性成熟的鸡群，呈渐进性发生。一般发生在16周龄以上鸡群。16周龄以上的病鸡，在许多组织中可见到淋巴瘤，尤其肝、肾、卵巢和法氏囊中最为常见。肿瘤病变呈白色到灰白色，可能是弥散性的，有时呈局灶性的。法氏囊切开后可见到小结节状病灶，但并不十分明显。

5.防制情况：本病在临泽没有流行和防制记载。

鸡白血病的传播主要是经垂直传播，水平传播仅占次要地位。所以控制鸡白血病都从建立无鸡白血病的净化鸡群着手，即每批即将产蛋的鸡群，经ELISA或其他血清学方法检测，阳性鸡进行一次性淘汰。每批蛋鸡只需这样淘汰一次，经三四代淘汰后，鸡群的鸡白血病将会显著降低，并逐步消灭。目前对鸡白血病尚无有效的治疗方法。

**三、普查情况**

本次疫病普查流行病学调查210份，定向调查养鸡大户6户，没有发现发病和临床记载。全县采集鸡血清210份，经张掖市动物疫病预防控制中心实验室用ELISA试验检测均为阴性。

# 第十二节　鸡支原体病

## 一、病的概述

鸡支原体病是由鸡败血性支原体引起的一种慢性呼吸道疾病。其特征是病鸡咳嗽、窦部肿胀、流鼻涕、喘气和肺部听诊有啰音。

## 二、流行及防制情况

1.流行情况：本病没有资料记载，流行病学调查临泽县有本病发生。

表2-24　临泽县历年鸡支原体病流行病学调查统计表

| 姓　名 | 地　址 | 发病时间 | 养殖数 | 发病数 | 死亡数 |
|---|---|---|---|---|---|
| 罗永超 | 蓼泉村19社 | 1997.10 | 500 | 40 | 6 |
| 王延福 | 双泉村 | 1998 | 350 | 40 | 4 |
| 马吉荣 | 唐湾2社 | 2003.09 | 300 | 45 | 3 |
| 王延福 | 双泉村 | 2006 | 800 | 56 | 6 |
| 王延福 | 双泉村 | 2009 | 1500 | 95 | 8 |
| 田　斌 | 新民5社 | 2014.07 | 100 | 8 | 4 |
| | | | 3550 | 284 | 31 |

2.流行环节：病鸡及病后带菌鸡是本病的传染源。经呼吸道传染。经由鸡蛋传染，是使本病代代相传垂直传播的主要原因。鸡对本病最易感，其次是火鸡、野鸭及鸽等。本病多见于秋末、冬季及早春。1~2月龄的雏鸡易感染。

3.流行形式：多呈散发或地方性流行。

4.流行因素：当鸡群同时受到其他病原微生物和寄生虫侵袭及能使鸡抵抗力降低的多种因素作用时，如气雾免疫、卫生不良、拥挤、营养不良、气候突变及寒冷时，均可促使本病的暴发和复发，加剧病的严重性并使死亡率增高。

5.临床症状：由鼻腔流出浆液—黏液—脓样鼻液，有时咳嗽及打喷嚏，摇头，气管有音，鼻孔周围及颈部羽毛常被污染，呼吸困难，食欲不振，生长停滞，逐渐消瘦到了后期，鼻腔和眶下窦中蓄积渗出物，引起眼睑肿胀，口腔恶臭，喉头有干酪样物质，视力减退甚至失明。

6.防制情况：平时加强饲养管理，改善卫生条件，经常饲喂抗生素饲料，发生本病后，应做到早期发现，及时隔离，轻症治疗重症处理，严密消毒和处理尸体，不用病鸡卵孵化雏鸡。病鸡用链霉素与青霉素或链霉素与呋喃西林并用，效果较佳。

## 三、普查情况

本次疫病普查流行病学调查210份，定向调查养鸡大户6户，发现有6户养鸡大户养鸡3550只，发病284只，死亡31只。全县采集鸡血清210份，经张掖市动物疫病预防控制中心实验室用平板凝集试验检测均为阴性。

# 第七章　马类动物传染病

## 第一节　马　腺　疫

### 一、病的概述

马腺疫是由马腺疫链球菌引起的马、骡、驴的一种急性接触性传染病，俗称槽结、伴喉。以颌下淋巴结发炎化脓为特征。

### 二、流行及防制情况

1.流行情况：近年来没有发病流行和临床记载。

2.流行环节：病马及带菌马是主要传染源，主要经呼吸道黏膜，还可经消化道和配种而传染。春秋两季多发，主要发生于6个月至5岁的马、骡、驴。马最易感，驴、骡次之，发病后多呈良性经过。

3.流行形式：散发或地方性流行。

4.流行因素：当饲养管理不当，气候骤变，受凉感冒，长途运输而使机体抵抗力降低时，易促进本病的发生。

5.临床症状：急性发热40℃~41℃。鼻黏膜潮红，流出大量混浊鼻汁，渐呈黏性及脓性。颌下淋巴结热痈肿大，甚至填满整个下颌间隙，以后破溃，流出黄白色黏稠脓汁。病畜颈部伸直，连声咳嗽，常有呼吸和吞咽困难。

6.防制情况：严防病马混入健康畜群，新引进的幼驹隔离观察两周；加强幼驹饲养管理，防止感冒，增强抵抗力；发病季节，应勤检疫，发现病畜，隔离治疗。污染的场、舍、用具用3%来苏尔等消毒。

### 三、普查情况

本次疫病普查流行病学调查210份，没有发现发病和临床记载。全县采集马属动物鼻腔分泌物210份，经张掖市动物疫病预防控制中心实验室用涂片染色镜检试验检测均为阴性。

## 第二节　马传染性贫血

**一、病的概述**

马传染性贫血病简称马传贫，是由马传染性贫血病病毒引起的马、骡、驴传染病。其特征主要为间歇性发烧、消瘦、进行性衰弱、贫血、出血和浮肿；在无烧期间则症状逐渐减轻或暂时消失。

**二、流行及防制情况**

1. 流行情况：临泽县没有发病流行和临床记载。

2. 流行环节：本病仅感染马属动物（马、骡、驴）。在自然条件下，以马的易感性最高，骡、驴次之。病马和带毒马是传染源，其血液、肝、脾、淋巴结等均有病毒存在，发热期病马的分泌物和排泄物也含有病毒。传播途径主要通过吸血昆虫（虻类、蚊类、刺蝇及蠓类等）叮咬而传染，也可经消化道、呼吸道、交配、胎盘传染。

3. 流行形式：主要呈地方性流行或散发。新疫区多呈急性经过，在老疫区主要呈慢性或隐性感染。

4. 流行因素：以吸血昆虫活动的夏秋季节（7～9月）及森林、沼泽地带多发。

5. 临床症状：自然感染潜伏期一般为20～40d，人工感染平均为10～30d，短的5d，长的达90d。以发热、贫血、出血、黄疸、浮肿、心机能紊乱、血象变化和进行性消瘦为特征。

发热：发热类型有稽留热、间歇热和不规则热。稽留热表现为体温升高40℃以上，稽留3～5d，有时达10d以上，直到死亡。间歇热表现有热期与无热期交替出现，多见于亚急性及部分慢性病例。慢性病例以不规则热为主，常有上午体温高、下午体温低的逆温差现象。

贫血、出血和黄疸：发热初期，可视黏膜潮红，随着病情加重，表现为苍白或黄染。在眼结膜、舌底面、口腔、鼻腔、阴道等黏膜处，常见鲜红色或暗红色出血点（斑）。

心机能紊乱：心搏亢进，节律不齐，心音混浊或分裂，缩期杂音，脉搏增数。

浮肿：常在四肢下端、胸前、腹下、包皮、阴囊、乳房等处出现无热、无痛的浮肿。

血象变化：红细胞显著减少，血红蛋白降低，血沉加速。白细胞减少，丙种球蛋白增高，外周血液中出现吞铁细胞。在发热期，嗜酸性粒细胞减少或消失，退热后，淋巴细胞增多。

根据临诊表现，可分为急性型、亚急性型、慢性型。

急性型：多见于新疫区流行初期，主要呈高热稽留，病程短，病死率高。

亚急性型：多见于流行中期，特征为反复发作的间歇热，有的还出现逆温差现象。

慢性型：常见于老疫区，病程较长，其特征与亚急型相似，但逆温差现象更明显。

6. 防制情况：平时加强饲养管理，提高马群的抗病能力。搞好马厩及其周围的环境卫生，消灭蚊、虻，防止蚊、虻等吸血昆虫侵袭马匹。发现患病马匹立即上报疫情，严格隔离，扑杀病畜，其尸体、病死马尸体等一律深埋或焚烧。污染场地、用具等严格消毒，粪便、垫草等应堆积发酵消毒。经检疫健康马、假定健康马，紧急接种马传贫驴白细胞弱毒疫苗。不从疫区购进马匹，必须购买时，须隔离观察1个月以上，经过临床综合诊断和2次血液学检查，确认健康者方准合群。

**三、普查情况**

本次疫病普查流行病学调查210份，没有发现发病和临床记载。全县采集马属动物血清210份，经张掖市动物疫病预防控制中心实验室用补体结合试验、琼脂扩散试验检测均为阴性。

## 第三节　马　流　感

**一、病的概述**

马流行性感冒简称马流感，是由马A型流感病毒引起马属动物的一种急性暴发式流行的传染病。

**二、流行及防制情况**

1.流行情况：1994年全县8个乡出现马流感流行，全县存栏马1703匹、骡651头、驴10651头，感染发病马1610头，感染发病率94.5%，死亡马77匹，死亡率达到4.78%；感染发病骡601头，感染发病率92.3%，死亡骡22头，死亡率达到3.66%；感染发病驴4899头，感染发病45.99%，死亡驴79头，死亡率达到1.61%。

2.流行环节：患马是主要传染源，康复马和隐性感染马在一定时间内也能带毒排毒。本病主要经呼吸道和消化道感染。康复公马精液中长期存在病毒，因此可通过交配传染。感染动物仅为马属动物，不分年龄、品种、性别的马均易感。

3.流行形式：多呈流行性或地方流行性。

4.流行因素：本病流行特征是新发区传播迅速，流行猛烈，发病率可高达60%～80%，但病死率低于5%。以秋末至初春多发。

5.临床症状：根据病毒型的不同，表现的症状不完全一样。H7N7亚型所致的疾病比较温和轻微，H3N8亚型所致的疾病较重，并易继发细菌感染。

（1）潜伏期：为2～10d，多在经感染3～4d后发病。发病的马匹中常有一些症状轻微呈顿挫型经过的，或更多一些的呈隐性感染。

（2）典型病例：表现发热，体温上升至39.5℃以内，稽留1～2d或4～5d，然后徐徐降至常温，如有复相体温反应，则是有了继发感染。

（3）主要症状：最初2～3d内呈现经常的干咳，干咳逐渐转为湿咳，持续2～3周。亦常发生鼻炎，先流水样的而后变为黏稠的鼻液。H7N7亚型感染时常发生轻微的喉炎，有继发感染时才呈现喉、咽和喉囊的病症。所有病马在发热时都呈现全身症状。病马呼吸、脉搏频数，食欲降低，精神委顿，眼结膜充血水肿，大量流泪。病马在发热期中常表现肌肉震颤，肩部的肌肉最明显，病马因肌肉酸痛而不爱活动。

6.防制情况

预防：国内有马流感双价（马A1型和马A2型）佐剂苗，第一年注射2次，间隔3个月，以后每年注射一次。

治疗：可选用抗生素肌肉和静脉注射，以控制继发感染。也可选用抗病毒制剂和一些中药治疗。

**三、普查情况**

本次疫病普查流行病学调查210份，再没有发现发病和临床记载。全县采集马属动物血清、新鲜鼻液、鼻咽部分分泌物各210份，经张掖市动物疫病预防控制中心实验室用病毒分离鉴定、HI试验检测均为阴性。

## 第四节　马传染性胸膜肺炎

**一、病的概述**

马传染性胸膜肺炎又称马胸疫，是马、骡、驴的一种急性、热性、接触性传染病。病原为马胸疫病毒。其典型病例呈现大叶性肺炎、胸膜肺炎变化。

**二、流行及防制情况**

1.流行情况：临泽县2008年鸭暖镇发生，饲养30头匹，发病8头匹，死亡3头匹，2009年鸭暖镇饲养1头匹，发病1头匹。再没有发病流行和临床记载。

2.流行环节：病马及带毒马是主要传染源，主要通过直接接触经呼吸道传染，也可经消化道传染。本病多发生于寒冷潮湿的季节。仅马、骡、驴有易感性，其中4~9岁马匹最易感，骡、驴及一岁以下的幼驹和老龄的马匹较少发病。

3.流行形式：本病多呈地方性流行，有时为散发（跳跃式的点状散发）。

4.流行因素：受冷感冒，马匹拥挤，通风不良，均能促进本病的发生。

5.主要症状：临床上分为典型胸疫和非典型胸疫。

典型胸疫：患马多无前驱症状，突然出现体温升高（40℃~41℃），呈稽留热，持续6~9d或更长，以后迅速或逐渐降至常温。患马在发热的同时，表现精神沉郁，心跳加快，食欲不振或废绝。结膜潮红、水肿，呈污红色。全身震颤，四肢无力。呼吸数增加，呈腹式呼吸。病初流少量浆液性鼻液，至中后期流脓性红黄色或铁锈色鼻液。听诊时，初期出现肺泡音粗粝和锣音，继而肺泡音减弱或消失，出现支气管呼吸音，后期可听到湿性啰音及捻发音。当发生胸膜炎时，患马表现胸廓疼痛，呈短浅的腹式呼吸，以后呈胸、腹式呼吸。听诊有摩擦音，在有大量渗出液时，摩擦音即消失。叩诊时，则出现水平浊音区。

非典型胸疫：非典型胸疫中的一部分病例呈顿挫型经过，患马体温突然升高并呈现全身症状，经过2~3d后，体温迅速降至常温，其他全身症状也随之消失，恢复健康。这种康复马匹，即使置于严重患马之间也不再感染本病。

6.防制情况：引进马匹时严格检疫，严防本病传入，发现病畜隔离治疗，圈舍消毒；加强饲养管理，改善圈舍条件，提高抗病力。

**三、普查情况**

本次疫病普查流行病学调查210份，没有发现发病和临床记载。

## 第五节　马流行性淋巴管炎

**一、病的概述**

马流行性淋巴管炎（又称假性皮疽）是由皮疽组织胞浆菌引起马属动物（偶尔也感染骆驼）的一种慢性传染病。以皮下淋巴管及其临近淋巴结发炎、脓肿、溃疡和肉芽肿结节为特征。

**二、流行及防制情况**

1.流行情况：临泽县没有发病流行和临床记载。

2.流行环节：自然感染是通过病畜溃疡脓性分泌物直接或间接通过受损伤的皮肤和黏膜侵入而发病。包皮及阴囊有病变的种公马与母马交配也可直接感染。病变部位的脓液或分泌物污染的厩舍、厩具、马具、垫草、土壤、厩肥、管理人员用的鞋、靴、工作服、医疗器械、保定架、绳、绷带材料等都是间接传染本病的媒介物。当皮肤、黏膜有损伤时亦可借污染的媒介物而感染。蝇、虻等刺螫昆虫是本病病原的机械传递者，刺螫昆虫通过对皮肤的刺吮传播此病。另外，厩舍中易造成外伤的钉头、铁丝断端、挽具、装蹄及马匹互相咬踢等引起的外伤容易感染本病。本病不能经消化道感染。马、骡、驴对感染有同样的易感性。本病与年龄关系不大，幼龄及老龄的马属动物都可发生，但2~6岁马较敏感，在牧区则以1~3岁育成马发病率较高。一般污染地区发病率为2%~5%，流行严重地区为10%左右，个别严重的发病率可达32%~51%。死亡率和废役率一般占20%~30%。

3.流行形式：多呈散发性。

4.流行因素：在低湿地区及多雨年份、洪水泛滥之后发生较多，无明显季节性，一年四季都可发生，但一般秋末到冬初发生较多。

5.临诊症状：病灶最常见于四肢、头部（特别是唇部），其次为颈、背、腰、尻、胸侧和腹侧。病灶通常从皮肤的某一部位开始,出现豌豆大的硬性结肿,初期被毛覆盖,用手触摸才能发现。结节逐渐增大,突起于皮肤表面,变成脓肿,然后破溃流出黄白色或淡红色脓液,逐渐形成溃疡。继后由于肉芽增生,溃疡高于皮肤表面如蘑菇状或周围突起中间凹陷,易于出血,不易愈合。病灶发生在某一部位淋巴管上,则这个淋巴管变粗呈索状,若其上面形成许多小结节则为串珠状。局部淋巴结变大,有的如拇指大,有的如核桃大。初期硬性肿胀,后变软直至化脓穿孔形成溃疡。溃疡不断地分泌出脓性分泌物,使病灶附近的毛黏结成痂皮。除皮肤病变外,也常侵害鼻腔黏膜和颌下淋巴结。典型的是鼻黏膜上发生大小不同的黄色圆形或椭圆扁平隆起,表面干燥,多数具有明显的边缘。这种隆起逐渐增大形成结节并破溃形成溃疡。当有此病变时,鼻腔流出少量脓性鼻漏,临诊上很像鼻疽。

6.防制情况:本病没有防制记载。

发生本病后,采取严格控制、扑灭措施,防止扩散,病马应及时隔离、治疗。患病严重的病马予以扑杀。病死马尸体应深埋或焚烧。被污染的厩舍、马场以及用具,应彻底消毒,治愈马应继续隔离观察半个月后,方可混群。

**三、普查情况**

本次疫病普查流行病学调查210份,没有发现发病和临床记载。

## 第六节　马志贺氏杆菌病

**一、病的概述**

马志贺氏杆菌病又称细菌性痢疾(简称菌痢),是由志贺杆菌引起的一种常见肠道传染病,以往称细菌性痢疾,简称菌痢。以结肠黏膜的炎症及溃疡为主要病理变化。

**二、流行及防制情况**

临泽县没有发病流行和临床记载。

**三、普查情况**

本次疫病普查流行病学调查210份,没有发现发病和临床记载。全县采集马属动物粪便210份,经张掖市动物疫病预防控制中心实验室用免疫荧光菌球法、协同凝集试验检测均为阴性。

## 第七节　马克雷伯氏杆菌病

临泽县没有发病流行和临床记载。

普查情况:本次疫病普查流行病学调查210份,没有发现发病和临床记载。全县采集马属动物呼吸道分泌物210份,经张掖市动物疫病预防控制中心实验室用细菌分离鉴定试验检测均为阴性。

## 第八节　马巴氏杆菌病

临泽县没有发病流行和临床记载。

普查情况:本次疫病普查流行病学调查210份,没有发现发病和临床记载。

# 第八章　骆驼传染病

## 第一节　骆驼口蹄疫

**一、病的概述**

骆驼口蹄疫是由口蹄疫病毒引起的一种急性、热性、高度接触性传染病，临床特征是在口腔黏膜、蹄部和乳房皮肤发生水疱性疹。

**二、流行及防制情况**

临泽县没有发病流行和临床记载。

**三、普查情况**

本次疫病普查流行病学调查210份，没有发现发病和临床记载。板桥、平川镇采集骆驼血清200份，经张掖市动物疫病预防控制中心实验室用RT-PCR、病毒中和试验和3ABC-ELISA试验检测均为阴性。

## 第二节　骆驼放线菌病

**一、病的概述**

骆驼放线菌病是骆驼放线菌引起的慢性肺感染，常引起恶病质，患驼以死亡告终。

**二、流行及防制情况**

临泽县没有发病流行和临床记载。

**三、普查情况**

本次疫病普查流行病学调查210份，没有发现发病和临床记载。

## 第三节　骆驼流行性感冒

**一、病的概述**

骆驼流行性感冒简称骆驼流感，是由流感病毒引起骆驼的一种急性暴发式流行的传染病。以高热、阵发性咳嗽、流浆液性或黏液性鼻液、肌肉关节疼痛为主要特征。

**二、流行及防制情况**

临泽县没有发病流行和临床记载。

**三、普查情况**

本次疫病普查流行病学调查210份,没有发现发病和临床记载。板桥、平川镇采集骆驼血清200份,经张掖市动物疫病预防控制中心实验室用血凝抑制试验检测均为阴性。

# 第九章 兔传染病

## 第一节 兔 瘟

**一、病的概述**

兔瘟又名兔病毒性出血症或病毒性出血性肺炎。是一种急性、热性、高度接触性传染病,病原为一种球形病毒。本病具有发病猛烈,传播迅速,病程急促,病死率高等特点。其特征是气管和肺水肿,充血、瘀血、出血。

**二、流行及防制情况**

1. 流行情况:没有发病流行和临床记载。

2. 流行环节:病兔及带毒兔是主要的传染源,主要经消化道、呼吸道传染。以冬春两季多发。各种品种、性别的兔均易感,但以长毛纯种兔感染率最高,常发生于2月龄以上的青年兔。

3. 流行形式:流行性跳跃式传播。

4. 流行因素:饲养管理不良,圈舍潮湿拥挤,气候骤变等,均易促进本病发生。

5. 主要症状:根据病程:临床上可分最急性型、急性型、慢性型。

最急性型:常不见任何症状,突然死亡。有的突然倒地抽搐,鸣叫死亡;有的转圈,跳蹦子,叫几声即死,口鼻流鲜血。

急性型:较多见。体温升高到41℃左右,精神沉郁,食欲减退或废绝。病程12~48h者,死前兴奋,挣扎,狂奔,呼吸困难,前肢伏地,后肢支起,全身颤抖,倒地抽搐,口流带泡沫的血液,惨叫而死。

慢性型:多发生于3月龄以内的家兔,病程较长,体温升高,精神委顿,食欲减退,渴感明显,被毛无光泽,身体消瘦,四肢无力,肛门周围被毛有淡黄色黏污,部分患兔也可耐过。

6. 防制情况:发病地区注射兔瘟疫苗,发现本病时,兔群隔离封锁,死兔深埋,场舍、用具等严格消毒,加强饲养管理,经常保持兔舍清洁卫生,干燥通风。

**三、普查情况**

本次疫病普查流行病学调查210份,没有发现发病和临床记载。全县采集兔肝、脾、淋巴结、血清各200份,经张掖市动物疫病预防控制中心实验室用HI和HA试验检测均为阴性。

## 第二节 兔巴氏杆菌病

**一、病的概述**

兔巴氏杆菌病又名兔出血性败血症，其病原体为兔巴氏杆菌。临床主要表现为传染性鼻炎症状。故也称兔传染性鼻炎。

**二、流行及防制情况**

本病以往无临床发病记录。

**三、普查情况**

本次疫病普查流行病学调查210份，没有发现发病和临床记载。全县采集兔心、肝、脾各200份，经张掖市动物疫病预防控制中心实验室用细菌分离培养涂片镜检试验检测均为阴性。

## 第三节 兔密螺旋体病

**一、病的概述**

兔密螺旋体病，又称兔梅毒病，是兔的一种慢性传染病，也称性螺旋病、螺旋体病。以外生殖器、颜面、肛门等皮肤及黏膜发生炎症、结节和溃疡，患部淋巴结发炎为特征。

**二、流行及防制情况**

1.流行情况：本病以往无临床发病记录。

2.流行环节：本病的易感动物是家兔和野兔，其他动物和人不感染。传染源主要是病兔，其次是淋巴结感染的带菌兔。传染途径主要是通过病兔、健兔交配感染，也能通过生殖器外部接触传染，通过病兔排出的病原体污染的垫料、饲料、用具等媒介物经局部损伤传染。本病在兔群中一旦发生，发病率很高，绝大多数发生于成年兔，8月龄以下未交配的幼兔极少发病。育龄母兔的发病率比公兔高，一般呈良性经过，几乎没有死亡。

3.流行形式：呈散发性。

4.临床症状：潜伏期2～10周不等。病初可见公兔的包皮和阴囊及龟头的皮肤、母兔的阴门边缘等外生殖器和肛门周围皮肤黏膜红肿，形成粟粒大小结节。以后结节和红肿表面渐有浆液渗出物变得湿润。渗出物逐渐干涸，形成红紫色或棕色屑状痂皮。剥下痂皮，露出边缘不整、稍凹陷、容易出血的溃疡面，其周围常伴有轻重不一的水肿。由于痛痒，病兔摩擦、抓搔而造成自身接种，使感染蔓延至面部、下颌、鼻部和爪等，被毛脱落，但在愈后会很快长出。慢性病变多呈干燥的、鳞片状稍突起，容易被忽视。腹股沟淋巴结和颈淋巴结可能肿大。该病变可持续几个月不消失。本病无明显全身症状，精神、食欲、大小便、体温均无异常，多可康复。公兔性欲影响不大，母兔可影响配种和受胎率。本病康复后免疫期不长，故康复兔仍可再感染。

5.防制情况：兔场要严防引进病兔。新引进的兔必须隔离观察1个月，确定无病时方可入群。配种时要详细进行临床检查或做血清学试验，健康者方可配种。对病兔立即进行隔离治疗，病重者应淘汰。彻底清除污物，严格消毒兔笼、场地和用具。

**三、普查情况**

本次疫病普查流行病学调查210份，没有发现发病和临床记载。全县采集兔淋巴结200份，经张掖市动物疫病预防控制中心实验室用涂片镜检试验检测均为阴性。

## 第四节　兔魏氏梭菌病

**一、病的概述**

兔魏氏梭菌病是由A型魏氏梭菌产生外毒素引起的肠毒血症，以发病突然、急性腹泻、排黑色水样或带血的胶冻样、腥臭粪便、盲肠浆膜出血斑和胃黏膜出血、溃疡为主要特征。发病率和死亡率均较高。

**二、流行及防制情况**

1.流行情况：本病以往无临床发病记录。

2.流行环节：各种年龄和品种的兔均可感染发病，以1~3月龄的幼兔较多发生，纯种毛兔和獭兔较易感染。发病不分季节。消化道是主要传染途径。

3.临床症状：病兔精神沉郁，拒绝采食，急剧腹泻，病初粪便变形变稀，很快排出带血、胶冻样或黑褐色水样粪便，有特殊的腥臭味，肛门周围、后肢及尾部被毛被稀粪污染。病兔脱水，消瘦，在水泻的当天或次日即死亡。

4.防制措施：加强饲养管理，多喂粗纤维含量高的饲料，适当减少高能量、高蛋白的饲料，以减轻家兔胃肠道的压力，更换饲料要逐步进行，防止突然增加高蛋白、高能量的饲料。加强兔舍管理，注意兔舍卫生，定期消毒。治疗可选用抗生素。

**三、普查情况**

本次疫病普查流行病学调查210份，没有发现发病和临床记载。全县采集兔心、肝、脾、肠黏膜各200份，经张掖市动物疫病预防控制中心实验室用涂片镜检试验检测均为阴性。

# 第十章　犬传染病

## 第一节　犬　瘟　热

**一、病的概述**

犬瘟热是由犬瘟热病毒引起的犬科动物的传染性极强的一种急性传染病。以呈现双相热型、鼻炎、严重的消化道障碍、呼吸道症状为特征。

**二、流行及防制情况**

1.流行情况：本病以往无资料记载。流行病学调查2011年小鸭村、白寨村发生2只犬发病。

2.流行环节：犬瘟热在自然条件下，不同年龄、性别和品种的犬均可感染。此病一年四季均发生，但以春冬多发。特别多见于犬类比较集聚的单位或地区。病犬是主要传染源。

3.流行形式：多呈流行性或地方流行性。

4.流行因素：犬密集的地方，卫生与养殖条件差，导致犬类抵抗力差、易染，多发。

5.临床症状：病初精神沉郁，完全丧失其对主人所惯有的活泼性，食欲减退，喜凉爽处，1~2d后停食，体温高达40℃~41℃，喜饮冷水，呼吸迫促，鼻翼翕动，鼻液初为浆性，后呈黏性，常积于鼻孔周围。同时，鼻黏膜肿胀，呼吸时常发出鼻塞声或鼾声。病犬一开始即现干性咳嗽，后呈湿咳，有的有肺炎。眼结膜潮红，眼睑轻度肿胀，上下眼睑部积有大量的脓性分泌物，常将眼皮黏住。病犬迅速消瘦，不断呻吟。口温高，口内干燥，黏膜充血，甚至发绀。有的呕吐，初便秘，后期排出少量带黏液或血丝的粪便，恶臭异常。有的有神经症状。个别转圈，但不冲击人、畜，病程一般5~10d，往往死于极度衰竭。

6.防制情况：加强兽医卫生防疫措施，各养殖场应尽量做到自繁自养。在本病流行季节，严禁将个人养的犬带到犬集结的地方。隔离病犬，场地用具经常消毒。

**三、普查情况**

本次疫病普查流行病学调查210份，没有发现发病和临床记载。全县采集犬心、肝、脾、淋巴结各200份，经张掖市动物疫病预防控制中心实验室用病毒分离鉴定、免疫酶试验检测均为阴性。

## 第二节　犬细小病毒病

**一、病的概述**

犬细小病毒病是犬的一种具有高度接触性传染的烈性传染病。临床上以急性出血性肠炎和心肌炎为特征。

**二、流行及防制情况**

1.流行情况:本病以往无资料记载。流行病学调查2008年和2010年大鸭村、白寨村发生2只犬发病,死亡1只。

2.流行环节:犬细小病毒对犬具有高度的接触传染性,各种年龄的犬均可感染。但以刚断乳至90日龄的犬发病较多,病情也较严重。幼犬有的可呈现心肌炎症状而突然死亡。纯种犬及外来犬比土种犬发病率高。本病一年四季均可发生,但以d气寒冷的季节多发。病犬的粪便中含毒量最高。

3.临床症状:在临床上可分为肠炎型和心肌炎型。

肠炎型:自然感染的潜伏期为4~14d,病初表现发热(40℃以上)、精神沉郁、不食、呕吐。初期呕吐物为食物,即之黏液状、黄绿色或有血液。发病1d左右开始腹泻。病初粪便呈稀状,随病状发展,粪便呈咖啡色或番茄酱色样的血便。以后次数增加、里急后重,血便带有特殊的腥臭气味。血便数小时后病犬出现严重脱水症状,眼球下陷、鼻镜干燥、皮肤弹力高度下降、体重明显减轻。对于肠道出血严重的病例,由于肠内容物腐败可造成内毒素中毒和弥散性血管内凝血,使机体休克、昏迷死亡。血象变化,病犬的白细胞数可减少至0,此时犬死亡的占绝大多数,如杆状中性粒细胞数出现上升,则逐渐好转。

心肌炎型:多见于40日龄左右的犬,病犬先兆性症状不明显。有的突然呼吸困难,心力衰弱,短时间内死亡;有的犬可见有轻度腹泻后而死亡。

4.防制情况:发现本病应立即进行隔离饲养。防止病犬和病犬饲养人员与健康犬接触,对犬舍及场地用2%火碱水或10%~20%漂白粉等反复消毒。

**三、普查情况**

本次疫病普查流行病学调查210份,再没有发现发病和临床记载。全县采集犬粪便210份,经张掖市动物疫病预防控制中心实验室用试纸试验检测均为阴性。

## 第三节　犬冠状病毒病

**一、病的概述**

犬冠状病毒病是由犬冠状病毒引起的一种不同品种和各种年龄的犬都可发生的传染

病。特征是频繁呕吐、腹泻、沉郁、厌食等症状。

**二、流行及防制情况**

1.流行情况:本病以往无临床发病记录。

2.流行环节:本病一年四季均可发生,以冬季多发,病犬是主要的传染源,犬可通过呼吸道、消化道、粪便及污染物传染。

3.临床症状:潜伏期1~8d。本病传染迅速,数日内可蔓延全群。一般先表现嗜睡、衰弱、反复呕吐,以后粪便由糊状、半糊状至水样,橙色或绿色,含黏液或血液,发烧或不发烧,白细胞减少,迅速脱水,死亡。随着日龄的增长,死亡率降低。有的病例不表现临床症状。犬冠状病毒常和细小病毒一起混合感染,构成犬腹泻大流行。

4.防制情况:减少发病的措施,就是加强饲养管理,严格执行兽医卫生措施。

**三、普查情况**

本次疫病普查流行病学调查210份,没有发现发病和临床记载。全县采集犬血清、血浆各210份,经张掖市动物疫病预防控制中心实验室用病毒分离鉴定、荧光抗体试验检测均为阴性。

## 第四节　犬传染性肝炎

**一、病的概述**

犬传染性肝炎是由犬传染性肝炎病毒引起的一种急性、败血性传染病。以循环障碍和肝小叶中心坏死,肝实质细胞和内皮细胞核内出现包涵体为特征。本病为全身性感染,尤其是肝脏病变显著。

**二、流行及防制情况**

1.流行情况:本病以往无临床发病记录。

2.流行环节:主要发生在1岁以内的幼犬,成年犬很少发生且多为隐性感染,即使发病也多能耐过。病犬和带毒犬是主要传染源。病犬的分泌物、排泄物均含有病毒,康复带毒犬可自尿液长时间排毒。该病主要经消化道感染,胎盘感染也有可能。呼吸型病例可经呼吸道感染。体外寄生虫可成为传播媒介。本病发生无明显季节性,以冬季多发,幼犬的发病率和病死率均较高。

3.临床症状:自然感染犬传染性肝炎的犬潜伏期7d左右。最急性病例出现呕吐、腹痛、腹泻症状后数小时内死亡。急性病例有精神沉郁、寒战怕冷、体温升高40.5℃左右,食欲废绝、喜喝水,呕吐、腹泻等症状。亚急性病例,症状反应较轻。上述急性期症状出现较轻外,还可见贫血、黄疸、咽炎、扁桃体炎、淋巴结肿大,特征性症状是在眼睛上,出现角膜水肿、混浊、角膜变蓝。临床上也称“蓝眼病”。眼睛半闭,畏光流泪,有大量浆液性分泌物流出，角膜混浊特征是由角膜中心向四周扩展。重者可导致角膜穿孔。恢复期，混浊的角膜由四周向中心缓慢消退，混浊消退的犬大多可自愈可视黏膜有不同程度的黄疸。

4. 防制情况：平时应加强饲养管理，严格兽医卫生综防措施。定期进行免疫接种。对无治愈可能的犬应立即扑杀、淘汰，进行无害化处理。对污染的环境可用3%福尔马林、火碱水、次氯酸钠或0.3%过氧乙酸进行消毒。

**三、普查情况**

本次疫病普查流行病学调查210份，没有发现发病和临床记载。全县采集犬血清、肝、脾各210份，经张掖市动物疫病预防控制中心实验室用病毒分离鉴定、ELISA试验检测均为阴性。

## 第五节　犬伪狂犬病

**一、病的概述**

犬伪狂犬病是由疱疹病毒属的伪狂犬病毒引起家畜和野生动物的一种急性传染病。特征是发热、奇痒、脑脊髓炎和神经节炎。

**二、流行及防制情况**

1. 流行情况：本病以往无临床发病记录。

2. 流行环节：本病的主要传染源，可能是病鼠、病猪和带毒猪。因猪对本病有抵抗力，常不易被发现，带毒猪鼻分泌物中的病毒被狗接触，或狗捕食病鼠而感染，创伤也可感染本病。

3. 临床症状：病初主要表现精神委顿、拒食、沉郁，卷缩而坐，有的病犬抓齿咬痒处，皮肤奇痒，啃咬患部，使患部鲜红或破损仍不停止，狂躁兴奋不安，有的虽无损伤、奇痒表现，但因某处疼痛而号叫，还有的表现兴奋，咬跳等神经症状，继而出现麻痹症状，如吞咽困难，通常在发病后1~2d死亡。

4. 防制情况：发病后及时采取隔离、封锁、焚烧尸体、消毒。疫区内采取紧急接种伪狂犬病疫苗等综合措施，效果明显。

**三、普查情况**

本次疫病普查流行病学调查210份，没有发现发病和临床记载。全县采集犬血清、肺、大脑各210份，经张掖市动物疫病预防控制中心实验室用病毒分离鉴定、家兔接种试验和RT-PCR试验检测均为阴性。

# 第三篇　畜禽寄生虫病及防制

# 概　论

畜、禽的寄生虫种类甚多，分布也较广，一般引起慢性、消耗性疾病，对畜牧业的发展影响较大，应该予以高度重视。

## 一、寄生虫、宿主及其相互关系

自然界中，各种生物体之间的相互关系是极其复杂的。有些生物不需要直接依赖其他生物而独立生活，有些生物则必须互相依赖而共生。

在两种生物之间的相互关系中，一种生物以另一种生物体为居住环境，夺取其营养，并给予不同程度的危害的现象，称为“寄生现象”；过着这种寄生生活的动物称为“寄生虫”。被某种寄生虫所寄生的人和动物，称为这种寄生虫的“宿主”。由寄生虫引起宿主的疾病，称为“寄生虫病”。

### (一)寄生虫和宿主的类型

1. 寄生虫的类型：根据寄生虫生活方式的不同，将其分为两类，凡是只在需求营养物时，才与其宿主相接触，营短暂的寄生生活，而其他发育阶段进行自立生活的虫体，称为“暂时性寄生虫”，如吸血昆虫类、蚊子等；长期地并往往是终身居留在宿主体上营寄生生活的虫体，则称为“永久性寄生虫”，如猪旋毛虫等。

根据寄生虫的寄生部位的不同，把那些暂时地或长久地寄生在其宿主的皮肤表面或皮内的虫体，称为“外寄生虫”，如虱子、疥螨等；把那些寄生在宿主体内某些器官、组织里的虫体，称为“内寄生虫”，如大多数的蠕虫类。内寄生虫多为永久性寄生虫，而外寄生虫则多为暂时性寄生虫。

2. 宿主的类型：各种寄生虫的发育过程都比较复杂。有些寄生虫只适应在一种宿主体内生活；有些则在其幼虫或成虫阶段，分别寄生于不同种类的宿主体内。根据寄生虫寄生阶段的不同，将宿主分为下列三种类型。

(1)终末宿主：被性成熟阶段或有性繁殖阶段寄生虫所寄生的宿主，称为“终末宿主”

(2)中间宿主：被性未成熟阶段或无性繁殖阶段寄生虫所寄生的宿主，称为“中间畜主”。

(3)补充宿主(第二中间宿主)：有些寄生虫必须在两种中间宿主体内寄生，才能完成其幼虫的发育阶段。这种对第一个中间宿主起补充作用的第二个中间宿主，称为“补充宿主”。

### (二)寄生虫与宿主的相互影响

寄生虫与其宿主之间的相互关系是十分复杂的，研究其相互关系的目的，就是要创造条件，消灭寄生虫，以保护畜禽的健康。

1.寄生虫对畜禽的危害和影响

畜禽在遭受寄生虫侵害时,由于各种寄生虫的生物学特性及其寄生部位的不同,因而致病作用和程度也不同,其危害和影响主要有以下几个方面。

(1)机械性损害:寄生虫侵入畜禽机体后,在移行过程中和到达特定寄生部位时的机械性刺激,可使宿主的组织、脏器受到不同程度的损害。如创伤、发炎、出血、堵塞、挤压、萎缩、穿孔和破裂等。

(2)掠夺营养物质:寄生虫在畜禽体内寄生时,常常以经口吞食或由体表吸收的方式,将宿主体内的各种营养物质变为虫体自身的养料;有的则直接吸取宿主的血液、淋巴液作为营养,从而造成宿主营养不良、消瘦、贫血和抵抗力降低等。

(3)毒素的毒害作用:寄生虫在生长发育过程中产生的有毒的分泌物和代谢产物,被宿主吸收后,特别是对神经系统和血液循环系统的毒害作用。

(4)引入病原性寄生物:寄生虫在侵害宿主时,可能将某些病原性细菌、病毒、原生动物带入宿主体内,使宿主遭受感染而发病。

2.宿主对寄生虫的反应和防御寄生虫的病害作用

寄生虫不同程度地影响着宿主的生长和发育,甚至于致死。但另一方面,宿主的抵抗能力也影响着寄生虫的生存。

(1)宿主的防御适应能力:当畜禽机体遭受寄生虫侵袭时,局部组织表现出一系列回答性反应,即发炎充血,白细胞游出,进而对虫体进行吞噬、溶解,或形成包囊以致钙化。若宿主的防御适应机能较强,而寄生虫的发育、繁殖的数量不多,毒素作用也较弱时,虫体虽能生存,但畜禽不呈现明显的临床症状,这种情况常称为"带虫现象"。

某些寄生虫,作为一种异性蛋白,能刺激宿主产生特异抗体,从而对同种类虫体的再度感染产生免疫能力,表现为能够抑制虫体的发育并降低其繁殖能力,缩短其生命期限。不过,畜禽寄生虫病的免疫,多半属于"带虫免疫"。就是说,这种免疫能力只有在虫体居留于宿主体内时才能产生;如果宿主体内的虫体被消灭,其免疫能力也随之而减弱或消失。

(2)营养因素:畜禽的营养状况,直接影响着对寄生虫的抵抗能力。良好的营养有助于畜禽对抗寄生虫的侵袭及其毒害作用。

(3)年龄因素:畜禽的年龄与寄生虫的侵害也有关系。许多种寄生虫在幼龄畜禽体内发育较快,而在成年畜禽体内,则发育迟缓或不能发育,这是因为畜禽的防御适应能力随着年龄的增加而有所提高的缘故。因此,幼龄畜禽受寄生虫危害较重。

(三)外界环境因素和畜禽寄生虫病的关系

畜禽和寄生虫,都在一定的外界环境生存。各种环境因素,必然对它们发生不同的影响。有些环境可能适宜于某种寄生虫的生存,而另一种环境则可能抑制其生命活动,甚至能将其杀灭。

外界环境条件及饲养管理情况,对畜禽的生理机能和抗病能力,也有很大影响。如不合理的饲养、过度使役或缺乏运动、圈舍通风换气不良、过于潮湿和拥挤、粪尿不经常清除、缺乏阳光照射等，都会降低畜禽的抵抗力，而有利于寄生虫的生存和传播。因此，加强饲养管理、改善环境卫生条件，对控制和消灭畜禽寄生虫病是十分重要的。

**二、畜禽寄生虫病的流行规律**

畜禽疫病的传播和流行，必须具备传染来源、传播途径和易感动物这三个环节。但是，任何疫病的传播和流行，不仅是单纯的生物之间的联系，还受自然因素和社会因素的影响和制约。

**(一)寄生虫的生活史和感染来源与途径**

寄生虫的生活史是从寄生虫的性成熟并产生胚胎，又经过生长、发育到第二代新个体的性成熟这样一个循环过程。研究寄生虫生活史的目的，就是从寄生虫与宿主及外界环境之间的相互关系中，探讨寄生虫的生长、发育规律，为研究寄生虫病的流行条件和拟订寄生虫病的综合防制措施提供科学依据。

侵入畜禽体内的寄生虫不可能无限期地在其体内停留下去。有些虫体只有在经常变更宿主的情况下，才能得以保持其“种”的延续。患寄生虫病的畜禽和带虫动物，常常通过血液、粪、尿及其他分泌物、排泄物，把寄生虫的某一个发育阶段，如虫卵或幼虫排到外界环境中，然后，再经过一定的途径，侵入到新的宿主体内寄生，并不断地循环下去。

寄生虫侵入宿主体的主要途径如下：

1.*经口感染*：畜禽吞食了被某些寄生虫的幼虫或虫卵污染的饲料、饮水、土壤及其他物体，或吞咽了带有幼虫的中间宿主或补充宿主之后而遭到感染。

2.*经皮肤感染*：某些寄生虫的感染性幼虫，主动钻入畜禽的健康皮肤或者借助于吸血昆虫在吸血、刺螫时，将幼虫传入畜禽体内，而引起感染。

3.*接触感染*：即患病畜禽和健康畜禽之间通过体表或生殖器官的直接接触而使健康畜禽遭受感染。

4.*经胎盘感染*：有些寄生虫在母畜体内移行时，可以通过胎盘进入胎儿体内，而使胎儿感染。

应当指出，有些寄生虫只固定有一种感染方式，而有些寄生虫则有一种以上的感染方式。

**(二)畜禽寄生虫病的流行因素**

寄生虫病的流行因素即是寄生虫病的发生和发展规律。其主要内容有：

(1)寄生虫在外界环境中生长发育所需的条件，如温度、湿度、阳光、酸碱度以及越冬情况等。

(2)寄生虫的感染途径以及寄生虫在宿主体内的生命期限。

(3)易感动物群的范围和分布，特别是各种类型宿主的生活习性。

(4)寄生虫病的流行情况和地理分布(如地区性、季节性)。

(5)社会因素，包括人们的生产、生活所处的周围环境和畜禽的饲养管理条件等。

研究寄生虫病的流行因素，是以寄生虫的生物学特性为依据，应用其规律性，寻求有效的办法，采取综合性措施，防止寄生虫病的发生，控制与消灭寄生虫病。

**三、寄生虫病的防制**

防制畜禽寄生虫病是一项复杂的工作，必须在正确诊断的基础上开展群防群治，把治疗和预防紧密结合起来，采取综合性的防制措施，才能收到较好的效果。

综合防制措施：一般包括消灭病原体、排除感染机会和增强畜禽机体抵抗力三个方面，其中以利用一切手段（包括物理的、化学的或生物学的办法）消灭各个发育阶段的寄生虫（虫卵、幼虫或成虫）最为重要。

（一）寄生虫病的诊断

1. 观察临床症状：畜禽寄生虫病一般表现有消瘦、贫血、黄疸、水肿、营养不良、发育受阻和消化机能障碍等慢性、消耗性疾病的症状，虽不具有特异性，但可作为早期发现疾病的参考。

2. 调查流行因素：调查寄生虫病的流行因素，了解发病情况，摸清寄生虫病的传播和流行动态，为确立诊断提供依据。

3. 尸体剖检：对患病畜禽进行死后剖检，观察其病理变化，寻找病原体，分析致病和死亡的原因，有助于正确诊断。

4. 实验室诊断：在一定程度上，实验室诊断对确诊某些寄生虫病起着决定性的作用。畜禽的许多寄生虫，特别是大多数蠕虫类，多寄生于宿主的消化系统或呼吸系统。某一个发育阶段的虫体，常随宿主的粪便排出。因此，通过对粪便的检查，可发现某些寄生虫病的病原体。

对患病或带虫畜禽粪便的虫卵或幼虫的检查，常用如下方法：

（1）直接涂片法：简便易行，但检出率较低。方法是：吸取生理盐水或50%的甘油水溶液数滴滴于载玻片上，用小棒挑取新鲜被检粪便少许，与水滴混匀，除去粪渣后，加盖玻片，镜检蠕虫的虫卵或球虫的卵囊等。

（2）饱和溶液浮集法：适用于绦虫和线虫的虫卵及球虫卵囊的检查。采用比虫卵和卵囊比重大的饱和溶液，如饱和食盐水（比重为1.180），稀释粪便后，使虫卵和卵囊浮漂在液面上，以便提高检虫率。

（3）反复洗涤沉淀法：适用于吸虫虫卵及棘头虫虫卵等的检查。具体方法是：取少许粪便，放在玻杯内，加10倍左右的清水，用玻棒充分搅匀，再用金属筛或纱布过滤到另一玻杯内静置10~20min或用离心机摇转2~3min后，将杯内的上层液吸弃；再加清水，摇匀后，静置或离心，如此反复数次，待上层液完全清亮透明时，倒弃上层清液，吸取沉淀物，作涂片镜检。

（4）幼虫检查法：适用于随粪便排出的幼虫（如肺线虫）或各器官组织及土壤饲草中的

幼虫检查。具体方法是:将固定在漏斗架上的漏斗下端,接一根橡皮管,把橡皮管下端接在一离心管上。将粪便等被检物体放在漏斗内的金属筛里,再把40℃的温水,徐徐加至浸没粪便等物为止。静置1~3h后,幼虫从粪便中游出,沉到管底。经离心沉淀后,镜检沉淀物寻找幼虫。

(二)寄生虫病的治疗

驱除畜禽体内的寄生虫是防制寄生虫病的一个重要环节,应根据畜禽的体质、病情和寄生虫的生物学特性等情况,采用不同的方法。在对症治疗、加强护理、提高病畜抵抗力的基础上,应用各种驱虫药物,在组织大规模定期性驱虫工作时,应先做小群驱虫试验,取得经验之后再全面展开。所选用的药物,应考虑安全有效、成本低廉、使用方便。除了化学制品外,应试用有驱虫作用的中草药。

(三)寄生虫病的预防

预防寄生虫病的发生和流行,是寄生虫病综合防制措施中的主要环节。预防措施主要是指对外界环境的除虫。对外界环境的卫生措施,应着眼于消灭病原体,确保周围环境不被病原体所污染。加强饲养管理,以提高畜禽体的抵抗力。对粪便应堆积进行生物热发酵处理,一般在56℃~70℃的温热作用下,经过一个月左右,可全部杀死粪便中的虫卵和幼虫。有条件的地方,应采取可行的办法,消灭某些寄生虫的中间宿主和传播者。

# 第一章　牛寄生虫病

## 第一节　牛胃肠道线虫病

**一、病的概述**

牛胃肠道线虫病是指寄生在反刍兽消化道中的毛圆科、毛线科、钩口科和圆形科的多种线虫所引起的寄生虫病。这些虫体寄生在反刍兽的第四胃、小肠和大肠中，在一般情况下多呈混合感染。其特征是持续性腹泻，排出带黏液和血的粪便；幼畜发育受阻，进行性贫血，严重消瘦。

**二、流行及防制情况**

1.流行情况：放牧牛消化道线虫的感染率很普遍，各镇均有流行，但以新华、蓼泉、鸭暖的部分低洼潮湿的地方流行较多，特别是原小屯乡的各村较为严重。近年来，随着肉牛养殖方式由放牧转变为舍饲，线虫的感染率大大下降，再加上每年的两次驱虫，牛消化道线虫病没有临床诊疗记载。

2.感染源：牛主要有指形长刺线虫、牛仰口线虫和辐射结节虫。牛消化道线虫的发育，从虫卵发育到第三期幼虫的过程基本上类似，即虫卵从宿主体内随粪便一起被排到体外，在适宜的条件下，经过一个阶段的发育，孵化第一期幼虫，然后经过两次蜕化变为第三期幼虫。第三期幼虫的特点是虫体很活泼，虽不进食，但在外界可以长时间保持其生活力。由于体外有一层鞘膜，所以对干燥有一定的抵抗力。在一般情况下，第三期幼虫可以生存3个月，而在凉爽的季节，土内又有充分的水分时，幼虫可存活1年。第三期幼虫还能沿着潮湿的草叶向上爬行，它对微弱的光线有向光性，对强烈的阳光有畏惧性，因此，在早晨、傍晚或阴天时，它能爬上草叶，而在夜间又爬下地面。它对温湿度敏感，在潮湿环境中比在寒冷时活泼。该虫虫卵排出量或成虫寄生量1年内出现两次高峰，春季高峰在4~6月，秋季高峰在8～9月。犊牛粪便中最早排出虫卵的时间为7月上中旬，全年也只形成1次高峰，高峰期在8～10月。

3.临床症状：主要表现明显的持续性腹泻，排出带黏液和血的粪便；幼畜发育受阻，进行性贫血，严重消瘦，下颌水肿，还有神经症状，最后虚脱死亡。

4.防制情况：临泽县坚持每年春秋两季对牛进行驱虫工作，选用阿苯达唑、阿维菌素、伊维菌素等广谱驱虫药驱虫，效果明显。在预防中应该注意掌握以下几个方面：

第一，改善饲养管理，合理补充精料，进行全价饲养以增强机体的抗病能力。牛舍要通风干燥，加强粪便管理，防止污染饲料及水源。牛粪应放置在远离牛舍的固定地点堆肥发酵，以消灭虫卵和幼虫。

第二，根据病原微生物的流行规律，应避免在低洼潮湿的地方放牧。不在清晨、傍晚和雨后放牧，防止感染第三期幼虫。

第三，每年应在12月末至翌年1月上旬进行一次预防性驱虫。

**三、普查情况**

本次疫病及寄生虫病普查，流行病学调查210份，2010年五泉村、华强村2户农户养牛25头，发病6头。全县采集牛粪便210份，经临泽县动物疫病预防控制中心实验室用直接涂片法和饱和盐水飘浮法虫卵检查均为阴性。

## 第二节　牛肺线虫病

**一、病的概述**

牛肺线虫病又叫网尾线虫病，是由丝状网尾线虫和胎生网尾线虫引起的一种牛的寄生性线虫病。寄生于气管、支气管和细支气管。以引起病畜咳嗽为特征。

**二、流行及防制情况**

1.流行情况：牛肺线虫病临泽县没有流行和临床记载。

2.感染源：牛肺线虫病的病原为网尾线虫，虫体乳白色呈细线状。虫卵椭圆形。本病多见于潮湿地区，常呈地方性流行。病原主要是丝状网尾线虫和胎生网尾线虫。雌虫排卵，随支气管、气管分泌物到达咽或口腔，经吞咽进入胃肠内，随粪便排出体外。在外界适宜的条件下，可发育为有感染性的幼虫。在湿润的环境中，如清晨有露水时，这种幼虫喜欢在草上爬，当牛吃进感染性幼虫后，幼虫边发育边侵入肠壁的血管、淋巴管，随着血液循环到肺部，从血管钻进肺泡，从肺泡逐渐游向支气管、气管，在那里成熟、产卵。虫卵在外界的发育条件是温暖潮湿，因此春夏是本病的主要感染季节。

3.临床症状：最初出现的症状为咳嗽，初为干咳，后变为湿咳，咳嗽次数逐渐频繁，有时发生气喘和阵发性咳嗽，流淡黄色黏液性鼻涕，消瘦，贫血，呼吸困难，听诊有湿啰音，可导致肺泡性和间质性肺气肿，可引起死亡。

4.防制情况：临泽县坚持每年春秋两季对牛进行驱虫工作，选用阿苯达唑、丙硫苯咪唑、阿维菌素、伊维菌素等广谱驱虫药驱虫，效果明显。

预防：一是要到干燥清洁的草场放牧，要注意牛饮水的卫生；二是要经常清扫牛舍，对粪尿污物要发酵，杀死虫卵；三是要每年春秋两季，或牛由放牧转为舍饲时，集中进行驱虫，驱虫后的粪便要严加管理，一定要发酵杀死虫卵。

**三、普查情况**

本次疫病及寄生虫病普查，流行病学调查210份，没有发现发病和临床记载。全县采集牛粪便210份，经临泽县动物疫病预防控制中心实验室用直接涂片法和饱和盐水飘浮法进行了虫卵检查均为阴性。

## 第三节　牛副丝虫病

**一、病的概述**

本病由丝虫科的牛副丝虫寄生在牛的皮下组织所引起，以出现出血性肿胀、虫伤性皮肤出血——血汗为特征。

**二、流行及防制情况**

1.流行情况：本病在临泽县没有流行及临床发病记载。

2.感染源：成熟雌虫在皮下组织内用头端穿破皮肤并损伤微血管造成出血，随后产卵于血滴中，经数分钟或数小时，从卵中孵出幼虫——微丝蚴，当吸血蝇类叮咬牛体时随血液吞下微丝蚴，在蝇体内经10~15d发育为感染性幼虫，当吸血蝇叮咬健康牛时健康牛被感染，经一年左右虫体成熟。每年7~8月是发病高潮，多见于4岁以上的成年牛。

3.临床症状：感染牛肩甲、颈、胸和背部等处皮肤常发生出血，出血处有蚕豆大的肿胀，周围轻度隆起。出血多在炎热的中午，如同“血汗”。出血停止后，形成血痂。

4.防制情况：药物治疗可用3%敌百虫溶液涂患部，或用1%酒石酸锑钾溶液100ml静脉注射。灭蝇有预防效果。

**三、普查情况**

本次疫病及寄生虫病普查，流行病学调查210份，没有发现发病和临床记载。全县采集牛血210份，经临泽县动物疫病预防控制中心实验室用血涂片镜检、虫体检查，结果均为阴性。

## 第四节　牛眼线虫病

**一、病的概述**

牛眼线虫病是由吸吮科的线虫寄生在牛的结膜囊内和第三眼睑下引起的，可使牛呈现寄生性结膜、角膜炎，甚至导致失明。

**二、流行及防制情况**

1.流行情况：本病在临泽县没有流行及临床发病记载。

2. 感染源：眼线虫的带虫牛为感染源，由一些蝇类传播。当蝇类舔食牛眼泪时第三眼睑内的幼虫随之进入蝇体并发育至感染期，当蝇再次舔食牛眼泪时幼虫从蝇体逸出进入牛眼内寄生，在夏、秋季节流行。

3. 临床症状：因虫体的刺激，损伤结膜和角膜，常继发感染，使病牛流泪、失明、结膜红肿，角膜逐渐混浊，往往有脓性分泌物流出，黏合上下眼睑。病牛不安、摇头，在桩上摩擦眼部，严重时因角膜血管增生造成血管翳而失明。

4. 防制情况：流行区每年秋季和翌年春季给牛普遍驱除眼线虫，可有效降低感染率。内服四咪唑、左旋咪唑或用2%~3%棚酸水、1/1500碘溶液、2/1000枸橼酸乙胺嗪水溶液冲洗结膜囊，1%敌百虫水溶液滴眼杀虫，均有效果，用2%普鲁卡因滴眼后可用镊子取出虫体。开展灭蝇，可减少传播流行。

**三、普查情况**

本次疫病及寄生虫病普查，流行病学调查210份，没有发现发病和临床记载。全县采集牛粪便210份，经临泽县动物疫病预防控制中心实验室用直接涂片法和饱和盐水飘浮法进行虫卵检查均为阴性。

## 第五节　牛浑睛虫病

**一、病的概述**

牛浑睛虫病是由牛指形丝状线虫、唇乳突丝状线虫、马丝状线虫的幼虫寄生于牛的眼前方引起的寄生虫病。特征是患眼羞光、流泪，结膜和巩膜表层血管充血，角膜和眼房液轻度浑浊，瞳孔散大，影响视力。

**二、流行及防制情况**

1. 流行情况：本病在临泽县没有流行及临床发病记载。

2. 感染源：浑睛虫病是旋尾目、丝状科、丝状属的牛指形丝状线虫、唇乳突丝状线虫、马丝状线虫的幼虫寄生于牛的眼前方引起的寄生虫病。虫体乳白色，长约1~5cm，形态构造与成虫近似，唯生殖器官尚未成熟。

3. 临床症状：临床上所见的病例多系一侧眼患病，于眼前房液中可看到虫体的游动（多见为一条虫）。虫体若游到眼后房，则不见其游动，但随时都可游出于眼前房内。由于寄生虫的机械性刺激和毒素的作用，患眼羞光、流泪，结膜和巩膜表层血管充血，角膜和眼房液轻度浑浊，瞳孔散大，影响视力。患畜不安，头偏向一侧，或试图摩擦患眼。

4. 防制情况：最好的治疗方法是进行角膜穿刺术除去虫体。理论上，应当用3%毛果芸香碱溶液点眼，使瞳孔缩小，防止虫体洄游到眼后房；用1%盐酸可卡因溶液或5%盐酸普鲁卡因溶液点眼两次（接触角膜面无闭眼反应是麻醉确实之征）。当见虫体游动时，于瞳孔缘的下方靠眼内角，迅速刺入采血针头，虫体即随眼房液流至穿刺口并作挣扎。术后装眼绷带。由于致病的虫体被去除，浑浊的角膜就将逐渐地消散，穿刺点附近的白斑约经3周左右便可吸收。

**三、普查情况**

本次疫病及寄生虫病普查，流行病学调查210份，没有发现发病和临床记载。全县临床检查牛210头，没有发现本病。采集牛眼前房液210份，经临泽县动物疫病预防控制中心实验室用虫体检查法检查均为阴性。

## 第六节　牛双腔吸虫病

**一、病的概述**

牛双腔吸虫病是由毛型双腔吸虫、枝岐腔吸虫寄生在牛的胆管和胆囊内引起的寄生虫病。羊、驼、猪、马、驴、兔及人也可感染，引起胆管炎和管壁增厚、肝大，严重感染时出现黄瘟、消瘦、颌下水肿、下痢并致死亡。

**二、流行及防制情况**

1.流行情况：本病在临泽县没有流行及临床发病记载。

2.感染源：感染源是带虫牛、羊，传播媒介是陆地螺蛳和蚂蚁。虫卵随被寄生的牛、羊粪便排出后，先被陆地螺蛳（蜗牛）吞食后在其体内发育形成尾蚴排出，再被蚂蚁吞食后变成囊蚴，牛、羊吃草时将含有囊蚴的蚂蚁一起食入即受感染。

3.临床症状：引起胆管炎和管壁增厚、肝大，严重感染时出现黄瘟、消瘦、颌下水肿、下痢并致死亡。

4.防制情况：对病牛随时驱虫，瘦弱牛在冬前和初春预防性驱虫，药物用海涛林、唖苯瞠、丙硫苯咪唑等；在草场喷洒氯化钾灭螺。

**三、普查情况**

本次疫病及寄生虫病普查，流行病学调查210份，没有发现发病和临床记载。全县采集牛粪便210份，经临泽县动物疫病预防控制中心实验室用饱和盐水飘浮法虫卵检查均为阴性。

## 第七节　牛前后盘吸虫病

**一、病的概述**

前后盘吸虫病是由前后盘科前后盘属的多种前后盘吸虫引起的一种寄生虫病，主要发生于牛、羊等反刍动物的胃和小肠里。成虫致病力不强，但当幼虫寄生在真胃、小肠、胆管及胆囊等部位时，致病性强，严重者会有大批宿主死亡。

**二、流行及防制情况**

1.流行情况:本病在临泽县没有流行及临床发病记载。

2.感染源:本病的发生多集中在夏秋两季,多见于放牧的牛只,尤其水牛。前后盘吸虫的中间宿主是淡水螺。牛吃草或饮水时吞入囊蚴,囊蚴经移行附着在瘤胃和网胃壁上发育为成虫,成虫所产之卵随粪便排出体外并孵化出毛蚴,毛蚴钻入水中之淡水螺体内发育繁殖成大量的尾蚴,尾蚴离开螺体后形成囊蚴,囊蚴被牛吞入体内。

3.临床症状:前后盘吸虫之成虫致病力弱,大量幼虫的移行和寄生常可导致病牛顽固性拉稀、粪便呈粥样或水样,常有腥味。病牛迅速消瘦,颌下水肿,严重时水肿可发展到整个头部以至全身。随病程的延长,病牛高度贫血,黏膜苍白、血氧稀薄。后期极度消瘦衰竭死亡。

4.防制情况:其预防可参阅片形吸虫病的预防措施。治疗可用:

(1)硫氯酚,每千克体重40~70mg,一次口服;

(2)氯硝柳胺,每千克体重20mg一次口服;

(3)硝氯酚,每千克体重6mg,一次口服。

**三、普查情况**

本次疫病及寄生虫病普查,流行病学调查210份,没有发现发病和临床记载。全县采集牛粪便210份,经临泽县动物疫病预防控制中心实验室用水沉淀法和尼龙筛兜集卵法虫卵镜检和虫体检查均为阴性。

## 第八节　牛东毕吸虫病

**一、病的概述**

牛东毕吸虫病是由东毕属的多种吸虫寄生于牛的肠系膜静脉内而引起的一种人畜共患寄生虫病,其尾蚴侵入人皮肤可引起尾蚴性皮炎。

**二、流行及防制情况**

1.流行情况:本病在临泽县没有流行及临床发病记载。

2.感染源:牛东毕吸虫病成虫主要寄生在肺部。虫卵随终宿主的痰或粪便排出体外,入水后在适宜环境下经3~4周发育成毛蚴。孵出的毛蚴钻入椎实螺体内,发育为母胞蚴、子胞蚴和尾蚴。尾蚴离开螺体游入水中,牛在水中吃草或饮水时,尾蚴经皮肤侵入牛体内,经血流到肠系膜静脉,经1.5~2个月发育为成虫。本病常呈地方性流行,有一定的季节性,一般在6~9月感染和流行,成年牛感染率常比幼龄牛高,黄牛感染率又比水牛为高。

3.临床症状:潜伏期不易确定,感染后可长期无症状,多数在感染后半年左右缓慢发病,病程较长,也可在一次重症感染后急性发病。症状随虫体寄生的部位不同而异。以胸、腹、脑损害的表现为多见。

### 三、普查情况

本次疫病及寄生虫病普查，流行病学调查210份，没有发现发病和临床记载。全县采集牛粪便210份，经临泽县动物疫病预防控制中心实验室用毛蚴孵化发镜检和虫体检查，结果均为阴性。

## 第九节　牛阔盘吸虫病

### 一、病的概述

阔盘吸虫病是由双腔科、阔盘属的胰阔盘吸虫，腔阔盘吸虫和枝睾阔盘吸虫寄生于牛的胰脏胰管中引起的。以病牛消瘦、贫血，颌下、胸下水肿为特征。

### 二、流行及防制情况

1.流行情况：本病在临泽县没有流行及临床发病记载。

2.感染源：阔盘吸虫的发育也需要两个中间宿主，第一中间宿主为陆地蜗牛，第二中间宿主为草螽及小针蟀（支睾阔盘吸虫）。感染的过程：卵排出→外界蜗牛吞食→孵出毛蚴→母胞蚴→子胞蚴→尾蚴，随蜗牛呼吸排出→体外→草螽吞食入体内→囊蚴→牛羊吞食含成熟囊蚴的草螽→感染→脱囊，变成尾蚴→进入胰管，发育为成虫→产卵→卵。阔盘吸虫的发育史较长，达500~560d，可两次越冬。草螽在深秋季节活力减低或死亡时才能被牛吃进，故本病对牛的感染高峰在晚秋。本病在潮湿的山间洼地上感染率较高。

3.临床症状：虫体的机械刺激和毒素作用，使胰管发炎增生，管壁增厚、管腔缩小，甚至完全封闭。牛表现消化紊乱、消瘦、贫血，颌下、胸下水肿，严重时引起死亡。

4.防制情况：主要用药物进行预防性和治疗性驱虫，主要药品有：

①吡喹酮：按50mg/kg体重口服。

②血防846：按0.4~0.6g/kg体重口服，隔天一次，3d为一疗程。

### 三、普查情况

本次疫病及寄生虫病普查，流行病学调查210份，没有发现发病和临床记载。全县采集牛粪便210份，经临泽县动物疫病预防控制中心实验室用水沉淀法虫卵镜检和虫体检查，结果均为阴性。

## 第十节　牛绦虫病

### 一、病的概述

本病是由莫尼次属、曲子宫属和无卵黄腺属的绦虫寄生在牛的小肠内引起的，以莫尼茨绦虫致病力最强，主要危害犊牛，引起拉稀、发育不良和死亡。羊也感染本病。

二、流行及防制情况

1.流行情况:本病在临泽县没有流行及临床发病记载。流行病学调查2009—2013年蓼泉镇、倪家营镇有3户农户养牛75头,发病4头。

2.感染源:为带虫的牛、羊,随宿主粪便排出的绦虫卵被草场上的地螨吞食后,虫卵在地螨体内发育为似囊尾蚴,当放牧的牛、羊在采食时食入含有似囊尾蚴的地螨即遭感染。在杂草丛生及有腐殖质的牧场上放牧,地螨密度大,感染的机会多;干燥而草短的牧场,不适宜地螨的生长,感染较少。在天阴、下雨时,地螨常爬到草茎上来,放牧时易遭感染;在气温升高又有阳光直射的情况下,地螨会钻入泥土,放牧时感染较少。在潮湿的牧场上,整个放牧季节内牧场上均有地螨活动,易受感染。1.5~7个月的犊牛最易感染莫尼茨绦虫,以后随着年龄的增长而获得免疫性;曲子宫绦虫主要寄生于成年牛。

3.临床症状:严重感染或伴有继发病时,先出现下痢,粪便中有节片。随后出现贫血、消瘦、毛焦,有时出现抽搐、旋回及头向后仰的神经症状;有的虫体阻塞肠段产生腹痛或肠破裂。后期因衰弱而卧地不起,常致死亡。

4.防制情况:流行地区对幼畜从放牧之日起第30、40日龄各驱一次虫,成年畜在冬前和初春定期普遍驱一次虫,可减轻绦虫的危害。驱虫药物可选用阿苯达唑、丙硫苯咪唑、阿维菌素、伊维菌素等广谱驱虫药驱虫,效果明显。

三、普查情况

本次疫病及寄生虫病普查,流行病学调查210份,没有发现发病和临床记载。全县采集牛粪便210份,肛门拭子210份,经临泽县动物疫病预防控制中心实验室用直接涂片法虫卵镜检和虫体检查均为阴性。

## 第十一节　牛棘球蚴病

一、病的概述

本病是由寄生于犬肠内的细粒棘球绦虫的幼虫——棘球蚴寄生于牛的肝、肺而引起的。牛体最常见的为多房型棘球蚴、无头型棘球蚴和人型棘球蚴,小的只有豌豆粒大,大的直径可达20cm以上。棘球蚴还可寄生于羊、驼、猪的肝、肺等脏器,人也可感染。

二、流行及防制情况

1.流行情况:本病在临泽县没有流行及临床发病记载。

2.感染源:由感染细粒棘球绦虫的犬、狼、狐、猫等肉食动物传播,其粪便中孕卵节片内含的虫卵污染水源、牧草及畜舍环境,牛、羊、骆驼、猪在污染环境中易感染棘球蚴病。流行区牧犬普遍带虫,狼、狐的存在,以及将患棘球蚴的病变脏器喂犬或乱扔,是本病流行的主要因素。

3. 临床症状：感染棘球蚴的病牛，随着虫体的长大出现顽固性的消化紊乱、营养失调、反刍无力、鼓气、消瘦，有的出现黄疸或喘息、咳嗽，可因衰弱、窒息而死亡。

4. 防制情况：为带虫犬驱虫，驱虫药物可选用阿苯达唑、丙硫苯咪唑、阿维菌素、伊维菌素等广谱驱虫药，驱虫时间以棘球绦虫在犬体内发育成熟之前投药最好。加强对个体屠宰户的管理，严禁用患棘球蚴的动物肝、肺等脏器喂犬，应焚烧、深埋。

**三、普查情况**

本次疫病及寄生虫病普查，流行病学调查210份，没有发现发病和临床记载。全县采集牛血清210份，经临泽县动物疫病预防控制中心实验室用ELISA试验检测均为阴性。

## 第十二节　牛多头蚴病

**一、病的概述**

多头蚴病是由寄生于狗、狼等肉食兽小肠里多头绦虫的幼虫寄生于牛、羊的脑部所引起的一种绦虫蚴病，俗称脑包虫病。因能引起患畜明显的转圈症状，又称为转圈病或旋回病。

**二、流行及防制情况**

1. 流行情况：过去临泽县有零星发生，近年来没有发病和临床记载。

2. 感染源：多头蚴呈囊泡状，囊内充满透明的液体，外层为角质膜；囊的内膜上有100~250个头节；囊泡的大小从豌豆大到鸡蛋大。多头绦虫成虫呈扁平带状，虫体长为40~80cm，有200~50个节片；头节上有4个吸盘，顶突上有两圈角质小钩(22~32个小钩)；成熟节片呈方形；孕卵节片内含有充满虫卵的子宫，子宫两侧各有18~26个侧支。寄生在狗等肉食兽小肠内的多头绦虫的孕卵节片，随粪便排出，当牛等反刍动物吞食了虫卵以后，卵内的六钩蚴随血液循环到达宿主的脑部，经7~8个月发育成为多头蚴；当狗等肉食兽吃到牛等动物脑中的多头蚴后，幼虫的头节吸附在小肠黏膜上，发育为成虫。

3. 临床症状：在感染初期，当六钩蚴钻入血管移行到达脑部时，可损伤脑组织，引起脑炎的症状；可表现为体温升高，呼吸脉搏加速，强烈的兴奋或沉郁，有前冲、后退和躺卧等神经症状，于数日内死亡。若耐过之后则转入慢性，病牛表现为精神沉郁、逐渐消瘦、食欲不振、反刍减弱。数月后，若虫体发育并压迫一侧的大脑半球，则会影响全身，可出现向有虫体的一侧做转圈运动，对侧或双侧眼睛失明；若虫体寄生在脑前部，则有可能头向后仰，直向前奔和前肢蹬空等表现；若虫体寄生在小脑，则病牛会出现四肢痉挛、敏感等症状；若虫体寄生在脑组织表面，则局部的颅骨可能萎缩并变薄，手触时局部有隆起或凹陷。多头蚴有时也可寄生于脊髓，寄生于脊髓时，因虫体的逐渐增大使脊髓内压力增加，可出现后躯麻痹，有时可见膀胱括约肌麻痹，小便失禁。

4. 防制情况：本病的预防从理论上讲并非难事，只要不让犬等肉食兽吃到带有多头蚴的牛、羊等动物的脑和脊髓，即可得到控制。患病动物的头颅脊柱应予以烧毁；患多头绦虫的犬必须驱虫；对野犬、豺、狼、狐狸等终末宿主应予以捕杀。牛患本病的初期尚无有效疗法，只能对症治疗。后期随着多头蚴发育增大，神经症状明显，可借助X光或超声波诊断确定寄生部位，然后用外科手术将头骨开一圆口，先用注射器吸去囊中液体使囊体缩小，然后摘除。手术摘除脑表面的多头蚴效果尚好；若多头蚴过多或在深部不能取出时，可囊腔内注射酒精等杀死多头蚴。

**三、普查情况**

本次疫病及寄生虫病普查，流行病学调查210份，没有发现发病和临床记载。全县临床检查牛210头，均为阴性。

## 第十三节　牛细颈囊尾蚴

**一、病的概述**

牛细颈囊尾蚴病是由泡状带绦虫的幼虫——细颈囊尾蚴寄生于黄牛、绵羊、山羊、猪等多种家畜的肝脏浆膜、网膜及肠系膜所引起的一种绦虫蚴病。主要引起家畜尤其是羔羊、仔猪和犊牛的生长发育受阻，体重减轻，当大量感染时可因肝脏严重受损而导致死亡。

**二、流行及防制情况**

1. 流行情况：过去临泽县有零星发生。近年来再没有发病和临床记载。

2. 感染源：细颈囊尾蚴俗称水铃铛，多悬垂于腹腔脏器上。虫体呈泡囊状，内含透明液体。囊体大小不一，如黄豆至鸡蛋大不等。囊壁外层厚而坚韧，是由宿主动物结缔组织形成的包膜，虫体的囊壁薄而透明。肉眼观察时，可见囊壁上有1个不透明的乳白色结节，为其颈部和内陷的头节，如将头节翻转出来，则见头节与囊体之间具有1个细长的颈部。泡状带绦虫虫体长75～500cm，链体由250～300个节片组成。头节上具4个吸盘，顶突上的小钩数为30～40个，分两圈排列。虫体前部的节片宽而短，后部的节片逐渐变长，到孕节则长大于宽。孕节子宫每侧的分枝数为10～16个，每个侧枝又有小分枝。子宫内充满虫卵，虫卵近似圆形，长36～39μm，宽31～35μm，内含六钩蚴。成虫寄生于终末宿主的小肠内，发育成熟后孕节或虫卵随粪便排出体外，污染草场、饲料和饮水。当中间宿主牛、羊等误食了孕节或虫卵后，在消化道内孵化出六钩蚴，钻入肠壁血管，随血液到达肝脏，并由肝实质内逐渐移行到肝脏表面寄生，或进入腹腔内寄生于大网膜、肠系膜及腹腔的其他部位，甚至可进入胸腔寄生于肺脏。幼虫生长发育3个月左右具有感染能力。终末宿主如吞食了含有细颈囊尾蚴的脏器，在小肠内经过52～78d发育为成虫。

3. 临床症状：通常成年羊症状表现不明显，羔羊症状明显。当肝脏及腹膜在六钩蚴的作用下发生炎症时，可出现体温升高、精神沉郁、腹水增加，腹壁有压痛，甚至发生死亡。经过上述急性发作后转为慢性病程，一般表现为消瘦、衰弱和黄疸等症状。

4.防制情况

治疗：吡喹酮，剂量按每千克体重50mg，每天1次，口服，连服2次。或可使用阿苯达唑或甲苯达唑治疗。

预防：含有细颈囊尾蚴的脏器应进行无害化处理，未经煮熟严禁喂犬。在该病的流行地区应及时给犬驱虫，驱虫可用吡喹酮（每千克体重5～10mg）或阿苯达唑（每千克体重15～20mg），1次口服。做好牛饲料、饮水及圈舍的清洁卫生工作，防止被犬粪污染。

**三、普查情况**

本次疫病及寄生虫病普查，流行病学调查210份，没有发现发病和临床记载。全县临床检查牛210头，病理解剖检查15份均为阴性。

## 第十四节　牛螨病

**一、病的概述**

牛螨病俗称癞，还叫疥癣病，是由螨引起的一种接触传染性皮肤病。寄生在牛身体的螨有疥螨、痒螨和皮螨之分。疥螨的卵3~4d孵化，反复蜕皮，2~3周内完成全部发育过程。痒螨的卵1~3d孵化，5~6d变为成螨。皮螨3周时间可完成一代的发育过程。以剧痒、湿疹性皮炎、脱毛、患部逐渐向周围扩展和具有高度传染性为本病特征。

**二、流行及防制情况**

1.流行情况：根据流行病学调查，临泽县有牛螨病发生。

**表3-1　临泽县历年牛螨病流行病学调查统计表**

| 姓　名 | 发病地点 | 发病时间 | 饲养量 | 发病数 | 死亡数 |
|---|---|---|---|---|---|
| 兰　军 | 黄家湾 | 2005 | 18 | 1 | |
| 谢正清 | 三一 | 2006 | 18 | 1 | |
| 雷兴艺 | 平川村 | 2007 | 5 | 1 | |
| 杨友信 | 新添 | 2011 | 40 | 5 | |
| 刘吉峰 | 三二肉牛小区 | 2013 | 30 | 3 | |
| 李福江 | 梨园 | 2013 | 6 | 1 | |
| 杨培明 | 小鸭村9社 | 2013 | 5 | 5 | |
| 于　忠 | 寺湾村 | 2013 | 32 | 6 | |
| 刘成才 | 三二肉牛小区 | 2014 | 38 | 2 | |

续表3-1

| 姓　名 | 发病地点 | 发病时间 | 饲养量 | 发病数 | 死亡数 |
| --- | --- | --- | --- | --- | --- |
| 杨应桐 | 芦湾奶牛小区 | 2014 | 42 | 3 | |
| 张应科 | 芦湾奶牛小区 | 2014 | 62 | 2 | |
| 程金鹏 | 西柳村 | 2014 | 20 | 2 | |
| 边　伟 | 壕洼村1社 | 2014 | 65 | 2 | |
| | | | 381 | 34 | |

2.感染源:病牛和隐性感染牛是传染源,常通过直接接触传染,也可由饲养人员的衣服、手以及工具传播。冬春多发,因此时日照不足,牛毛长而密,在厩舍潮湿,牛皮肤表面湿度较高的条件下,适合螨的发育和繁殖。而夏季牛的被毛大量脱落,皮肤表面常受阳光照射,皮温高而干燥,不利于螨的生存繁殖。

3.主要症状:由于剧痒,病畜不停地啃咬患部,并在各种物体上用力摩擦,因而使患部出现炎症和损伤,并形成痂皮、脱毛和皮肤增厚。痒螨初期见于颈部、垂肉和肩胛两侧,严重时延至全身。疥螨多发生于角根、面部、颈部、背部、腹侧及臀部,严重时也遍及全身。患畜常消瘦、衰竭死亡。

4.防制情况

(1)注意清洁卫生,保持牛舍干燥,器具固定使用。

(2)对新引入的牛要隔离检疫,发现病牛及时治疗。

(3)治疗时先剪去患部和附近健部的被毛,涂上软肥皂,第二天用温水洗净,刮去痂皮,干后涂药治疗。涂药可用滴滴涕乳剂或2%敌百虫水溶液。敌百虫用量每次不要超过10g,并尽量防止牛舔。每隔2~3d处理一次。在治疗的同时要对牛圈、用具进行消毒。

**三、普查情况**

本次疫病及寄生虫病普查,流行病学调查210份,有5个镇13户农户饲养奶肉牛381头,发现38头肉牛曾经感染螨虫病,经治疗后痊愈。全县临床检查牛210头,没有发现发病。

## 第十五节　牛皮蝇蛆病

**一、病的概述**

牛皮蝇和纹皮蝇的幼虫寄生于牛的皮下组织而引起的一种慢性寄生虫病,本病的病原为皮蝇科皮蝇属的牛皮蝇和纹皮蝇的幼虫。

**二、流行及防制情况**

1.流行情况:本病在临泽县有零星发生。

表3—2　临泽县历年牛皮蝇蛆病流行病学调查统计表

| 姓　名 | 发病地点 | 发病时间 | 饲养量 | 发病数 | 死亡数 |
|---|---|---|---|---|---|
| 张文飞 | 双泉湖养殖场 | 2010 | 240 | 2 | |
| 宋建荣 | 化音村8社 | 2010 | 30 | 3 | |
| 蒋永丰 | 东寨小区 | 2014 | 30 | 4 | |
| 张之敢 | 花园村 | 2014 | 70 | 2 | |
| | | | 370 | 11 | |

2. 感染源：本病的病原为皮蝇科皮蝇属的牛皮蝇和纹皮蝇的幼虫。其成虫形态相似，不致病，外形像蜜蜂，体表被有绒毛，触角分3节，口器已退化，不能采食，亦不能螫咬牛只。牛皮蝇体长约15mm，虫卵产在牛的四肢上部、腹部、乳房区和体侧的被毛上，单个地黏着于被毛上。卵呈淡黄白色，有光泽。牛皮蝇的第三期幼虫，体较粗大，长约28mm，深褐色，分为11节，背面较平，腹面呈疣状带小刺的结节，最后两节背腹面均无小刺，虫体前端较尖，无口钩，后端较平，有两个呈漏斗状深棕褐色的气孔板。纹皮蝇比牛皮蝇小，体长只有13mm，虫卵产在牛后腿的后下方和前腿部分，一根毛上可固着成排的虫卵。纹皮蝇的第三期幼虫与牛皮蝇的相似，体长26mm，虫体最后一节无小刺，第10节的腹面仅后缘有刺，气孔板较平。

牛皮蝇与纹皮蝇的生活史基本相同，属完全变态，经卵、幼虫、蛹和蝇四个阶段。皮蝇在自然界生活的时间仅5~6d。雌雄皮蝇交配后，雄蝇死亡，雌蝇飞向牛体产卵，雌蝇产卵后也死亡。卵经4~7d孵化出第一期幼虫。牛皮蝇的第一期幼虫钻入皮下移行，最后发育成第三期幼虫到达背部皮下。纹皮蝇的第一期幼虫钻入皮下移行，在感染后的两个半月可在咽头和食道部发现第二期幼虫。第二期幼虫在食道壁停留5个月，最后也移行到牛背部皮下，发育成第三期幼虫。幼虫到达牛背部皮下时，在局部出现瘤状隆起，并出现绿豆大的小孔，幼虫以其气孔板朝向小孔。在牛背部皮下，第三期幼虫约寄生2~2.5个月。随着生长，幼虫颜色逐渐变成褐色，同时皮肤上小孔的口径也随之增大。成熟后的幼虫经皮孔逸出，落入土中和厩肥内变成蛹，再经1~2个月后，羽化为成蝇。幼虫在牛体内寄生约10~11个月，整个发育过程大约一年。

3. 临床症状：雌蝇飞翔产卵时，常引起牛只不安，影响采食，有些牛只奔逃时受外伤或流产。幼虫钻入牛皮肤时，引起牛瘙痒、不安和局部疼痛。幼虫在体内长时间移行，使组织受损伤，在咽头、食道部移行时引起咽炎、食道壁炎症。幼虫分泌的毒素对牛有一定的毒害，常使患牛消瘦、贫血、常患肌肉稀血症；肉的质量降低，产乳量下降；犊牛贫血和发育不良。幼虫寄生于牛背部皮下时，其寄生部位往往发生血肿和蜂窝组织炎。感染化脓时，常形成瘘管，经常流出脓液，直到幼虫逸出后，瘘管才逐渐愈合，形成瘢痕。

4.防制情况

预防：应在成虫飞翔产卵季节，用1%~2%敌百虫溶液涂擦牛体的产卵部位，每隔15d涂擦1次。及时检查牛只，发现虫体立即消灭。

治疗：治疗本病可用以下药物：①皮蝇磷：按每千克体重100mg的用药量，一次口服；或按每千克体重15~25mg，一次口服，连用6~7d，能有效地杀死各期牛皮蝇幼虫。②倍硫磷（拜耳29493）：按每千克体重5mg，臀部肌肉注射，以11~12月用药为好，适用于早期治疗。③蝇毒磷：25%的针剂，按每千克体重6~10mg，肌肉注射，能起到防治作用；用25%蝇毒磷乳粉配成含有效成分0.05%~0.08%的浓度，涂擦或喷洒牛体背部，可杀死幼虫。

**三、普查情况**

本次疫病及寄生虫病普查，流行病学调查210份，有1个镇4户农户养牛370头，发病11头。全县临床检查牛210头，均为阴性。

## 第十六节　牛蜱虫病

**一、病的概述**

牛蜱俗称牛虱子，属蜱螨类蜱总科的节肢动物，主要以附着在温血脊椎动物体上吸血为食，是人类和较低等动物的很多传染病的重要媒介。当哺乳类散发出的丁酸气味刺激到幼虫，幼虫便会吸附于宿主。吸饱血后，幼虫落地并蜕皮，成为8足的若蜱。若虫也等待适当的宿主，吸饱血后又掉下来蜕皮变为成虫。成虫可耐饥3年之久。牛蜱大量吸血，分泌神经毒（使宿主麻痹），并传播德克萨斯牛热、微粒孢子虫病、落矶山斑疹热、兔热病、出血热和脑炎等疾病。

**二、流行及防制情况**

1.流行情况：临泽县有零星发生。2011年新华镇亢寨村九社一户农户养牛40头，发病1头。过去放牧牛易感，近年来，随着奶肉牛的舍饲，感染概率很低。

2.感染源：成虫体分假头和躯体两部分。躯体椭圆形，表皮革质。未吸血时背腹扁平，体长2 ~ 10mm，雌性硬蜱吸饱血后有的可达30mm。发育过程有卵、幼虫、若虫和成虫4期。卵呈球形或椭圆形，直径0.5 ~ 1.0mm，淡黄色至褐色，常聚集成堆。在适宜条件下卵经2 ~ 4周孵出幼虫。幼虫饱食后经1 ~ 4周蜕变为若虫。硬蜱各活动期仅吸血1次，多在白天侵袭宿主，吸血时间较长。软蜱幼虫吸血1次，各龄若虫需多次吸血。硬蜱一生只产一批卵，饱血后在4 ~ 40d内连续将卵全部产出，一般产卵数百至数千个。软蜱一生产数批卵，每批产卵连续数日，每批可产卵50 ~ 200个，一生产卵数几百至千余个。硬蜱多栖息在低温高湿的针阔混交林带，多聚集在小路两旁的草尖及灌木枝叶的顶端等待宿主。软蜱多生活在半荒漠和荒漠地带，候鸟的季节性迁移，对蜱类的播散起着重要作用。

3.临床症状：蜱在叮咬吸血时多无痛感，叮咬部位可造成局部充血、水肿，还可引起继发性感染。某些硬蜱和软蜱在吸血过程中涎液分泌的神经毒素可导致宿主运动性纤维的传导阻滞，引起上行性肌肉麻痹，可导致呼吸衰竭而死亡。

4.防制情况：牧场轮换和牧场隔离，清理圈舍，堵洞嵌缝以防蜱类滋生。

**三、普查情况**

本次疫病及寄生虫病普查，流行病学调查210份，2011年新华镇1户农户养牛40头，发病1头。全县临床虫体检查牛210头，均为阴性。

# 第十七节　牛虱及虱蝇病

**一、病的概述**

牛虱是牛冬春常发的体外寄生虫病。幼虫和成虫在牛体表吸血，导致牛贫血或营养不良，造成牛骚动不安，从而严重影响牛的生长发育和健康。

**二、流行及防制情况**

1.流行情况：临泽县有零星发生。

**表3-3　临泽县历年牛虱及虱蝇病流行病学调查统计**

| 姓　名 | 发病地点 | 发病时间 | 饲养量 | 发病数 | 死亡数 |
|---|---|---|---|---|---|
| 候吉鹏 | 一工程 | 2007 | 760 | 14 | |
| 孙建雄 | 黄家堡 | 2008 | 30 | 2 | |
| 于　忠 | 梨园 | 2008 | 30 | 2 | |
| 蒋立龙 | 倪家营 | 2008 | 22 | 1 | |
| 张正合 | 贾家墩 | 2010 | 15 | 2 | |
| 刘青荣 | 南台 | 2011 | 11 | 8 | |
| 李军仁 | 三三 | 2012 | 20 | 1 | |
| 吕兴邦 | 小鸭村 | 2014 | 6 | 6 | |
| 张成国 | 大鸭 | 2014 | 18 | 12 | |
| 王　刚 | 暖泉 | 2014 | 21 | 6 | |
| | | | 933 | 54 | |

2.感染源：牛的虱病是由于血虱、牛管虱、牛颚虱以及牛毛虱寄生在牛的体表，吸食血液及毛、皮屑引起的。前三种为吸血虱，后一种为食毛虱。其中吸血虱较为常见，危害也较

重。牛虱一般以冬春季节多发，靠接触传染。虱的生活史为不全变态，发育包括卵、若虫和成虫三个阶段，终生都在宿主身上度过。从卵发育到成虫的一个生活史为30~40d（血虱），每年能繁殖6~15代。雌虱一生能产50~80个卵，产完卵后死亡；雄虱于交配后死亡。离开畜主后可存活1~10d。虱子都有其特定的宿主，牛虱到其他动物身上很快死亡。

3.临床症状：虱子的致病作用一是吸血引起皮肤发痒，不安，啃咬或到处擦痒，骚扰患畜，影响采食和休息；二是大量吸血，一只虱子每天可吸取0.3~0.6ml血，数量多时，可造成患畜的极度贫血消瘦，甚至死亡。

4.防制情况：注意畜舍卫生，引进新畜时，须先灭虱再合群。（1）百部100g，烧酒100g，将百部浸泡于烧酒中，待24h后，用药酒涂擦患部。（2）取烟叶100g，加热水1000g浸泡，待水温后涂擦患部。（3）取生猪油100g、生姜100g，将生猪油剁烂，生姜先切碎后再捣烂，然后把生猪油和生姜混合并捣成泥状，在傍晚时分均匀地涂在有牛虱生长的部位，一般只需1~2次，牛虱就会全部被消灭，还能将牛虱卵基本消灭。（4）敌百虫1份，加水100份，溶解后喷在牛身上，每隔5~6d喷一次，可防牛虱。1.3万~5万浓度胺丙畏水溶液，体表喷雾。（5）阿维菌素或伊维菌素系列药物，按有效成分0.2mg/kg体重口服或注射。

### 三、普查情况

本次疫病及寄生虫病普查，流行病学调查210份，发现3个镇10户养殖肉牛933头发病54头。全县临床虫体检查牛210头，均为阴性。

## 第十八节　牛　虻　病

### 一、病的概述

牛虻，虻的俗称，为中型到大型的种类，强壮而有软毛，通常称为牛虻。头大，半球形，或略带三角形。成虫白天活动，以午时为活动高峰，善飞翔。池边、水傍常见，飞行迅速。雌虫有很强的螫刺能力，牛马等厚皮动物亦易受其侵袭，虻类为重要的畜牧业害虫。

### 二、流行及防制情况

1.流行情况：牛虻在临泽县普遍存在，多有发生。

2.感染源：虻为全变态昆虫，其发育过程包括卵、幼虫、蛹、成虫四个阶段。卵：雌虻交尾后将卵产在牛的皮毛上，卵呈白色，大小为（1~1.2）mm×（0.2 ~ 0.4）mm，聚成堆，每次产卵800 ~ 1200粒。温度适宜时，卵经1 ~ 2d转变为褐色或黑色，再经6 ~ 8d即可孵出幼虫。幼虫需经6 ~ 8次蜕化，生活期为5 ~ 20d。蜕化后的幼虫即到干燥地方化蛹，蛹期为7 ~ 20d，羽化为成虫。

3.临床症状：由于叮咬后的伤口在虻类唾液的刺激下常形成肿包、疼痛，所以对家畜骚扰性极大，据统计，乳牛可因虻的叮咬而使产奶量下降11%~15%，高者可达19%~25%。虻除了能传播马传染性贫血病外，还可传播其他很多种重要的人、畜疾病。

4.防治情况：由于虻在自然界滋生地区广大，飞翔力又强，所以治虻必须采取综合措施，才能取得较满意的效果。

**三、普查情况**

本次疫病及寄生虫病普查，流行病学调查210份，没有发现发病和临床记载。全县临床虫体检查牛210头，均为阴性。

## 第十九节　牛舌形虫病

**一、病的概述**

舌形虫病是由舌形虫所引起的人兽共患寄生虫病。成虫寄生于终宿主如蛇和犬、猫、狼、狐狸等肉食动物的呼吸器官，幼虫和若虫寄生于中间宿主啮齿类动物、人或其他哺乳动物(牛、羊、马等)。主要在热带、亚热带地区流行，传播途径和感染方式主要为生饮舌形虫虫卵污染的水源。

**二、流行及防制情况**

流行情况：临泽县没有本病发病及临床记载。

**三、普查情况**

本次疫病及寄生虫病普查，流行病学调查210份，没有发现发病和临床记载。临泽县临床虫体检查牛210份，均为阴性。

## 第二十节　牛泰勒焦虫病

**一、病的概述**

牛泰勒焦虫病是由寄生于红细胞内的环形泰勒虫引起的，多发生于6~8月，在蜱活动最强的季节流行。

**二、流行及防制情况**

1.流行情况：20世纪80年代有流行，在新华镇部分村发生。90年代以来再没有本病的流行和临床记载。

2.临床症状：呈急性型。初期体温升高至40℃～41.8℃，呈稽留热；体表淋巴结肿大、疼痛；心跳达100次，呼吸急促，精神沉郁。后期淋巴结显著肿大，腹泻，食欲废绝，反刍停止；结膜苍白、黄染，尿呈淡黄色或深黄色，粪便带血，血液变稀；严重者在眼睑及尾部皮肤薄处出现粟粒至扁豆大的深红色出血斑点，卧地不起，消瘦，逐步衰竭死亡。

3. 防制情况

预防：根据蜱的活动季节，对牛舍、运动场等用0.05%蝇毒磷水溶液或1%～3%敌百虫溶液进行灭蜱。

治疗：贝尼尔按每千克体重2～5mg配成10%的溶液，一次深部肌肉注射。咪唑苯脲按每千克体重1～2mg配成10%的溶液进行皮下或肌肉注射，1日1次，必要时可连用2～3日。

三、普查情况

本次疫病及寄生虫病普查，流行病学调查210份，没有发现发病和临床记载。临泽县采集牛血样210份，经临泽县动物疫病预防控制中心实验室用血液涂虫体片镜检均为阴性。

## 第二十一节 牛锥虫病

一、病的概述

牛锥虫病又叫苏拉病，是由吸血昆虫传播而感染牛的一种急性或慢性的血液原虫病，病原体是伊氏锥虫。在临床上以突然高热，进行性消瘦、贫血、黄疸，心机能衰竭，伴发四肢水肿等症状为主要特征。

二、流行及防制情况

1. 流行情况：临泽县没有本病的流行和临床记载。

2. 病原体：伊氏锥虫为卷曲的柳叶状，平均长25μm，宽2μm，前端尖锐，后端稍钝，虫体中央有一个椭圆形的核，后端有一动基体，鞭毛即由此生出，并沿虫体表面螺旋式地向前延伸为游离鞭毛。鞭毛与虫体之间有薄膜相连，虫体运动时鞭毛旋转，薄膜也随着波动，所以称为波动膜。虫体的胞质内有时可见到空泡或染色质颗粒。

3. 发育史：伊氏锥虫主要寄生在血浆内，并且随着血液进入各种组织脏器（肝、脾、淋巴结、骨髓等），在疾病后期还能侵入脑脊液中。锥虫在宿主体内进行分裂增殖，由一个虫体分裂成2~4个新个体。伊氏锥虫在外界环境中抵抗力很弱，遇到干燥、日光直射能很快死亡。在抗凝血液中可以生活5~6h，在-2℃~4℃条件下可生活1~4d。

4. 流行环节：伊氏锥虫是由吸血昆虫单纯地机械传播，即锥虫在这些昆虫体内并不发育繁殖，只能短时间生存（蛇体内能生活33~44h，厩螯蝇体内可生活22h）。本病以带虫动物为传染源，通过吸血昆虫，在健畜与病畜之间吸血而引起传播。在易感动物中，以马、骡、驴和骆驼的易感性最强，其次是水牛和黄牛，其他家畜如猪、羊和多种野生动物也能感染。病畜和带虫动物是本病主要的传染源。北方以黄牛、骆驼为主，它们带虫时间很长，前者达2~3年，后者可达5年。本病主要由吸血昆虫机械地由病畜传给健畜。采血或注射时，也可因器皿消毒不严而引起感染。本病的流行具有地方性和季节性。一般在5~

10月多发，尤以7~9月发病率最高。这与吸血昆虫的流行有密切关系。

5.临床症状：牛多呈慢性经过或带虫状态。病牛出现不定型的间歇热，即体温升高达40℃~41℃，持续1~2d，或升高后立即下降，间歇2~6d再度上升。慢性病例，有的间歇1~2月忽然升高一次，并立即下降，恢复至常温。经过几次发热后，病牛精神委顿、消瘦，被毛粗乱无光泽并易脱落，皮肤干燥缺乏弹性，表层不断龟裂，层层脱落。有的耳尖和尾尖发生干性坏死，蹄匣脱落或半脱落，腹下、胸前、生殖器官和四肢下部发生水肿，起卧困难，直至卧地不起。

6.防制措施

（1）日常防疫措施

①搞好畜体、圈舍及周围环境的清洁卫生。在虻、厩蝇活动季节，定期对畜体、圈舍等喷洒杀虫药剂或进行熏烟以防止虻、蝇的滋生与侵袭。

②每年定期对本病进行疫情监测，对检出的病畜或可疑病畜，应单独隔离及时治疗，以杜绝传染源。

③从外地特别是从疫区购入，并经过产地检疫的家畜或在炎热季节通过疫区的易感动物，都要经过隔离检疫，牛为21d，此间进行临床观察和集虫检查血液中有无虫体。

（2）发病时的措施

①对发生本病的病畜，有条件者应隔离饲养于僻静的地方，及时用药物进行治疗。对同群健畜，尽可能做好药物预防工作。

②做好杀灭虻、蝇和防虻、防蝇叮咬畜体工作。

（3）药物预防与治疗。在疫区用安锥赛硫酸盐、饷嘎诺尔、贝尼尔进行预防注射；对患畜进行药物治疗。

**三、普查情况**

本次疫病及寄生虫病普查，流行病学调查210份，没有发现发病和临床记载。全县采集牛耳静脉血样210份，经临泽县动物疫病预防控制中心实验室用鲜血压片检查和血片染色镜检均为阴性。

## 第二十二节　牛球虫病

**一、病的概述**

牛球虫病是由艾美耳属的几种球虫寄生于牛肠道引起的以急性肠炎、血痢等为特征的寄生虫病。牛球虫病多发生于犊牛。

**二、流行及防制情况**

1.流行情况：临泽县没有本病的流行和临床记载。

2.病原：牛球虫有十余种，邱氏艾美耳球虫、斯氏艾美耳球虫、拨克朗艾美耳球虫、奥氏艾美耳球虫、椭圆艾美尔球虫、柱状艾美耳球虫、加拿大艾美耳球虫、奥博艾美耳球虫、阿拉巴艾美耳球虫、亚球形艾美耳球虫、巴西艾美耳球虫、艾地艾美耳球虫、俄明艾美耳球虫、皮利他艾美耳球虫等。寄生于牛的各种球虫中，以邱氏艾美耳球虫、斯氏艾美耳球虫的致病力最强，而且最常见。邱氏艾美耳球虫寄生于牛的直肠上皮细胞内，有时也可寄生于盲肠与结肠下段；卵囊为圆形或近椭圆形，卵壁光滑，平均大小为14.9~20μm。斯氏艾美耳球虫，寄生于牛的肠道；卵囊卵圆形，平均大小为19.6~34.1μm。

3.发育史：球虫发育不需要中间宿主。当牛吞食了感染性卵囊后，孢子在肠道内逸出进入寄生部位的上皮细胞内进行裂体生殖，产生裂殖子；裂殖子发育到一定阶段时由配子生殖法形成大、小配子体，大小配子结合形成卵囊排出体外；排至体外的卵囊在适宜条件下进行孢子生殖，形成孢子化的卵囊，孢子化的卵囊才具有感染性。

4.流行环节：病原主要来自病牛和带虫的成年牛。犊牛在吃了被感染性卵囊污染的草料和饮水后遭受感染。本病流行于4~9月温暖而潮湿的季节，2岁以内的犊牛发病率、死亡率高。在潮湿和有沼泽的牧场放牧时最易发病，圈舍卫生不良，易造成流行。

5.临床症状：潜伏期为2~3周，犊牛一般为急性经过，病程为10~15d。当牛球虫寄生在大肠内繁殖时，肠黏膜上皮大量破坏脱落、黏膜出血并形成溃疡；这时在临床上表现为出血性肠炎、腹痛，血便中常带有黏膜碎片。约1周后，当肠黏膜破坏而造成细菌继发感染时，则体温可升高到40℃~41℃，前胃迟缓，肠蠕动增强、下痢多因体液过度消耗而死亡。慢性病例，则表现为长期下痢、贫血，最终因极度消瘦而死亡。

6.防治措施：

牛球虫病预防应从以下四方面着手：①犊牛与成年牛分群饲养，以免球虫卵囊污染犊牛的饲料；②舍饲牛的粪便和垫草需集中消毒或生物热堆肥发酵，在发病时可用1%克辽林对牛舍、饲槽消毒，每周一次；③被粪便污染的母牛乳房在哺乳前要清洗干净；④添加药物预防，如氨丙啉，按0.004%~0.008%的浓度添加于饲料或饮水中；或摩能霉素按每千克饲料添加0.3g，既能预防球虫又能提高饲料报酬。

牛球虫病治疗可选用：①氨丙啉，按每千克体重20~50mg，一次内服，连用5~6d；②呋喃唑酮，每千克体重7~10mg内服，连用7d；③盐霉素，每天每千克体重2mg，连用7d。

**三、普查情况**

本次疫病及寄生虫病普查，流行病学调查210份，没有发现发病和临床记载。全县采集牛粪便样210份，经临泽县动物疫病预防控制中心实验室用直接涂片法和饱和盐水漂浮法镜检均为阴性。

## 第二十三节　牛住肉孢子虫病

**一、病的概述**

牛住肉孢子虫病是由住肉孢子虫寄生于肌肉中引起的一种人畜共患病。一般无临诊表现或仅有轻微症状，如食欲减退、逐渐消瘦、贫血等。

**二、流行及防制情况**

1.流行情况：临泽县没有本病的流行和临床记载。

2.病原体：住肉孢子虫属住肉孢子虫科，住肉孢子虫属。根据其寄生的宿主不同，将其命名为不同的种，如牛住肉孢子虫、羊住肉孢子虫、猪住肉孢子虫、马住肉孢子虫等。住肉孢子虫是一种严格意义上的二宿主寄生虫，一般草食动物为中间宿主，而犬、猫等肉食动物为终末宿主。各种住肉孢子虫的形态结构基本相同。寄生于肌肉组织中的虫体呈包囊状物(孢子囊)，与肌纤维平行，多呈纺锤形、卵圆形、圆柱形等，灰白或乳白，小的肉眼无法看到，大的可长达1cm到数厘米。

3.发育史：住肉孢子虫是一种二宿主寄生虫，草食动物或杂食动物是中间宿主，而肉食动物为终末宿主。肉食动物食入含有住肉孢子虫囊的肌肉后，虫囊在体内被消化，囊内的缓殖子或裂殖子被释放进入肠腔。后经吸收作用又进入肠上皮细胞中，形成大小不等的雌、雄配子，雌、雄配子经一段时间后，相互靠近而发生受精作用，此时就形成了合子。合子再继续发育，其表面会形成一层壁，此时的合子称为卵囊。卵囊继续发育而进入肠固有层，形成两个孢子囊，每个孢子囊内有4个子孢子。卵囊因壁薄而容易破裂，因此，孢子囊被释放出就进入肠腔，随粪便排出体外。带有成熟孢子囊的粪便如得不到及时清除，会污染中间宿主的饮水和饲料，牛、羊等草食动物食入带有孢子囊的粪便污染的饲料和饮水后，孢子囊经消化释放出子孢子，子孢子在中间宿主的血管内皮细胞中进行增殖，形成裂殖子，裂殖子在肌肉处形成住肉孢子虫包囊。

3.流行环节：被带虫粪便污染的饲草(料)和饮水等都是本病的传染源。

4.临床症状：一般无临床症状，严重感染时可出现消瘦、贫血、营养不良等非特异症状。宰后检验时，呈囊状的住肉孢子虫主要寄生于肌肉组织，如心肌、舌肌、咬肌、膈肌，也可寄生于食管外膜甚至脑组织。如虫体死亡、钙化，则呈灰白色斑点硬结，或为不明显的斑纹。组织上住肉孢子虫多寄生于肌肉纤维中。但如包囊破裂崩解，虫体死亡，则会引起局部单核细胞、嗜酸性粒细胞反应和结缔组织增生，肌纤维也可发生变性、坏死及其进一步发生钙化。

5.防治措施：目前尚无特效药物，氨丙啉、氯苯肌等抗球虫药可用于本病的治疗。预防的原则是切断传播途径，因此隔离中间宿主和终末宿主、防止动物粪便污染饲料和饮水、尽可能地避免给狗等肉食类动物喂食住肉孢子虫感染的牛羊肉,坚持对屠宰时发现已被住肉孢子虫感染的肉、脏器和其他组织进行剔除和焚烧等是有效的预防措施。同时应加强卫生管理及检疫工作,严防传染源进入牛羊的活动区。

**三、普查情况**

本次疫病及寄生虫病普查,流行病学调查210份,没有发现发病和临床记载。全县采集牛血清210份,经张掖市动物疫病预防控制中心实验室用间接血凝试验、间接荧光抗体法和ELISA试验均为阴性。

# 第二章　羊寄生虫病

## 第一节　羊胃肠道线虫病

### 一、病的概述

羊胃肠道线虫病是寄生于羊消化道内的各种线虫引起的疾病。其特征是患羊消瘦、贫血、胃肠炎、下痢、水肿等，严重感染可引起死亡。山羊消化道线虫种类很多，它们具有各自引起疾病的能力和不同的临床症状，常呈混合感染。

### 二、流行及防制情况

1.流行情况：本病临泽县多有流行。2012年沙河镇兰堡村3社一户农户养羊30只，发病10只，死亡一只。

2.病原体：绵羊、山羊消化道线虫病属于毛圆科的血矛线虫属、奥斯特线虫属、毛圆线虫属、细颈线虫属、古柏线虫属，马歇尔线虫病；钩口科的仰口属；毛线科的食道口线虫属。

(1)捻转血矛线虫，虫体尖细，具有一个不大的口囊，口囊里有一个小而明显的角质齿，体表角质层有纵纹和横纹。颈乳突较大，位于食道前半部体表两侧。雄虫淡红色，长11.50~22.00mm，背肋呈“人”字形，分为2枝，位于不对称的小背叶上。交合刺1对，棕色，等长，长0.415~0.609mm，末端各有1个倒钩，两个交合刺上的倒钩位置不在同一水平线上。引器梭形，长0.202~0.349mm。雌虫白色的生殖器官和红棕色的肠管相互捻转，形成红白相间的特征，虫体长16.50~32.00mm，阴门位于体后半部，有一舌状阴门盖。虫卵呈椭圆形，大小为(75~95)μm×(40~45)μm，壳薄，刚排出的虫卵含有1632个胚细胞。寄生于山羊消化道内的血矛线虫属的，还有似血矛线虫。

(2)普通奥斯特线虫，虫体淡红色，前端较细，口囊小，体表有角质层纵纹。雄虫长7.47~12.02mm，背肋于远端1/2处分为2枝，各分枝的中部向外分出1个小枝，并在延伸枝的远端以内外2小枝而结束。交合刺1对，细而长，长0.383~0.418mm，其远端分为3叉。引器似球拍状。雌虫长10.29~13.02mm，排卵器发达，尾端锥形。虫卵大小为(69~95)μm×(34~59)μm。此外，还有奥斯特线虫属的奥氏奥斯特线虫、西藏奥斯特线虫、吴兴奥斯特线虫、三叉奥斯特线虫、斯氏奥斯特线虫、短肋奥斯特线虫。

(3)蛇形毛圆线虫，虫体很小，呈丝状，体表有细小的横纹而无纵纹。雄虫长5.25~7.97mm，交合刺1对，棕黄色，形状相似，不等长，远端均有倒钩1个，右交合刺长0.1220~1.75mm，左交合刺长0.138~0.188mm。引器正面呈梭形，侧面似拉长的"S"形，长0.069~0.095mm。雌虫长5.14~10.20mm，虫体在肛门之后急速缩小而形成尖细的尾端。虫卵大小为(69~98)μm×(34~55)μm。寄生于山羊消化道的毛圆线虫属还有艾氏毛圆线虫。

(4)尖刺细颈线虫，虫体前部尖细，头端角质层扩大成头囊，头囊具有横纹。雄虫长7.50~15.33mm，背肋每枝末端分为内外2个小枝。交合刺远端套在膜内，形状似红缨枪的前锋。雌虫长12.00~21.00mm，阴门横缝状，位于虫体后1/3处。虫卵椭圆形，大小为(139~175)μm×(76~91)μm。

(5)栉状古柏线虫，虫体头端细小，头部角质层扩大形成对称的头囊，口腔小，无明显的齿，体部有10~16条纵纹。雄虫长5.52~7.00mm，背肋于中部分为并行的2枝，每枝的中上方又发出一个指状的侧枝，交合刺中部粗大，远端变细，其上有环纹。雌虫长7.80~9.00mm，虫卵大约为(67~80)μm×(31~38)μm。

(6)蒙古马歇尔线虫，虫体两端尖细，体表角质层具有纵纹，颈乳突位于食道中部的体表两侧。雄虫长10.69~14.94mm，背肋细长，约在远端1/3处分为左右2枝，各枝末端分成内、外2枝，于该两小枝的稍上方有1个外侧枝。交合刺长0.247~0.334mm，远端1/3处分成3枝。引器不明显，呈葱头状。雌虫12.28~16.76mm，有阴门盖，尾部细长，末端稍膨大。虫卵椭圆形，大小为(182~217)μm×(83~115)μm。

(7)羊仰口线虫，虫体前端弯向背侧，口囊大，呈漏斗状，口囊底部有1个大背齿和2个小亚腹齿。雄虫长12.00~15.00mm，交合伞由2个发达的侧叶和1个不对称的小背叶组成。背肋的分枝不对称。交合刺1对，褐色，等长。雌虫长17.00~22.00mm，尾端粗短而钝圆。虫卵大小为(72~85)μm×(45~49)μm。

(8)哥伦比亚食道口线虫，有发达的侧翼膜，致使虫体前部弯曲，口囊在口领下界的前方，头囊不甚膨大，外叶冠由20~24叶组成，内叶冠由40~48个小叶组成，颈乳突于颈沟的稍后方，其尖端突出于侧翼膜之外。雄虫长12~13.5mm，交合伞发达，交合刺长0.74~0.87mm。雌虫长16.7~18.6mm，尾部长，有肾形的排卵器。虫卵呈椭圆形，大小为(73~89)μm×(34~45)μm。此外，寄生于山羊消化道的食道口线虫还有粗纹食道口线虫、湖北食道口线虫、辐射食道口线虫、微管食道口线虫。

(9)羊夏伯特线虫，虫体较大，前端略向腹面弯曲，口囊大而无齿，其前缘有两圈由小三角形叶片组成的叶冠，腹面有浅的颈沟，颈沟前有稍膨大的头泡。雄虫长16.5~21.5mm，有发达的交合伞，交合刺褐色，长1.3~1.8mm。引器呈淡褐色。雌虫长22.5~26.0mm，尾端尖。虫卵呈椭圆形，大小为(100~120)μm×(40~50)μm。叶氏夏伯特线虫也可寄生于山羊体内。

(10)球形毛首线虫，虫体鞭状，鞭部与体部之比，雄虫为2:1~3:1，雌虫为3:1~4:1。雄虫长54.00~69.00mm，交合刺长3.32~5.60mm，交合刺鞘伸出时远端有球形的膨大，上有小刺。雌虫长62.00~86.00mm，阴道短，阴门开口于虫体粗细交界处。虫卵呈棕黄色，腰鼓形，卵壳厚，两端有卵塞，大小为（57~6.5）μm×（32~57）μm。

3.生活史：羊消化道线虫在发育过程中，不需要中间宿主，为直接发育，称土源性线虫。它们的生活史可以概括为3种类型，即圆形线虫型、钩虫型和毛首线虫型。

（1）圆形线虫型。雌雄虫在消化道内交配产卵，虫卵随宿主粪便排至外界，在适宜的温度、湿度和氧气条件下，从卵内孵化出第一期幼虫，脱两次皮变为第三期幼虫（感染性幼虫）。感染性幼虫对外界的不利因素有很强的抵抗力，能在土壤和牧草上爬动，清晨、傍晚、雨天和雾天多爬到牧草上，当羊随同牧草吞食感染性幼虫而被感染。幼虫在终末宿主体内移行或不移行，发育为成虫。

（2）钩虫型。虫卵随宿主粪便排至外界，在外界发育为第一期幼虫，孵化后，经两次脱皮变为感染性幼虫。感染性幼虫能在土壤和牧草上活动，主要是通过终末宿主的皮肤感染，随血流到肺，其后出肺泡，沿气管到咽，又随黏液一起咽下，到小肠发育为成虫，也能经口感染。

（3）毛首线虫型。虫卵随宿主粪便排至外界，在粪便和土壤中发育为感染性虫卵。宿主吞食到感染性虫卵后，幼虫在小肠内孵出，在大肠内发育为成虫。

4.临床症状：羊在严重感染的情况下，可出现不同程度的贫血、消瘦、胃肠炎、下痢、下颌间隙及颈胸部水肿。幼畜发育受阻。少数病羊体温升高，呼吸、脉搏增数，心音减弱，最后导致病羊衰弱而死亡。

5.防制措施

预防措施：①计划性驱虫：可根据当地的流行病学资料作出规划，一般春秋季各进行一次驱虫；②放牧和饮水卫生：应避免在低湿的地方放牧；不要在清晨、傍晚或雨后放牧，尽量避开幼虫活动的时间，以减少感染机会；禁饮低洼地区的积水或死水；③加强粪便管理，将粪便集中在适当地点进行生物热处理，消灭虫卵和幼虫。

治疗：①左旋咪唑：每千克体重5~10mg，溶水灌服，也可配成5%的溶液皮下或肌肉注射；②噻苯达唑：每千克体重50~10mg，可配成20%悬浮液灌服，或瘤胃注射；③莫仑太尔：每千克体重10mg，口服或拌饲喂服；④甲苯达唑：每千克体重10~15mg，灌服或混饲给予；⑤阿苯达：每千克体重5~10mg，口服；⑥伊维菌素：每千克体重0.1mg，口服；0.1~0.2mg/kg体重，皮下注射，效果极好。

**三、普查情况**

本次疫病及寄生虫病普查，流行病学调查210份，发现2012年沙河镇兰堡村3社一户农户养羊30只，发病10只，死亡一只。后经驱虫药治疗，病情得到控制。再无发病和临床记载。全县解剖羊14只，查出毛首线虫羊4只，新华镇2只，平川镇2只，感染率为28.57%。检出倪家营镇美丽畸线虫羊1只，感染率为7.14%。全县采集羊粪便210份，经临泽县动物疫病预防控制中心实验室用直涂片法、饱和盐水漂浮法、虫体检查法试验，有尖刺细颈线虫1列，蛇形毛圆线虫1列。

## 第二节　羊肺线虫病

### 一、病的概述

羊肺线虫病是由网尾科网尾属和原圆科原圆属及缪勒属的线虫寄生于羊呼吸器官而引起的疾病。网尾科的虫体较大，引起的疾病又叫大型肺线虫病。原圆科的虫体较小，引起的疾病又叫小型肺线虫病。

### 二、流行及防制情况

1. 流行情况：临泽县没有本病的流行和临床记载。

2. 病原体：①丝状网尾线虫：虫体呈细线状，乳白色；雄虫长约30mm，交合伞发达，交合刺呈靴形，黄褐色，为多孔结构；雌虫长35～44.5mm，阴门位于虫体的中部；②胎生网尾线虫：虫体呈线状，黄白色；雄虫长40～55mm，交合刺黄褐色，也为多孔结构；雌虫长60～80mm，阴门位于虫体中央部分。

3. 生活史：丝状网尾线虫和胎生网尾线虫的发育过程基本相似。现以羊丝状网尾线虫为例介绍。雌虫在羊气管和支气管内产卵，卵产出时已含幼虫，当羊咳嗽时，卵随痰液进入口腔，大部分被咽入消化道，少部分随痰或鼻腔分泌物排出体外。卵在通过消化道的过程中，幼虫从卵内逸出随粪便一起排到体外，体外的幼虫在适宜的条件下经两次蜕皮变成感染性幼虫，感染性幼虫落入水中或附着在草上，当羊在吃草、饮水时吞食幼虫而感染，幼虫进入肠壁，随淋巴管和血管移到心脏，再沿小循环到肺脏，穿过毛细血管进入肺泡，进入小支气管和支气管内发育为成虫。

4. 流行环节：本病的感染季节主要在春、夏、秋较温暖的季节。网尾线虫的幼虫耐低温，在4℃～5℃时就可发育，感染性幼虫在-40℃～-20℃仍然不死亡。幼虫对高温和干燥的抵抗力差。

5. 临床症状：感染初期，幼虫移行引起肠黏膜血管壁和淋巴管的损伤。成虫寄生于支气管和细支气管内引起发炎，炎症可扩散到支气管周围组织，并引起肺组织萎缩。大量的虫体及其炎性产物可阻塞细支气管，从而引起肺膨胀不全。患病牛羊表现咳嗽，尤其是清晨和夜间明显，多为阵发性，常咳出黏液性团块。患畜常从鼻孔中排出脓性分泌物，干燥后在鼻孔周围形成痂皮。贫血，头胸部和四肢水肿。呼吸加快或呼吸困难。羔羊和犊牛症状明显，严重者死亡。成年牛羊症状轻微。

6. 防治措施

预防：本病流行地区，一年要进行两次驱虫，春秋各一次。不要在潮湿的沼泽地区放牧。注意饮水卫生，不要饮死水，要饮流水或井水。对粪便用生物热处理。

治疗：阿苯达唑，羊每千克体重5～10mg，内服，效果很好；伊维菌素或阿维菌素，羊每千克体重0.2mg，一次口服或皮下注射；左旋咪唑，羊每千克体重8～10mg，一次口服。

**三、普查情况**

本次疫病及寄生虫病普查，流行病学调查210份，没有发病和临床记载。全县解剖羊14只，没有查出肺线虫。全县采集羊粪便210份，经临泽县动物疫病预防控制中心实验室用直涂片法、饱和盐水漂浮法、虫体检查法试验均为阴性。

## 第三节　羊肺丝虫病

**一、病的概述**

羊肺丝虫病是由丝状肺虫寄生于支气管内引起，该病多发生于夏秋季，绵羊和山羊都可发生。病羊主要表现为支气管肺炎症状。

**二、流行及防制情况**

1.流行情况：临泽县没有本病的流行和临床记载。

2.病原体：病原是丝状网尾线虫，寄生于羊的支气管内，致病力强，危害很大。

3.发育史：成虫产卵于支气管或气管内，卵在肺内发育成含有幼虫的卵，在咳嗽时随着痰液到达口腔，然后再咽入消化道，一小部分虫卵可直接咳嗽于体外发育为幼虫，在消化道内一部分含幼虫的卵可发育为幼虫，随粪便排到体外。幼虫在适宜的环境中发育为侵袭性幼虫。侵袭性幼虫爬上青草或进入水中，当羊吃了这种草或饮入这种水后，即受到感染。进入羊消化道的幼虫脱出囊鞘，钻到肠淋巴管，经肠系膜淋巴结进入血液，最后进入支气管内发育为成虫。再重复其生活史，扩大传染。

4.临床症状：病羊开始表现短而干的咳嗽。最初个别羊咳嗽，以后波及多数，咳嗽次数亦逐渐增多，有时咳出黏稠含有虫卵及幼虫的痰液。在运动后和夜间休息时咳嗽更为明显。在羊圈附近可以听到患羊呼吸困难，呼吸如拉风箱。常见患羊鼻孔流出黏性液体。听诊肺部有湿性啰音，常并发肺炎。患病久的羊，表现食欲减少、身体瘦弱、被毛干燥而粗乱。喜卧地，不愿行走。随着病势的发展，逐渐发生腹泻及贫血，眼睑、下颌、胸下和四肢出现水肿，最后由于严重消瘦而死亡。当虫体与黏液缠绕成团而堵塞喉头时，亦可因窒息而死亡。

5.防治措施：放牧是引起该病的主要原因，虽然国家已禁牧，但仍有很多地方没有严格舍饲，舍饲后该病发生率将明显降低；青草要先晾晒后再饲喂，不饮污水；对粪便进行发酵处理，以杀死幼虫；每月驱虫，阿维菌素皮下注射0.2mg/kg或0.6mg/kg混饲。

**三、普查情况**

本次疫病及寄生虫病普查，流行病学调查210份，没有发病和临床记载。全县解剖羊14只，没有查出肺丝虫。全县采集羊粪便210份，经临泽县动物疫病预防控制中心实验室用直涂片法、饱和盐水漂浮法、虫体检查法试验均为阴性。

## 第四节　羊眼线虫病

临泽县没有本病的流行和临床记载。

本次疫病及寄生虫病普查，流行病学调查210份，没有发病和临床记载。全县解剖羊14只，没有查出眼线虫。全县采集羊粪便210份，经临泽县动物疫病预防控制中心实验室用直涂片法、饱和盐水漂浮法、虫体检查法试验均为阴性。

## 第五节　羊浑睛虫病

临泽县没有本病的流行和临床记载。

本次疫病及寄生虫病普查，流行病学调查210份，没有发病和临床记载。全县解剖羊14只，没有查出浑睛虫。全县采集羊粪便210份，经临泽县动物疫病预防控制中心实验室用直涂片法、饱和盐水漂浮法、虫体检查法试验均为阴性。

## 第六节　羊双腔吸虫病

**一、病的概述**

羊双腔吸虫病是由双腔科、双腔属的矛形双腔吸虫和中华双腔吸虫寄生于羊肝脏胆管中引起的疾病。

**二、流行及防制情况**

1.*流行情况*：临泽县没有本病的流行和临床记载。

2.*病原体*：矛形双腔吸虫：虫体扁平，半透明，外观呈矛形，新鲜虫体呈棕褐色，固定后变为灰白色。虫体长5～15mm，宽1.5～2.5mm。口吸盘位于虫体前端，腹吸盘位于口吸盘稍后方，二者相距不远，腹吸盘大于口吸盘。睾丸两个，近似圆形，稍有分叶，前后斜列于腹吸盘之后。卵巢呈圆形或不规则形状，位于睾丸之后，卵黄腺呈细小的颗粒状，位于虫体中部两侧。子宫弯曲，充满虫体的后部。

3.*生活史*：矛形双腔吸虫在发育过程中需要两个中间宿主参加，中间宿主是陆地螺，补充宿主是蚂蚁。成虫在肝胆管和胆囊中产卵，虫卵随胆汁进入肠道，然后随粪便排出体外，排出的成熟虫卵内已含有发育好的毛蚴。虫卵被中间宿主吞食后，毛蚴破卵壳而出，经胞蚴、子胞蚴阶段后发育为尾蚴。尾蚴离开螺体，黏附于植物叶上或其他物体上，被补充宿主吞食，在补充宿主体内发育为囊蚴。羊吃草时，将含有囊蚴的蚂蚁一起吞食而感染。幼虫沿十二指肠、胆管逆行进入肝脏发育为成虫。

4.流行环节：1岁以上羊多发；春天多发；放牧羊多发；羊在夏季反复感染双腔吸虫，虫体在畜体内由少聚多，由小到大，对羊产生机械刺激作用，并夺取机体的营养，加之毒素的逐渐增强。

5.临床症状：羊表现出慢性消耗性疾病的临床症状，表现为精神沉郁，食欲不振，渐进性消瘦，溶血性贫血，下颌水肿，轻度结膜黄染，消化不良，拉稀、腹胀、喜卧等临床症状。一般感染少量虫体时，症状不明显，但在冬春季即使是少量的虫体也能出现严重的症状。

6.防制措施

预防：进行定期驱虫，一般在初冬和春季各进行一次，驱虫后的粪便要集中发酵处理。选择高且干燥的草地放牧，以减少感染。

治疗：血防846（六氯对二甲苯），每千克体重200mg，一次口服；丙硫苯咪唑，每千克体重30～40mg，口服；吡喹酮，每千克体重30～80mg，口服，或用每千克体重50mg的剂量油剂肌肉注射或腹腔注射；都有较好的驱虫效果。

**三、普查情况**

本次疫病及寄生虫病普查，流行病学调查210份，没有发病和临床记载。全县解剖羊14只，没有查出双腔吸虫。全县采集羊粪便210份，经临泽县动物疫病预防控制中心实验室用直接涂片法、饱和盐水漂浮法、虫体检查法试验均为阴性。

## 第七节　羊前后盘吸虫病

**一、病的概述**

本病是由前后盘科，前后盘属、殖盘属、腹袋属、菲策属及卡妙属等多属前后盘吸虫寄生于羊胃肠而引起的疾病。

**二、流行及防制情况**

1.流行情况：临泽县没有本病的流行和临床记载。

2.病原体：前后盘吸虫种属很多，虫体大小互有差异，有的仅长数毫米，有的则长达20mm；颜色可呈深红色、淡红色或乳白色；虫体在形态结构上亦有不同程度的差异。其主要的共同特征为：虫体柱状呈长椭圆形、梨形或圆锥形，两个吸盘中，腹吸盘位于虫体后端，并显著大于口吸盘，因口、腹吸盘位于虫体两端，好似两个口，所以称为双口吸虫。

3.发育史：成虫寄生在羊牛等反刍兽的瘤胃和网胃壁上，危害不大，幼虫则因在发育过程中移行于真胃、小肠、胆管和胆囊，可造成较严重的疾病，甚至导致死亡。

4.临床症状：该病发生于夏秋两季。患羊的主要症状是顽固性拉稀，粪便常有腥臭；体温有时升高；消瘦，贫血，颌下水肿，黏膜苍白。后期则可因极度消瘦衰竭死亡。

5.防治措施

预防：可参照肝片吸虫病，并根据当地的具体情况和条件，制定以定期驱虫为主的预防措施。

治疗：氯硝柳胺，该药对驱童虫疗效良好，剂量为每千克体重75～80mg，口服；硫氯酚，驱成虫疗效显著，驱童虫亦有较好的效果，剂量为每千克体重80～100mg，口服；溴羟替苯胺，驱成虫、童虫均有较好的疗效，剂量为每千克体重65mg，制成悬浮液，灌服。

**三、普查情况**

本次疫病及寄生虫病普查，流行病学调查210份，没有发病和临床记载。全县解剖羊14只，没有查出双腔吸虫。全县采集羊粪便210份，经临泽县动物疫病预防控制中心实验室用直接涂片法、尼龙筛兜集卵法、虫体检查法试验均为阴性。

## 第八节　羊东毕吸虫病

**一、病的概述**

羊东毕吸虫病是各种东毕属吸虫寄生于山羊、绵羊等动物的门静脉和肠系膜静脉内引起的疾病。病的特征是腹泻，粪便内混有黏液和血液，消瘦，贫血等。

**二、流行及防制情况**

1.流行情况：临泽县没有本病的流行和临床记载。

2.病原体：东毕吸虫属裂体科，东毕属。成虫雌雄异体，呈乳白色，线状。口吸盘位于较前端。腹吸盘具短柄，在虫体腹面，离口吸盘不远处。口孔在口吸盘的中央，下接食道，咽缺乏，食道在腹吸盘前方分为二肠支，下行至体中部前合并成一条单管。雄虫比雌虫短粗，腹吸盘后的体壁内褶形成孢雌沟。睾丸呈颗粒状，位于虫体背侧，有50个以上。雌虫较雄虫纤细，卵巢呈螺旋状在肠管联合处的前后。卵黄腺分布于单肠干的两侧，始于卵巢后，止于肠末端。子宫短，位于卵巢之前。虫卵呈黄褐色，长椭圆形，一端有一膨锤状物，另一端有一个刺状突起。

3.生活史：成虫在肠系膜静脉末梢等部位产卵，一部分虫卵随血流流入肝脏，另一部分虫卵在肠黏膜下形成结节。肝脏内的虫卵被结缔组织包围钙化或随胆汁进入小肠。肠黏膜下的虫卵，经过一段时间，在虫卵溶组织酶和宿主肠肌收缩及血管的压力下，破坏毛细血管，虫卵进入肠腔，随粪便排出体外。虫卵落入水中，在水温15℃左右即孵化出毛蚴。毛蚴在水面下1~2cm的范围内呈匀速直线运动，遇到中间宿主——椎实螺类的小土蜗、折叠萝卜螺、耳萝卜螺、卵圆萝卜螺等，即钻入螺体内。一个毛蚴进入螺体后，在螺体内可繁殖成千上万条尾蚴。尾蚴成熟后成批地从螺体逸出。山羊、绵羊、牛等吃草、饮水时，即主动钻入这些宿主的体内，再随血液到达门静脉和肠系膜血管内发育为成虫。尾蚴接触宿主的皮肤或黏膜时，经1.5~2个月发育为成虫。

4.流行病学:患病动物或带虫动物随粪便排出大量虫卵,落入水中,毛蚴孵出,侵入中间宿主,完成幼虫发育繁殖,尾蚴逸出污染水源和水草而成为传染源。当山羊、绵羊、黄牛、水牛、马、驴、骆驼、马鹿等草食哺乳动物吃草或饮水时,尾蚴经皮肤侵入宿主体内。

5.临床症状:尾蚴钻入宿主皮肤,在虫体毒素和机械作用刺激下,引起瘙痒,患畜站立不安。大量虫体寄生于门静脉血管时,可见患畜腹泻,粪便混有黏液和血液,食欲剧减,迅速消瘦,黏膜苍白;病后期卧地不起,食欲废绝,衰竭而死。寄生于肠黏膜静脉血管时,患畜表现腹泻,粪便内混有黏液和血液,消瘦,贫血,精神沉郁,发育受阻。

6.防制措施

预防:消灭中间宿主——椎实螺。对于小水坑的螺可采用囤土填坑法,对于土滩可采用铲草暴晒法灭螺。还可用硫酸铜和血防67灭螺,灭螺的最适宜时期以螺出土或成螺产卵前为宜。粪便生物热发酵杀死虫卵。

治疗:2%硝硫氰胺盐水溶液,每千克体重用3~4mg,一次静脉注射,疗效达90%~100%;硝硫氰胺微晶粉剂,每千克体重用50mg,一次口服,疗效同上;吡喹酮:剂量为60~80mg/kg体重,分两次内服。

**三、普查情况**

本次疫病及寄生虫病普查,流行病学调查210份,没有发病和临床记载。全县解剖羊14只,没有查出东毕吸虫。全县采集羊粪便210份,经临泽县动物疫病预防控制中心实验室用毛蚴孵化法、虫体检查法试验均为阴性。

## 第九节　羊阔盘吸虫病

**一、病的概述**

阔盘吸虫病是由阔盘吸虫寄生在宿主胰管中,引起营养障碍和贫血为主的吸虫病。其特征是下痢、贫血、消瘦、水肿等症状,严重时可引起死亡。

**二、流行及防制情况**

1.流行情况:临泽县没有本病的流行和临床记载。

2.病原体:属双腔科阔盘属。主要有胰阔盘吸虫、腔阔盘吸虫和枝睾阔盘吸虫。

胰阔盘吸虫:虫体较大,呈长椭圆形,口吸盘大于腹吸盘,睾丸并列在腹吸盘后缘两侧,呈圆形,边缘有缺刻或有一小分叶。卵巢分叶3~6瓣。

腔阔盘吸虫:虫体较小,呈短椭圆形,体后端中央有明显的尾突,口吸盘小于或等于腹吸盘。睾丸大多为圆形或椭圆形,少数有不整齐的缺刻。卵巢大多为圆形整块,少数有缺刻或分叶。

枝睾阔盘吸虫:虫体是三种中之最小者,体形呈前尖后钝的瓜子形。口吸盘明显小于腹吸盘。睾丸较大而分枝,卵巢有5~6个分叶。

3.生活史:阔盘吸虫的生活史要经过虫卵、毛蚴、母胞蚴、子胞蚴、尾蚴、囊蚴(后尾蚴)、童虫及成虫各个阶段。成虫寄生在宿主的胰管中,虫卵随胰液到消化道后随粪便排出。虫卵被陆地蜗牛吞食后,在蜗牛靠近内脏团的上段肠管中孵出毛蚴。毛蚴穿过肠壁到围肠结缔组织中发育形成母胞蚴,后产生子胞蚴和尾蚴。包裹着尾蚴的成熟子胞蚴离开原来母胞蚴着生的部位上行到蜗牛的气室,经呼吸孔排出到外界。从蜗牛吞食虫卵到排出成熟子胞蚴(内含百余个短球尾型尾蚴),在25℃~32℃条件下需5~6个月。成熟子胞蚴被第二中间宿主草螽或针蟀吞食,其内的尾蚴便在体内脱去球尾,穿过胃壁到达血腔中形成囊蚴。羊等动物吃草时吞食含有成熟囊蚴的草或针蟀而感染,特别在深秋季节,昆虫类的活跃能力降低时更易被羊只吞食。当囊蚴到达十二指肠,由于胰酶的作用,囊壁溶解,童虫逸出,并进入胰管中发育为成虫。阔盘吸虫的整个发育时间较长,毛蚴进入蜗牛体内到成熟的子胞蚴排出需半年至1年时间;童虫进入终末宿主胰管中至发育为成虫约需100d时间。故整个生活史共需10~16个月才能完成。

4.临床症状:阔盘吸虫成虫寄生在终末宿主的胰管中,由于机械性刺激、堵塞、代谢产物的作用以及营养的夺取等,引起胰脏的病理变化及机能障碍。胰管高度扩张,管上皮细胞增生,管壁增厚,管腔缩小,黏膜不平呈小结节状,也有出血、溃疡、炎性细胞浸润、黏膜上皮被破坏,发生渐进性坏死变化。整个胰脏结缔组织增生,呈慢性增生性胰腺炎,从而使胰腺小叶及胰岛的结构变化,胰液和胰岛素的生成、分泌发生改变,机能紊乱。病羊全身出现营养不良、消瘦、贫血、水肿、腹泻、生长发育受阻,严重的造成死亡。

5.防制措施

预防:加强病畜粪便管理,生物热发酵,消灭中间宿主——蜗牛,改善饲养管理以及有计划地轮牧,以增强山羊健康状况,避免感染。

治疗:吡喹酮,每千克体重50mg,混水灌服,效果甚好;血防846:每千克体重400~600mg,间隔2d,连服3次。

**三、普查情况**

本次疫病及寄生虫病普查,流行病学调查210份,没有发病和临床记载。全县解剖羊14只,没有查出阔盘吸虫。全县采集羊粪便210份,经临泽县动物疫病预防控制中心实验室用水沉淀法、虫体检查法试验均为阴性。

## 第十节 羊绦虫病

**一、病的概述**

羊绦虫病是由裸头科的莫尼茨属、曲子宫属、无卵黄腺属的各种绦虫寄生于羊小肠内引起的疾病。三种绦虫病常混合感染。

**二、流行及防制情况**

1. 流行情况：临泽县没有本病的流行和临床记载。

**表3-4 临泽县历年来羊绦虫病流行病学调查统计表**

| 姓 名 | 发病地点 | 发病时间 | 饲养量 | 发病数 | 死亡数 |
|---|---|---|---|---|---|
| 张立明 | 长庄牛场 | 2004 | 1000 | 2 | |
| 韩金有 | 倪家营 | 2005 | 21 | 2 | |
| 毛顺生 | 汪家墩村 | 2005 | 56 | 2 | |
| 张 军 | 汪家墩村 | 2006 | 1000 | 80 | |
| 宋建海 | 大 寨 | 2009 | 800 | 2 | |
| 宋长峰 | 长庄牛场 | 2013 | 700 | 2 | |
| | | | 3577 | 90 | |

2. 病原体

扩展莫尼茨绦虫：虫体为乳白色，长带状。体长1～5m，宽1.6cm左右。由头节、颈节、体节组成。头节为球形，有4个吸盘，无顶突和小钩。节片的宽度大于长度。每一成熟节片内有两组生殖器官，两侧呈对称分布，每组的雌性生殖器官包括卵巢（呈扇形）、卵黄腺、子宫等。每组的雄性生殖器官包括分布在排泄管内侧的数百个睾丸以及输精管、雄茎囊等。在节片的后缘有一排稀疏的环状节间腺。

贝氏莫尼茨绦虫：形态和构造与扩展莫尼茨绦虫相似，外观上不易区别，其主要区别是节间腺不同。贝氏莫尼茨绦虫的节间腺是密集的小点组成的条带状，集中分布在每一节片后缘的中间部分。

盖氏曲子宫绦虫：虫体长1～2m，最宽处约12mm。每个节片只有一组生殖器官，左右不规则地交替排列。雄性囊外伸，使虫体边缘不整齐，外观呈锯齿样。睾丸分布于排泄管外侧。子宫呈多弯曲的横列管状。

中点无卵黄腺绦虫：细线状，体长2～3m或更长，宽2～3mm，节片极短，且分节不明显。每个节片内只有一组生殖器官，左右不规则排列。睾丸位于排泄管两侧，没有卵黄腺，各孕节子宫周围器均互相靠近而且前后连续，排列于节片的中央，所以眼观虫体中央呈一条白线。

3. 生活史：几种绦虫的发育史相似，以莫尼茨绦虫为例介绍。孕卵节片或虫卵随粪便排出体外，被中间宿主——地螨吞食，在其体内经一段时间后发育为似囊尾蚴，牛羊吞食含有似囊尾蚴的地螨后而感染，似囊尾蚴在牛羊小肠内经40～50d发育为成虫。

4. 流行病学：1岁以内羊多发；各种日龄羊均可发生；放牧羊多发。莫尼茨绦虫和盖氏曲子宫绦虫分布于全国各地，中点无卵黄腺绦虫主要分布在高寒、干燥地区。这三种绦虫普遍存在，而且多为混合感染。莫尼茨绦虫多感染羔羊和犊牛，盖氏曲子宫绦虫对各种年龄的牛羊均可感染，而中点无卵黄腺绦虫则主要感染成年牛羊。

5.临床症状：当大量虫体寄生时，可阻塞肠管，导致肠套叠、肠扭转，甚至肠破裂的严重后果。虫体较大时，产生的新陈代谢产物多，而且有特殊的毒害，如莫尼茨绦虫的毒素能引起神经症状，发生假回旋病。虫体大，而且生长迅速，虫体数量多时，将需要大量的营养物质，虫体夺取宿主肠内已消化好的养分，从而使宿主衰弱消瘦、病程恶化。在三种绦虫中，以莫尼茨绦虫的致病力最强，临床症状也比较明显。羊感染后的症状，因感染强度、年龄而异。一般体温变化不大；病程长；明显消瘦；腹泻，排稀粪，粪便中有黄白色节片，转圈；磨牙。轻度感染或成年羊感染时，一般症状不明显。羔羊和犊牛感染以及成年牛羊严重感染时症状明显，表现为消化紊乱，经常腹痛、肠臌气和下痢，粪便中常混有脱落的节片，日渐消瘦、贫血，有的出现痉挛、转圈等神经症状。病的初期，羔羊和犊牛还有食欲降低而饮欲增加的现象；病的末期，患畜因衰竭而卧地不起，空口咀嚼，口吐白沫，反应迟钝或消失；最后因恶病质衰竭而死亡。

6.防制措施：鉴于幼畜在早春放牧一开始即可遭到感染，可在放牧后4～5周时用硫氯酚和氯硝柳胺等做成虫期前驱虫，2～3周后可再进行第2次驱虫。污染的牧地一般空闲两年后可再放牧。人工草场经几年耕种后可减少地螨，有利于本病的防治。

### 三、普查情况

本次疫病及寄生虫病普查，流行病学调查210份，没有发病和临床记载。全县解剖羊14只，没有查出绦虫。全县采集羊粪便210份，肛门拭子210份，经临泽县动物疫病预防控制中心实验室用增加涂片法、虫体检查法试验均为阴性。

## 第十一节　羊棘球蚴病

### 一、病的概述

羊棘球蚴病又名羊包虫病，是由寄生在犬、狼、狐、猫等肉食动物小肠中的带科棘球属绦虫的幼虫——棘球蚴寄生于绵羊、山羊的肝、肺及其他脏器（如脾、肾、脑、纵隔、腹盆）引起的，牛、猪均感染本病，也可寄生于人，使人患包虫病。在羊体寄生的棘球蚴多为兽型棘球蚴，绵羊患本病时消瘦、衰弱，死亡率较高。

### 二、流行及防制情况

1.流行情况：过去临泽县羊棘球蚴病发病率较高，近年来，随着养殖方式的转变（放牧转变为舍饲）和驱虫药物的大量使用，本病发病极少。

2.病原体：细粒棘球蚴呈多种多样的囊泡状，大小可由黄豆粒至西瓜大，囊内充满液体。绵羊是棘球蚴最适宜的宿主，常寄生于羊的肝、肺、脾、肾等器官表面。

3.流行病学：成虫寄生于犬、狼小肠内，其含有虫卵的节片，随着犬、狼的粪便排出，污染了饲草和饮水，羊采食时食入包含虫卵的节片，卵内的六钩蚴在消化道逸出，钻入肠壁，随血流或淋巴散布到身体各处(肝、肺是最常被侵害的脏器),缓慢地生长发育为棘球蚴。羊死后,犬吞食了带棘球蚴的羊内脏而感染细粒棘球绦虫。

4.临床症状:轻度感染和感染初期通常无明显症状;严重感染的羊,被毛逆立,时常脱毛,肥育不良,肺部感染时有明显的咳嗽;咳后往往卧地,不愿起立。寄生在肝表面时,可能有消化不良等症状。

5.防制措施:尚无有效疗法。患棘球蚴病畜的脏器一律进行深埋或烧毁,以防被犬或其他肉食兽吃入;做好饲料、饮水及圈舍的清洁卫生工作,防止犬粪污染。驱除犬的绦虫,要求每个季度进行一次,驱虫药用氢溴酸槟榔碱时,剂量按每千克体重1~4mg,绝食12~18h后口服;也可选用吡喹酮,剂量按每千克体重5~10mg口服。服药后,犬应拴留1昼夜,并将所排出的粪便及垫草等全部烧毁或深埋处理,以防病原扩散传播。

**三、普查情况**

本次疫病及寄生虫病普查,流行病学调查210份,没有发病和临床记载。全县解剖羊14只,查出倪家营镇黄家湾村一只羊感染。感染率为7.1%。全县采集羊粪便210份,肛门拭子210份,经临泽县动物疫病预防控制中心实验室用ELISA试验均为阴性。

## 第十二节　羊多头蚴病

**一、病的概述**

本病俗称脑包虫病或晕倒病,是多头绦虫的幼虫多头蚴引起的,成虫寄生于终末宿主犬的小肠,幼虫寄生于羊与反刍兽的脑内。

**二、流行及防制情况**

1.流行情况:临泽县没有本病的流行和临床记载。

2.病原体:多头蚴呈囊泡状,囊体豌豆大至鸡蛋大;囊内充满透明液体;在囊的内壁上有100~250个原头蚴,原头蚴直径2~3mm。多头绦虫虫体长40~100cm,由200~500个节片组成。头节有4个吸盘,顶突上有22~32个小钩,分作两圈排列。成熟节片呈方形或长大于宽;节片内有200个左右;卵巢分两叶,大小几乎相等。孕卵节片内子宫有18~26个侧枝。卵为圆形,直径一般为20~37μm。长成的多头蚴呈囊状,白色,外包薄膜,内部充满透明液,直径可达5cm以上。成虫的孕节片脱落后随粪排出犬体外,羊吞食虫卵后,卵内六钩蚴逸出穿透肠黏膜进入血流,只有进入脑脊髓中发育良好。

3.发育史:脑多头蚴病是牧区常见的一种羊寄生虫病,成虫寄生于犬、狼、狐、豺等肉食兽的小肠,孕节片脱落随粪便排出体外,节片与虫卵散布于草场,污染饲草料、饮水,这些被污染的饲草料、饮水被羊只吞食而进入胃肠道后,六钩蚴逸出,借小钩钻入肠黏膜血管内,随血液进入脑脊髓中，经2～3周发育至粟粒大小，6周后囊体2～3cm。含有多头蚴的脑被犬类动物吞食，多头蚴头节便吸附于这些动物的小肠壁上，发育为成虫。

4.临床症状：六钩蚴初入脑时，体温升高，病畜兴奋做回旋、前冲、后退运动。有时沉郁，落群躺卧。感染后约8周多头蚴已发育得相当大，慢性症状尚不显著，再经2～6个月多头蚴更大时，根据寄生部位不同而有不同表现。

（1）大脑半球：转圈运动不休止，如在左脑则向右转圈，反之向左转，多头蚴越大则转圈范围越小。视力障碍，颅骨变薄、有的凸起，显沉郁，反应迟钝，瘦弱。

（2）脑前部：头下垂，向前直线前进，脱离群体（绵羊）常不能自行回转，遇障碍物呆立。

（3）大脑后部：头高举或做后退运动，颈部肌肉常僵直性痉挛，头向上仰或偏向一侧。

（4）小脑：易受惊，对喧哗表现不安，头高举，向声源相反方向逃走，四肢痉挛性蹒跚步态，不易保持平衡，四肢外展或内收，行走时步伐加长，易跌倒。

（5）脊髓：步伐不稳，尤其在转弯时明显，易引起后肢麻痹，尿失禁。

5.防制措施

预防：只要不让犬吃到牛羊的疾病脊髓，本病即能得到控制。患羊头部应销毁。患多头绦虫的犬必须驱虫，用氢溴酸槟榔碱，每千克体重1.5～2.5mg，服前停食12～20h；或氯硝柳胺（驱绦灵），每千克体重100mg（对粗粒棘球绦虫无效）；或硫氯酚（别丁），每千克体重100～200mg；服药后应拴住犬，以便收集粪便销毁。只有消灭了犬的多头绦虫病，才能杜绝羊多头蚴病的发生。平时要保护好饲草、饮水，防止犬在草堆上躺卧而污染。

**三、普查情况**

本次疫病及寄生虫病普查，流行病学调查210份，没有发病和临床记载。全县解剖羊14只，没有查出多头蚴病感染。全县采集犬粪便115份，经临泽县动物疫病预防控制中心实验室用直接涂片镜检虫卵试验均为阴性。

## 第十三节　羊细颈囊尾蚴病

**一、病的概述**

细颈囊尾蚴病是由泡状带绦虫的幼虫——细颈囊尾蚴寄生于绵羊、山羊、黄牛、猪等多种家畜的肝脏浆膜、网膜及肠系膜所引起的一种绦虫蚴病。细颈囊尾蚴主要引起家畜尤其是羔羊、仔猪和犊牛的生长发育受阻，体重减轻，当大量感染时可因肝脏严重受损而导致死亡。其成虫则寄生于犬、狼、狐等肉食动物的小肠内。

**二、流行及防制情况**

1.流行情况：本病在临泽县呈零星发生。近年来，随着养殖方式的转变（放牧转变为舍饲）和驱虫药物的大量使用，本病发病极少。

2.病原体

细颈囊尾蚴：俗称水铃铛，多悬垂于腹腔脏器上。虫体呈泡囊状，内含透明液体。囊体大小不一，最大可至小儿头大。囊壁外层厚而坚韧，是由宿主动物结缔组织形成的包膜；虫体的囊壁薄而透明。肉眼观察时，可见囊壁上有1个不透明的乳白色结节，为其颈部和内陷的头节，如将头节翻转出来，则见头节与囊体之间具有细长的颈部。

泡状带绦虫：虫体长75～500cm，链体由250～300个节片组成。头节上具4个吸盘，顶突上的小钩数为30～40个，分两圈排列。虫体前部的节片宽而短，后部的节片逐渐变长，到孕节则长大于宽。孕节子宫每侧的分枝数为10～16个，每个侧枝又有小分枝。子宫内被虫卵所充满，虫卵近似圆形，长36～39μm，宽31～35μm，内含六钩蚴。

3.发育史：成虫寄生于终末宿主的小肠内，发育成熟后孕节或虫卵随粪便排出体外，污染草场、饲料和饮水。当中间宿主羊等误食了孕节或虫卵后，在消化道内孵化出六钩蚴，钻入肠壁血管，随血流到达肝脏，并由肝实质内逐渐移行到肝脏表面寄生，或进入腹腔内寄生于大网膜、肠系膜及腹腔的其他部位，甚至可进入胸腔寄生于肺脏。幼虫生长发育3个月左右具有感染能力。终末宿主肉食动物如吞食了含有细颈囊尾蚴的脏器后，在小肠内经过52～78d发育为成虫。

4.流行病学：主要是由于感染泡状带绦虫的犬、狼等动物的粪便中排出绦虫的节片或虫卵，它们随着终末宿主的活动污染了牧场、饲料和饮水，使牛、羊等中间宿主遭受感染。

5.临床症状：成年羊症状表现不明显，羔羊症状明显。当肝脏及腹膜在六钩蚴的作用下发生炎症时，可出现体温升高、精神沉郁、腹水增加、腹壁有压痛，甚至发生死亡。经过上述急性发作后则转为慢性病程，一般表现为消瘦、衰弱和黄疸等症状。

6.防制措施

预防：含有细颈囊尾蚴的脏器应进行无害化处理，未经煮熟严禁喂犬。在该病的流行地区应及时给犬进行驱虫，驱虫可用吡喹酮（每千克体重5～10mg）或阿笨达唑（每千克体重15～20mg），一次口服。做好羊饲料、饮水及圈舍的清洁卫生工作，防止被犬粪污染。

治疗：可试用吡喹酮，剂量按每千克体重50mg，每天1次，口服，连服2次；或可试用阿苯达唑或甲苯达唑治疗。

**三、普查情况**

本次疫病及寄生虫病普查，流行病学调查210份，没有发病和临床记载。全县解剖羊14只，没有查出细颈囊尾蚴感染。全县采集犬粪便115份，经临泽县动物疫病预防控制中心实验室用直接涂片镜检虫卵试验均为阴性。

# 第十四节 羊 螨 病

## 一、病的概述

疥螨病，又叫疥癣病、癞病。是由疥螨科、疥螨属的疥螨寄生于羊皮肤内引起的皮肤病。以剧痒、脱毛、湿疹性皮炎和接触性感染为特征。羊患病后，毛的产量和质量都下降，危害很大，绒山羊普遍存在本病。

## 二、流行及防制情况

1. 流行情况：本病过去在临泽县多有发生，感染率为5%~10%。近年来随着广谱驱虫药的大量使用，螨虫感染率明显下降，但仍有零星发生。

**表3-5 临泽县历年来羊螨病流行病学调查统计表**

| 姓 名 | 发病地点 | 发病时间 | 饲养量 | 发病数 | 死亡数 |
|---|---|---|---|---|---|
| 杨应喜 | 平川村 | 2007 | 40 | 4 | |
| 杜建英 | 寨子村 | 2007 | 80 | 9 | 1 |
| 安春友 | 寨子村 | 2009 | 95 | 8 | |
| 赵 旭 | 富强牛场 | 2013 | 210 | 3 | |
| 宋国锋 | 富强牛场 | 2013 | 600 | 4 | |
| 宋自军 | 大寨村 | 2014 | 2000 | 7 | |
| 王友海 | 富强村 | 2014 | 600 | 5 | |
| 王友合 | 富强村 | 2014 | 1000 | 6 | |
| | | | 4625 | 46 | 1 |

2. 病原体：虫体呈龟形或圆形，浅黄色，背面有细横纹。雄虫长0.2mm左右，雌虫长0.5mm左右。口器呈蹄铁形，为咀嚼式。有4对肢，肢粗而短，第一、二对肢较长，突出体缘，第三、四对肢较短，不突出体缘。雄虫第一、二、四对肢末端有吸盘，第三对肢末端有刚毛。雌虫第一、二对肢末端有吸盘，第三、四对肢末端有刚毛。

3. 生活史：疥螨的一生都在家畜体上度过，并能世代相继地生活在同一宿主身上，发育过程包括卵、幼虫、若虫和成虫四个段。疥螨口器为咀嚼式，在宿主表皮挖凿隧道以角质层组织和渗出的淋巴液为食，在隧道内进行发育和繁殖。雌虫在隧道内产卵，卵经3~8d孵出幼虫，幼虫经蜕皮后变为若虫，若虫再蜕皮变为成虫。全部发育过程为8~22d，平均15d。雄虫交配后死亡，雌虫产卵后21~35d死亡。

4. 流行病学：疥螨病可由病畜和健畜直接接触而发生感染，也可由被螨及其卵污染的墙壁、垫草厩舍、用具等间接接触感染。疥螨病主要发生于冬季和秋末春初，因为这些季节，日光照射不足，畜体毛长而密，湿度大，最适合其生长和繁殖。幼畜易患疥螨病，发病也较严重。

5. 临床症状：疥螨寄生于角质层深处，采食时直接刺激和分泌有毒物质，使皮肤发生剧烈瘙痒和炎症。由于皮肤乳头层的渗出作用，使皮肤出现小丘疹和水泡，水泡被细菌侵入后变为小脓疱，患畜擦痒引起脓疱和水泡破溃，流出渗出液和脓汁，干了以后形成黄色结痂。病情继续发展，患部表皮过度角质化，结缔组织增生，患部脱毛，皮肤增厚，形成皱和龟裂褶。临床主要表现剧痒、脱毛、皮肤发炎，形成痂皮和脱屑。病畜烦躁不安，影响采食和休息，逐渐消瘦，严重者衰竭而死亡。

6. 防制措施

预防：畜舍要保持干燥、透光，通风良好。畜群密度不要过大。畜舍要经常清扫，定期消毒。经常观察畜群中有无发痒和掉毛现象，发现可疑病畜要及时进行隔离饲养和治疗，以免互相传染。羊每年夏季剪毛后，应及时进行药浴。

治疗：

(1)涂药疗法：适用于病畜数量少、患部面积小和寒冷的季节。涂擦药物前，为使药物能和虫体充分接触，必须将患部及其周围处的被毛剪掉，并用温肥皂水彻底刷洗，除去痂皮和污物。然后用来苏儿刷洗一次，擦干后涂药。可用5%的敌百虫水溶液，配方是：来苏儿5份溶于100份温水中，再加入5份敌百虫即可，涂擦患部，或用伊维菌素，羊每千克体重0.2mg，颈部皮下注射。

(2)药浴疗法：主要适用于病畜数量多和温暖季节，对羊最适用，既能预防，又能治疗。可用0.025%～0.03%林丹乳油水乳剂、0.05%辛硫磷乳油水剂和0.05%蝇毒磷水乳剂。在药浴前应先做小群安全试验。

**三、普查情况**

本次疫病及寄生虫病普查，流行病学调查210份，2012年沙河镇新民村一户农户养羊80只，发病30只，死亡2只。临床检查绵羊200只，绵羊发现螨虫感染。

## 第十五节　羊鼻蝇蛆病

**一、病的概述**

羊鼻蝇蛆病是羊鼻蝇幼虫寄生在羊的鼻腔或额突里，以病羊不安和慢性鼻炎为特征的一种寄生虫病。

**二、流行及防制情况**

1. 流行情况：本病在临泽县普遍流行。近年来，随着大面积驱虫，只有零星发生。

**表3-6 临泽县历年来羊鼻蝇蛆病流行病学调查统计表**

| 姓 名 | 发病地点 | 发病时间 | 饲养量 | 发病数 | 死亡数 |
|---|---|---|---|---|---|
| 刘成才 | 三二 | 2005 | 180 | 2 | |
| 王天刚 | 三三 | 2007 | 800 | 10 | |
| 曹兴仁 | 新添 | 2009 | 220 | 6 | |
| 柳相森 | 双泉 | 2010 | 120 | 3 | 1 |
| 曹义仁 | 一工程 | 2010 | 46 | 2 | |
| 兰吉武 | 合强小区 | 2012 | 300 | 30 | |
| 王希俊 | 古城 | 2012 | 9 | 1 | |
| 张学军 | 西柳 | 2012 | 120 | 10 | |
| 王克禄 | 闸湾村 | 2013 | 500 | 60 | |
| 刘利业 | 东柳 | 2013 | 10 | 1 | |
| 王龙林 | 西湾 | 2013 | 15 | 2 | |
| 王希平 | 板桥 | 2014 | 100 | 5 | |
| 梁生斌 | 闸湾村 | 2014 | 800 | 70 | |
| | | | 3220 | 202 | 1 |

2. 发育史：带虫羊是本病的主要传染源。雌虫在夏季天热时突然冲向羊鼻产蚴，幼虫爬入鼻腔，寄生9~10个月，翌年春天幼虫从鼻孔爬出，在羊打喷嚏时落地化蛹，经1~2个月后羽化为成虫继续侵袭羊只。本病主要危害绵羊。

3. 临床症状：在成蝇冲向羊群产蚴时，羊群骚动，互相挤在一起，将头掩藏于另一只羊的腹下和腿间，影响觅食和休息；当幼虫寄生或移行时，患羊鼻腔、额窦发炎，羊只表现不安、摇头、奔跑，在地面摩擦鼻端，从鼻孔流带浆性或黏性鼻液，有时混有血液，羊只逐渐消瘦。

4. 防制措施：消灭羊鼻腔内的第一期幼虫，是防制的关键。可根据当地气候条件和羊鼻蝇的发育情况，确定防治的时间，一般在每年11月进行为宜。可选用如下药物：①4-溴-2-氯苯基：口服剂量按每千克体重0.12g，配成2%溶液，灌服；②敌百虫：取精制敌百虫60g，加95%酒精31ml，在瓷器内加热溶解后，加入31ml蒸馏水，再加热到60℃~65℃，待药完全溶解后，加水至总量100ml，经药棉过滤后即可肌肉注射；剂量按体重计，羊体重10~20kg用0.5ml，体重20~30kg用1ml，体重30~40kg用1.5ml，体重40~50kg用2ml，体重50kg以上用2.5ml；③2-二氯乙烯基：口服，剂量按每千克体重5mg，每日1次，连用2d。

烟雾法：常用于羊群的大面积防治，药量按熏蒸场所的空间体积计算，每立方米空间使用80%敌敌畏0.5~1.0ml。吸雾时间应根据小群羊的安全试验和驱虫效果而定，一般不超过1h为宜。

气雾法：适合于大群羊的防治，可用超低量电动喷雾器或气雾枪使药液雾化，药液的用量及吸雾时间与烟雾法相同。

涂药法：对个别良种羊，可在成蝇飞翔季节将1%敌敌畏软膏涂擦在羊的鼻孔周围，每5d1次，可杀死雌虫产下的幼虫。

**三、普查情况**

本次疫病及寄生虫病普查，流行病学调查210份，没有发病和临床记载。全县解剖羊14只，没有查出羊鼻蝇蛆病感染。临床检查绵羊200只，没有发现羊鼻蝇蛆病感染。

## 第十六节　羊　蜱　病

**一、病的概述**

绵羊和山羊的硬蜱病，俗称草圪鳖、草爬子、壁虱，是寄生于羊体表的一种外寄生虫。除直接侵袭羊群外，还常常成为多种重要的传染病和焦虫病的传播者，其危害不可低估。蜱的种类很多，分布广泛，发病率很高，尤以羔羊和青年羊易患。

**二、流行及防制情况**

1.流行情况：临泽县有零星发生。过去放牧羊易感，近年来，随着肉羊养殖方式的转变，感染率很低。

表3-7　临泽县历年来羊蜱病流行病学调查统计表

| 姓　名 | 发病地点 | 发病时间 | 饲养量 | 发病数 | 死亡数 |
|---|---|---|---|---|---|
| 李玉海 | 玉海养殖场 | 2008 | 400 | 2 | |
| 张　仁 | 高　庄 | 2008 | 80 | 12 | |
| 宋元林 | 南　台 | 2011 | 28 | 5 | |
| 代　军 | 兰化小区 | 2013 | 160 | 30 | |
| 杨学成 | 兰化小区 | 2014 | 410 | 41 | |
| 顾虎 | 沙河林场 | 2014 | 800 | 47 | |
| | | | 1878 | 137 | |

2.发育史：蜱的发育需经过卵、幼虫、若虫及成虫四个阶段。幼虫、若虫、成虫都要在人、畜及野兽（禽）体上吸血。吸饱血的雌蜱离开宿主落地，爬到缝隙内或土块下产卵数千至上万个，之后死亡。卵孵出幼虫，爬到宿主体上吸饱血后落地蜕化成若虫，再次吸血、蜕化变为成虫。蜱的吸血量很大，每次吸血2~10d，饱血后的蜱体重增加数倍、数十倍甚至250倍。各种蜱的活动有明显的季节性，一般以夏秋季节活动频繁。蜱的嗅觉敏锐，当家畜接近时，在草、灌木上的蜱即爬到动物体寄生吸血，也可爬在人体吸血。

3.防制措施：①消灭羊体上的蜱：发现羊体上有少量的蜱时，最简便的方法是用手捉并将其杀灭，拔蜱时，应使蜱体与动物的皮肤垂直并往上拔，才能使虫体脱离羊体，否则蜱的口器很容易断落在羊体内，引起局部炎症；这种方法费工费时，只适宜蜱少时采用，或作为一种辅助方法；②药物灭蜱：在羊体上发现有蜱时，每半个月用药液处理一次，特别是在硬蜱的活动季节（夏秋季）。常用的药液有1%~2%的敌百虫水溶液，1:（1000~1500）的畜禽灭害灵（20%氰戊菊酯），1:（300~600）除癞灵（辛硫磷浇泼剂）等，进行喷洒、药浴或洗刷，均能杀灭羊体上的蜱类；或用虫克星（阿维菌素、伊维菌素、阿力佳、伊力佳）口服或注射效果也非常好，且比较方便，隔7~10d再重复口服或注射一次；③消灭畜舍内的蜱：畜舍是某些蜱繁殖和生活的适宜场所，为消灭之，应堵塞畜舍内所有的缝隙和小洞，创造不利于蜱生活和繁殖的条件；地面是土的，应铲除一层地面，换上新土；饲槽内外、其他用具和墙壁要经常用上述药液以10倍量的浓度喷洒、涂刷；④消灭外界环境的蜱：在硬蜱最多的季节，在重点放牧的地方，用上述药液10倍浓度喷洒，可杀灭大部分在地面和牧草上的硬蜱；⑤避免硬蜱的侵袭：硬蜱在牧坡上有一定的滋生地区，当硬蜱大量出现时尽可能到硬蜱少或无的地区去放牧，种羊改放牧为舍饲；⑥新引进和输出的羊群必须检疫，发现有蜱要隔离，并进行灭蜱处理，防止随同羊群带入带出蜱类。

### 三、普查情况

本次疫病及寄生虫病普查，流行病学调查210份，有2个乡镇6户农户养羊1878只，发病137只，再没有发病和临床记载。全县解剖羊14只，没有查出蜱感染。临床检查绵羊200只，没有发现羊蜱感染。

## 第十七节　羊　虱　病

### 一、病的概述

羊虱是永久寄生的外寄生虫病，有严格的畜主特异性。虱在羊体表以不完全变态方式发育，经过卵、若虫和成虫三个阶段，整个发育期约一个月。

### 二、流行及防制情况

1.流行情况：临泽县有零星发生。

**表3-8　临泽县历年来羊虱及虱蝇病流行病学调查统计表**

| 姓　名 | 发病地点 | 发病时间 | 饲养量 | 发病数 | 死亡数 |
|---|---|---|---|---|---|
| 张希满 | 宣　威 | 2000 | 29 | 2 | |
| 韩家愈 | 一工程 | 2009 | 300 | 3 | |
| 闫　鹏 | 张　湾 | 2009 | 35 | 13 | |
| 张登辉 | 富　强 | 2010 | 100 | 1 | |

续表3-8

| 姓　名 | 发病地点 | 发病时间 | 饲养量 | 发病数 | 死亡数 |
|---|---|---|---|---|---|
| 白桂花 | 湾子村 | 2010 | 60 | 2 | |
| 魏正怀 | 昭　武 | 2011 | 132 | 39 | |
| 张建彪 | 昭　武 | 2013 | 197 | 25 | |
| 王茂虎 | 大　鸭 | 2014 | 512 | 52 | |
| | | | 1365 | 137 | |

2.*病原体*:病原为羊虱。羊虱可分为两大类:一类是吸血的,即有山羊颚虱、绵羊颚虱、绵羊足颚虱和非洲羊颚虱等;另一类是不吸血的,为以毛、皮屑等为食的羊毛虱。山羊颚虱寄生于山羊体表,虫体色淡,长1.5~2mm;头部呈细长圆锥形,前有刺吸口器,其后方陷于胸部内;胸部略呈四角形,有足3对;腹呈长椭圆形,侧缘有长毛,气门不显著。

3.*发育史*:羊虱是永久寄生的外寄生虫病,有严格的宿主特异性。虱在羊体表以不完全变态方式发育,经过卵、若虫和成虫三个阶段,整个发育期约一个月。成虫在羊体上吸血,交配后产卵,成熟的雌虱一昼夜内产卵1~4个,卵被特殊的胶质牢固地黏附在羊毛上,约经2周后发育为若虫,再经2~3周蜕化3次而变成成虫。雌虱产卵期2~3周,共产卵50~80个,产卵后即死亡。雄虱的生活期更短,一个月内可繁殖数代至十余代。虱离开羊体,得不到食料1~10d死亡。虱病是接触感染的,可经过健羊与病羊直接接触,或经过管理用具接触感染。若羊舍阴暗、拥挤,更有利于虱子的生存、繁殖和传播。

4.*临床症状*:虱子分泌有毒的唾液,刺激皮肤的神经末梢而引起发痒,羊因啃咬或摩擦而损伤皮肤。当大量羊虱聚集时,可使皮肤发生炎症、脱皮或脱毛,尤其是羊虱可使羊绒折断,对羊绒的质量造成严重的影响。由于羊虱的长期骚扰,病羊烦躁不安,影响采食和休息,以致逐渐消瘦、贫血。幼羊发育不良,奶羊泌乳量显著下降。羊体虚弱,抵抗力降低,严重者可引起死亡。

5.*防治措施*:

预防:加强饲养管理,保持羊舍清洁、干燥、透光和通风,平时给予营养丰富的饲料,以增强羊的抵抗力。对新引进的羊只应严格检查,及时发现及时隔离治疗,防止蔓延。对羊舍要经常清扫、消毒,垫草要勤换勤晒,管理工具要定期用热碱水或开水烫洗,以杀死虱卵。及时对羊体灭虱,应根据气候不同采用洗刷、喷洒或药浴。

治疗:伊维菌素,皮下注射,每千克体重0.01~0.02ml(羔羊在3月龄以上方可注射)。亦可用0.5%敌百虫水溶液或20%蝇毒磷,池浴、喷雾;药浴后对于严重或虱不彻底死亡的个别羊只再进行第二次药浴,半月后羊身上的虱全部死亡。

**三、普查情况**

本次疫病及寄生虫病普查，流行病学调查210份，4个镇8户农户养羊1365只，发病137只。

## 第十八节 羊虱蝇病

**一、病的概述**

虱蝇侵袭是绵羊的一种慢性皮炎，以发痒性骚扰与季节性波动为特征。这种寄生虫病分布于全球，发生率高。由于会引起羊的生长不良、肉和毛的产量和品质降低，以及控制虱蝇病的费用开支，所造成的经济损失很大。

**二、流行及防制情况**

1.流行情况：临泽县有零星发生。

2.病原体：病原为绵羊虱蝇，又称为羊虱蝇或绵羊蜱。成蝇为褐灰色，长为4～6mm，无翅，但有3对强壮的腿，每条腿有1强壮的爪。头部宽阔，带有坚强的穿刺性口器。

3.发育史：虱蝇寄生于绵羊皮肤，度过它的整个生活周期。在从蛹内孵化后的3～4d内，胎生的雌蝇开始交配，连续生产10～15条幼虫。妊娠期为10～12d。在分娩后雌蝇把长3～4mm的幼虫胶黏在羊毛纤维上，形成外壳，并在夏季与冬季分别经19～24d变成蛹。雌虫可存活4～5个月，在32～40d内发育出完整的一代，四季生殖，但气候与其他因素大大影响到季节性群体的变动：春季剪毛能除去大量虱蝇、夏季太阳能量引起皮肤高温、秋冬季外界环境则创造了有利的皮肤温度，这些因素引起虱蝇的规律性：夏季群体下降与冬季群体上升。成年虱蝇靠穿刺皮肤采食并摄入血液。使羊烦躁不安，影响采食，因而减少肉和毛的生产。大量虱蝇逐渐使宿主失血并引起不同程度的贫血。通过拥挤的羊群以及带羔母羊与羔羊之间的直接接触而发生传播。

4.临床症状：它们集中在颈、胸壁、臀部与腹部的皮肤上。虽然少量不引起障碍，大量则引起不安、采食减少及生长速度停滞。患羊咬、踢与摩擦它们受侵袭的皮肤，可机械地损伤羊毛，使毛粗糙、断裂与脱落。在受侵袭的羊群中，所有个体可能持续地被寄生，但很少有死于无并发症的虱蝇侵袭。

5.防制情况：虱蝇侵袭的羊群，必须在剪毛后6周内进行药物治疗。来自有虱蝇羊群的绵羊，在加入无虱蝇的羊群前必须进行检疫与治疗。无虱蝇的绵羊不许放到受虱蝇侵袭的羊舍。

**三、普查情况**

本次疫病及寄生虫病普查，流行病学调查210份，没有发病和临床记载。全县解剖羊14只，没有查出虱蝇感染。临床检查绵羊200只，没有发现羊虱蝇感染。

## 第十九节　羊　虻　病

临泽县没有羊虻病的发生流行和临床记载。

## 第二十节　羊舌形虫病

**一、病的概述**

引起本病的是为舌形属锯齿舌形虫的幼虫，寄生在羊的肠系膜淋巴结或腹腔内脏中，牛、马、兔也有寄生，其成虫寄生于犬等肉食兽的鼻腔内。

**二、流行及防制情况**

1.流行情况：临泽县没有本病的流行和临床记载。

2.流行病学：由感染舌形虫的犬传播。虫卵随同犬、狐、狼的鼻黏液流出，黏附于青草上或落入水中，被中间宿主马、羊、牛、兔吞食，在胃中孵出幼虫，穿过肠壁移行至肝、肺、肠系膜淋巴结及肾等内脏中，经5~6个月发育为若虫，在羊体内寄生2~3年。

3.临床症状：幼虫向浆液腔、支气管和肠道移行时可引起出血，造成消瘦。

4.防制措施：加强犬的管理，不将含幼虫的羊、牛、兔脏器喂犬或乱扔，可减少病原的散播。

**三、普查情况**

本次疫病及寄生虫病普查，流行病学调查210份，没有发病和临床记载。全县解剖羊14只，没有查出舌形虫感染。

## 第二十一节　羊泰勒焦虫病

**一、病的概述**

本病是由泰勒科泰勒属的原虫寄生在羊的网状内皮系统细胞和红细胞所引起的。以四肢僵硬、肩前淋巴结肿大和血尿为特征。

**二、流行及防制情况**

1.流行情况：临泽县没有本病的流行和临床记载。

2.病原体：泰勒虫属于孢子虫纲梨形虫亚纲梨形虫目泰勒科。环形虫体呈戒指状，位于环形边缘的一端，着色为红色，原生质为淡蓝色，大小为0.6~1.5μm。圆点形虫体内无原生质，着色为蓝色，很类似边形虫，但虫体不在红细胞边缘，直径略小于环形。裂殖体虫体散在于红细胞之外，着色为蓝色，大小为0.8~1μm。

3.流行病学：羊泰勒虫病的传播者为长角血蜱。蜱多寄生在灌木丛、草叶中，当羊采食、路过时，爬满羊体，叮咬在皮肤上吸血。羔羊对本病最易感，尤以2~6月龄最为多见。死亡率高达90%~100%。

4.临床症状

病程1~7d，最长不超过10d。运来的大多数羊体表寄生数量不等的蜱。病初羊跟不上群，精神沉郁，喜卧，食欲减退。体质日渐消瘦，表现无力。可视黏膜病初充血，渐为苍白，有的甚至黄染，全身叮满蜱。体温逐渐升高至41℃~42℃，呈高热稽留。反刍减弱或停止，排干或稀软粪便。呼吸浅表、困难，肺泡音粗厉，流黏稠或稀水样鼻液。病羊有的呈兴奋型，表现为转圈运动。随着病程延长，病羊更加消瘦，血液稀薄，体温降至常温以下，临死前不断呻吟、嗥叫，起卧翻滚。有的病羊腹围高度膨胀。浅表淋巴结肿大，有的可见血尿，大多数孕母羊病中后期发生流产。体质日渐消瘦，四肢麻痹，步态摇摆，最后卧地不起衰竭而死。年龄越大病情越轻。

5.防制措施

预防：本病关键在于灭蜱，可根据本地蜱的活动规律和生活习性制订灭蜱措施。用70mg/L溴氰菊酯喷雾羊体及棚舍等环境，或用除癞灵对羊只进行药浴几次，或使用0.33%敌敌畏，或0.2%~0.5%敌百虫水溶液喷洒圈舍的墙壁等处，以消灭越冬的幼蜱。在本病流行区，于每年发病季节到来之前，对羊群采用咪唑苯脲或贝尼尔（血虫净）进行预防注射。贝尼尔，按每千克体重3mg配成7%的溶液，深部肌肉注射，每20d1次，对预防山羊泰勒虫病有效。防止外来羊只将蜱带入和本地羊只将蜱带到其他地区，注意做好购入、调出羊的检疫工作。

治疗：①贝尼尔（血虫净）：按每千克体重7mg，以蒸馏水配成7%水溶液，分点深部肌肉注射，每天1次，连用3d为1个疗程；②咪唑苯脲：按每千克体重1.5~2mg配成5%~10%水溶液，皮下或肌肉注射；③阿卡普林：按每千克体重0.6~1mg，配成5%水溶液，皮下或肌肉注射，48h后再注射1次；④黄色素：按每千克体重3~4mg，配成0.5%~1%水溶液，静脉注射，注射药物时不可漏出血管外，注射后数天内要避免强烈阳光照射，以免灼伤，必要时24~48h后重复注射1次；⑤磷酸伯胺喹啉：按每千克体重0.75mg，每天灌服1剂，连用3剂，对泰勒虫病有特效。除采取上述驱虫外，还要根据病情进行强心补液等对症治疗，并加强护理以使病羊早日康复。

**三、普查情况**

本次疫病及寄生虫病普查，流行病学调查210份，没有发病和临床记载。全县采集羊血210份，经临泽县动物疫病预防控制中心实验室采样血液涂片镜检均为阴性。

## 第二十二节　羊球虫病

**一、病的概述**

羊球虫病是由艾美科艾美耳属的球虫寄生于羊肠道所引起的一种原虫病，发病羊只呈现下痢、消瘦、贫血、发育不良等症状，严重者导致死亡，主要危害羔羊。1~3月龄的山羊羔发病率和死亡率较高，其特征主要表现为粪不成形或拉稀，食欲下降，生长发育不良，严重时高度贫血，衰竭而死亡。

**二、流行及防制情况**

1.流行情况：临泽县有零星发生，但没有本病的流行和临床记载。

2.病原体：羊球虫病的病原体系艾美尔科艾美尔属的原虫。有阿氏艾美耳球虫、浮氏艾美耳球虫、雅氏艾美耳球虫、小型艾美耳球虫、羊艾美耳球虫、槌状艾美耳球虫、阿赫沙塔艾美耳球虫和错综艾美耳球虫。

3.流行病学：羔羊感染本病是因为吃了被成年羊粪便中的球虫卵囊污染的牧草、饮水而引起。饲养管理条件不良能促使本病的发生，特别是羊舍潮湿、拥挤、卫生条件差时，羔羊最易发病。以春、夏、秋多见。

4.临床症状：病初山羊出现软便，粪不成形，但精神、食欲正常。3~5d后开始下痢，粪便由粥样到水样，黄褐色或黑色，混有坏死黏液、血液及大量的球虫卵囊，食欲减退或废绝，渴欲增加。随之精神委顿，被毛粗乱，迅速消瘦，可视黏膜苍白，体温正常或稍高，急性经过1周左右，慢性病程长达数周，严重感染的最后衰竭而死，耐过的则长期生长发育不良。成年山羊多为隐性感染。

5.防制措施

防制：较好的饲养管理条件可大大降低球虫病的发病率，圈舍应保持清洁和干燥，饮水和饲料要卫生，注意尽量减少各种应激因素。放牧的羊群应定期更换草场，由于成年羊常常是球虫病的病原，因此最好能将羔羊和成年羊分开饲养。

治疗：氨丙啉和磺胺对本病有一定的治疗效果，用药后，可迅速降低卵囊排出量，减轻症状。①氨丙啉：每千克体重50mg，每日1次，连服4d；②氯胍：每千克体重20mg，每日1次，连服7d；③呋喃唑酮：每千克体重每日10~20mg，连用5d，腹泻停止，恢复食欲和健康；④磺胺二甲基嘧啶或磺胺六甲氧嘧啶：每千克体重每日100mg，连用3~4d，效果好；⑤盐霉素：按每天每千克体重0.33～1.0mg混饲，连喂2～3d。

**三、普查情况**

本次疫病及寄生虫病普查，流行病学调查210份，没有发病和临床记载。全县采集羊粪便210份，经临泽县动物疫病预防控制中心实验室采样增加涂片法、饱和盐水漂浮法检查虫卵均为阴性。

## 第二十三节　羊住肉孢子虫病

**一、病的概述**

羊住肉孢子虫主要寄生在绵羊、山羊的食道、腹肌和心肌，在肌纤维内形成包囊，产生毒素，严重时可引起羊只死亡。人也感染本病。

**二、流行及防制情况**

1.流行情况：临泽县没有本病的流行和临床记载。

2.流行病学：本病通常由犬、狼等肉食动物传播给羊。作为终末宿主的肉食动物。在吃了感染住肉孢子虫包囊的羊肉或其内脏后，粪便中排出卵囊或孢子囊，污染饲草、饲料、水源及环境，被羊食入后即被感染。幼犬可被柔嫩住肉孢子虫重复感染。当幼犬食入含这种虫体的绵羊心脏后，约10d开始排出卵囊，排囊持续期一个月。

3.临床症状：主要症状羊感染本病后无特异性症状，羔羊感染有厌食、虚弱表现，可致死亡，孕羊呈现高热、共济失调和流产。有些症状与牛肉孢子虫病相似。

4.防制措施：防制的主要措施是切断流行环节，防止犬、猫食入含虫体的羊肉和内脏，对感染住肉孢子虫的羊肉无害化处理后利用或作为工业利用。

**三、普查情况**

本次疫病及寄生虫病普查，流行病学调查210份，没有发病和临床记载。全县解剖羊14只，没有发现虫体。采集羊血清210份，经张掖市动物疫病预防控制中心实验室采用间接血凝试验、间接荧光抗体试验和ELISA试验均为阴性。

# 第三章 猪寄生虫病

## 第一节 猪胃线虫病

**一、病的概述**

猪胃线虫病是由旋尾目吸吮科似蛔属的圆形蛔状线虫(螺咽胃虫)、有齿蛔状线虫、泡首属六翼泡线虫、西蒙属的奇异西蒙线虫和颚口科颚口属的刚刺颚口线虫、陶氏颚口线虫(致病颚口线虫)寄生于胃内而引起的一种线虫病。

**二、流行及防制情况**

1.流行情况:临泽县有零星发生。没有资料记载。

2.病原体:圆形蛔状线虫,虫体纤细淡红色,咽壁为螺旋形嵴状,角质增厚,故又称螺咽胃虫,雄虫长10~15mm,雌虫长16~22mm。有齿蛔虫线虫,雄虫长25mm,雌虫长55mm。六翼泡首线虫雄虫长6~13mm,雌虫长13~22.5mm。奇异西蒙线虫,雄虫长12~15mm,线状、后部螺旋状卷起;雌虫长15mm,前部长后部膨大呈球形。刚刺鄂口线虫,新鲜虫体淡红色,皮菲薄,可透见体内白色生殖器官,头部膨大呈球状,虫体全身长有小棘,雄虫长15~25mm,雌虫长22~45mm。陶氏颚口线虫,雄虫长10~12mm,雌虫长16~20mm,全身有小棘。

3.发育史:圆形蛔状线虫、六翼泡首线虫的虫卵随粪排出体外后,被中间宿主食粪甲虫(蜉金龟属、金龟子属、显壳属、地孔属)吞食后,经20~36d发育到感染期,猪吞食有感染性的甲虫后(六翼泡首线虫的幼虫在其他动物或鸟粪、爬虫类体内形成包囊)或含有包囊的贮藏宿主(颚口线虫的中间宿主是剑水蚤、鱼类),感染性幼虫进入猪胃内,头部钻进胃壁黏膜,逐渐发育(约6周)为成虫。颚口线虫的幼虫也可移行至肝及其他器官,但不能继续发育而死亡。

4.流行病学:各种年龄的猪都可以感染,但主要是仔猪、架子猪。哺乳母猪较不哺乳母猪受感染的多。停止哺乳的母猪有自愈现象,但此现象可因体质较差而延缓或受抑制。公猪感染和非哺乳母猪相似。乳猪由于接触感染性幼虫的机会不多,故受感染的也较少。感染主要发生于受污染的潮湿的牧场、饮水处、运动场和圈舍。果园、林地、低湿地区都可以成为感染源。猪饲养在干燥环境里,不易发生感染。

5.临床症状：虫体侵入胃黏膜吸血，少数寄生时无异常，多数寄生或由于其他原因而并发胃炎时，患猪精神不振，贫血，营养状况衰退，发育不良，排混血黑便。食欲不减而增加，有时下痢。患病猪中，尤其是幼猪，多数寄生时，胃黏膜发炎，食欲减少，渴欲增加，腹疼、呕吐、消瘦、贫血、有急、慢性胃炎症状。精神不振、营养障碍、发育生长受阻、排粪发黑或混有血色。

6.防制措施

预防：改善饲养管理，给予全价饲料，清扫和消毒猪舍、运动场，妥善处理粪便，保持饮水清洁，进行预防性和治疗性驱虫。猪舍及放猪地附近不要种植白杨，以免金龟子采食树叶时落下被猪吞食，或猪拱地吞食金龟子的幼虫蛴螬而发病，不让猪到有剑水蚤、甲虫等中间宿主地方以免感染。逐日清扫猪粪，运往贮粪场堆积发酵，有计划地定期预防性驱虫。

治疗：①敌百虫：每千克体重0.1g，口服或拌料喂；②伊维菌素：每千克体重0.3mg，皮下注射；③氟化钠：按1%比例混入饲料中喂服；④盐酸左旋咪唑注射液：每千克体重7.5mg／次，肌肉或皮下注射，或磷酸左旋咪唑片每千克体重8mg／次，混饮或口服，经2~4周再给药1次；⑤噻苯达唑片：每千克体重50mg／次，每日1次，连用3次；⑥阿苯达唑（抗蠕敏）：按10~20mg/kg体重用药，1次口服。

**三、普查情况**

本次疫病及寄生虫病普查，流行病学调查210份，没有发病和临床记载。全县解剖猪胃肠5副，没有发现虫体。采集猪粪便210份，经临泽县动物疫病预防控制中心实验室采用直接涂片法、饱和盐水漂浮法检查虫卵试验均为阴性。

## 第二节　猪肠道线虫病

**一、病的概述**

猪肠道线虫病主要由猪肠道线虫、猪蛔虫、鞭虫结节蠕虫、猪钩虫等寄生虫病的引起。主要是以体重减轻、贫血、腹泻、生长迟滞为特性。

**二、流行及防制情况**

1.流行情况：临泽县有零星发生。

**表3-9　临泽县历年猪蛔虫流行病学调查统计表**

| 姓　名 | 发病地点 | 发病时间 | 饲养量 | 发病数 | 死亡数 |
|---|---|---|---|---|---|
| 闫天选 | 张湾村2社 | 1999 | 50 | 8 | |
| 董　斌 | 西　街 | 2008 | 80 | 2 | |
| 宋长俊 | 长　庄 | 2009 | 500 | 6 | |
| 王治全 | 双　泉 | 2009 | 300 | 26 | 2 |
| 边吉银 | 黄家堡 | 2009 | 8000 | 100 | 1 |

续表3-9

| 姓　名 | 发病地点 | 发病时间 | 饲养量 | 发病数 | 死亡数 |
|---|---|---|---|---|---|
| 杨国义 | 寨子村 | 2010 | 70 | 15 | 2 |
| 杨生有 | 五里墩 | 2010 | 30 | 2 | |
| 杜建荣 | 上　庄 | 2011 | 100 | 5 | |
| 丁建元 | 何强村5社 | 2012 | 400 | 20 | 3 |
| 王之会 | 花　园 | 2013 | 300 | 3 | |
| 曹天才 | 沙河村 | 2013 | 400 | 20 | |
| 兰　新 | 兰化小区 | 2014 | 300 | 13 | |
| | | | 10530 | 220 | 8 |

2.病原体:主要有类圆线虫、猪蛔虫、猪钩虫、猪结节虫和猪鞭虫,前三种寄生虫在小肠内,后两种寄生在结肠内。这些寄生虫通常呈线状或毛发状,有的呈圆柱状或纺锤形。雌雄异体,雌虫常大于雄虫。大小差别很大,多为乳白色,吸血的常显红色。它们的发育过程大致相似,这里就不再详述。

3.流行特点:在饲养管理不良时,特别是猪舍潮湿、卫生条件差的情况下流行普遍。它们的感染途径是经口或经皮肤感染(如类圆线虫的幼虫可通过仔猪的皮肤感染)。类圆线虫主要危害3~4周龄的仔猪,寄生在十二指肠;猪蛔虫主要危害3~6月龄的仔猪,常造成"僵猪",成年猪多半为带虫者但不出现症状。

4.临床症状:病仔猪表现为贫血、腹泻、呕吐、渐渐消瘦。这些肠道线虫的成虫皆有致病性,可造成猪体营养损失,严重的使肠壁机械损伤,虫体的代谢产物被猪体吸收可出现全身性中毒;另外,它们的幼虫在猪体内生活过程中也造成损害。

5.防制措施

预防:猪场全部驱虫一次。母猪产仔前1~2周驱虫一次。种公猪一年驱虫一次。仔猪断奶转群驱虫一次。彻底清洁环境,加强粪便管理,防止再次感染。

治疗:①盐酸左旋咪唑:每千克体重10mg,可混合饲料或饮水;②驱虫灵(哔结构橡哌嗪盐酸盐):每千克体重0.2g,和饲料混合饲喂;③阿苯达唑(抗蠕敏):每千克体重30mg,口服;④噻嘧啶酒石酸,每千克体重20~30mg,口服一次。

**三、普查情况**

本次疫病及寄生虫病普查,流行病学调查210份,沙河镇合强村二社一户农户养猪400头,发病20头,死亡3头。再没有发病和临床记载。全县解剖猪胃肠5副,发现有蛔虫虫体一条,感染率20%。采集猪粪便210份,经临泽县动物疫病预防控制中心实验室采用直接涂片法、饱和盐水漂浮法检查虫卵均为阴性,检查虫体为阴性。

## 第三节　猪肺线虫病

### 一、病的概述

猪肺线虫病，又称猪后圆线虫病或寄生性支气管肺炎，主要是由长刺猪肺线虫寄生于支气管而引起的，呈地方性流行。主要危害仔猪和肥育猪，引起支气管炎和支气管肺炎，严重时可引起大批死亡。

### 二、流行及防制情况

1. 流行情况：临泽县没有发病记载。

2. 病原体：主要为后圆科属的刺猪肺虫（长刺后圆线虫），其次为短阴后圆线虫和萨氏后圆线虫。刺猪肺线虫的虫体呈细丝状（又称肺丝虫），乳白色或灰白色，口囊很小，口缘很小，口缘有一对三叶侧唇。雄虫长12~26mm，交合刺2根，丝状，长达3~5mm，末端有小钩；雌虫长达20~51mm，阴道长2mm以上，尾端稍弯向腹面，阴门前角皮膨大，呈半球形。

3. 发育史：猪肺线虫需要蚯蚓作为中间宿主。雌虫在支气管内产卵，卵随痰转移至口腔咽下（咳出得极少），随着粪便到外界。该虫卵的卵壳厚，表面有细小的乳突状隆起，稍带暗灰色，卵在润湿的土地中可吸水而膨胀破裂，孵化出第一期幼虫。虫卵被蚯蚓吞食后，在其体内孵化出第一期幼虫（有时虫卵在外界孵出幼虫，而被蚯蚓吞食），在蚯蚓体内，经10~20d蜕皮两次后发育成感染性幼虫。猪吞食了此种蚯蚓而被感染，也有的蚯蚓在损伤或死之后，在其体内的幼虫逸出，进入土壤，猪吞食了这种污染了幼虫的泥土也可被感染。感染性幼虫进入猪体后，侵入肠壁，钻到肠系膜淋巴结发育，又经两次蜕皮后，循淋巴系统进入心脏、肺脏，在肺实质、小支气管及支气管内成熟。自感染后约经24d发育为成虫，排卵，成虫寄生寿命约为1年。

4. 流行特点：本病主要感染仔猪和育肥猪，6~12月龄的猪最易感。病猪和带虫猪是本病的主要传染源，而被猪肺虫卵污染并有蚯蚓的牧场、运动场、饲料种植场以及有感染性幼虫的水源等均可能为猪感染的重要场所。本病主要是经消化道传播，是猪吞噬了含有感染性幼虫的蚯蚓而引起的。主要发生在夏季和秋季，而冬季很少发生。这是因为蚯蚓在夏秋季最为活跃之故。

5. 临床症状：轻度感染的猪症状不明显，但影响生长和发育。瘦弱的幼猪（2～4月龄）感染虫体较多，而又有气喘病、病毒性肺炎等疾病合并感染时，则病情严重，具有较高死亡率。病猪的主要表现为食欲减少，消瘦，贫血，发育不良，被毛干燥无光；阵发性咳嗽，特别是早晚运动后或遇冷空气刺激时尤为剧烈，鼻孔流出脓性黏稠分泌物，严重病例呈现呼吸困难；有的病猪还发生呕吐和腹泻；在胸下、四肢和眼睑部出现浮肿。

6.防制措施

预防:主要是防止蚯蚓潜入猪场,尤其是运动场,同时还要做好定期消毒等工作。在猪场内创造无蚯蚓的条件,是杜绝本病的主要措施。将猪场建在高燥干爽处;猪舍、运动场应铺水泥地面;墙边、墙角疏松泥土要砸紧夯实,防止蚯蚓进入,或换上砂土,构成不适于蚯蚓滋生的环境等。

治疗:①驱虫净(四咪唑):按每千克体重20~25mg,口服或拌入少量饲料中喂服;或按照每千克体重10~15mg肌肉注射;本药对各期幼虫均有很好的疗效(几乎100%),但有些猪于服药后10~30min出现咳嗽、呕吐、哆嗦和兴奋不安等中毒反应;感染严重时中毒反应一般较大,通常多于1~1.5h后自动消失;②左旋咪唑:本药对15日龄幼虫和成虫均有100%疗效。按每千克体重8mg置于饮水或饲料中服用,或按照每千克体重15mg一次肌肉注射;③氰乙酰肼:按每千克体重17.5mg口服或肌肉注射,但用药的总剂量每千克体重不得超过1g,连服3d。

**三、普查情况**

本次疫病及寄生虫病普查,流行病学调查210份,没有发病和临床记载。全县解剖猪肺5个,没有发现虫体。采集猪粪便210份,经临泽县动物疫病预防控制中心实验室采用直接涂片法、饱和盐水漂浮法检查虫卵均为阴性。

## 第四节　猪肺副丝虫病

临泽县没有猪肺副丝虫病的发生流行和临床记载。

## 第五节　猪眼线虫病

临泽县没有猪眼线虫病的发生流行和临床记载。

## 第六节　猪浑睛虫病

临泽县没有猪浑睛虫病的发生流行和临床记载。

## 第七节　猪绦虫病

**一、病的概述**

盛氏许壳绦虫、陕西许壳绦虫寄生于猪的小肠中,除充塞肠道造成机械损伤外,还吸取营养引起猪发育不良。盛氏许壳绦虫是甘肃农业大学杨平等1957年在兰州猪场中发现并定名的，有人认为盛氏许壳绦虫是克氏伪裸头绦虫的同物异名。许壳绦虫可寄生于人体。

**二、流行及防制情况**

1.流行情况：临泽县没有本病发病及临床记载。

2.病原体：病猪为重要的传染源，仓库害虫赤拟谷盗可作为传播媒介。随宿主粪便排出的虫卵被赤拟谷盗食入后，在其体内发育成似囊尾蚴，再被猪食入即可感染绦虫病。含似囊尾蚴的赤拟谷盗窜入人的住室、厨房而污染餐具、食物，被人误食后可引起人感染。

3.主要症状：本病主要危害幼龄猪，轻度感染没有明显症状，虫体较多时有阵发性腹痛、腹泻、呕吐、厌食等表现，引起猪消瘦、贫血甚至小肠阻塞。

4.防制措施：对患猪用氯硝柳胺（灭绦灵）、硫双二氯酣驱虫，具有良好的防治效果。猪粪发酵灭卵可预防本病传播。

**三、普查情况**

本次疫病及寄生虫病普查，流行病学调查210份，没有发病和临床记载。全县解剖猪内脏5个，没有发现虫体。采集猪粪便210份，经临泽县动物疫病预防控制中心实验室采用直接涂片法、饱和盐水漂浮法检查虫卵均为阴性。

## 第八节　猪囊虫病

**一、病的概述**

人们俗称患囊虫病猪的肉为“米猪肉”。是由有钩绦虫（猪带绦虫）的幼虫——猪囊虫（猪囊尾蚴）引起的一种寄生虫病，又称猪囊尾蚴病。成虫寄生于人的小肠；幼虫寄生在猪的肌肉组织，有时也寄生于猪的实质器官和脑中。特别值得重视的是，幼虫也能寄生在人的肌肉组织和脑中，从而引起严重的疾病。

**二、流行及防制情况**

1.流行情况：本病在2000年以前在临泽县多有发生。2000年以来，随着规模养猪的发展和人畜圈舍分离建设，本病再没有发生。2003年蓼泉镇墩子村刘忠磊养猪68头发病12头，死亡2头。

2.病原体：猪囊虫的成虫体长2～7mm，头节呈圆球形，上有4个吸盘和1个顶突，顶突周围有两排小钩，共计25～51个。颈节短而窄，后接未成熟节片，最后依序为正方形的成熟节片和长形的孕卵节片。从粪便中排出的孕卵节片常常是几个节片连在一起的，孕卵节片内的子宫有7～12对侧支。幼虫称猪囊尾蚴或猪囊虫，呈白色半透明的小囊泡，长6～10mm，宽约5mm，囊内含有囊液，囊壁上有一乳白色的小结，其中嵌藏着一个头节。囊虫包埋在肌纤维间，外观似散在的豆粒或米粒，故群众常称有囊虫的猪肉为“豆肉”或“米肉”。

3.发育史：有钩绦虫寄生于人的小肠，其孕卵节片随粪便排到外界，猪吞食了孕卵节片或节片破裂后散落出的虫卵而遭感染。虫卵在胃肠消化液的作用下，卵壳破碎，六钩蚴外出，钻入肠壁，随血液被带到周身各部，而以咬肌、心肌、膈肌、舌肌、前肢上部肌肉、股部和颈部肌肉中，约经2个月发育为囊虫。当人吃了未煮熟的带有囊虫的猪肉时，即遭感染。此时囊虫翻出头节，吸着在人的小肠黏膜上，约经2～3个月发育为成虫。在人体内可寄生数年或十年之久，并不断地向外界排出孕卵节片，成为猪囊虫的感染来源。人的感染主要是在不卫生的条件下吃入了虫卵，或因患者肠逆蠕动（呕吐）时，使孕卵节片返入胃中，在胃液的作用下，六钩蚴逸出，进入血液循环，再到各组织器官发育为囊虫。当囊虫寄生在人的脑、眼等部位时，常对人的生命造成严重威胁。

4.流行病学：猪囊虫病主要是猪与人之间循环感染的一种人畜共患病。人有钩绦虫病的感染源为猪囊虫，猪囊虫病的感染源是人体内寄生的有钩绦虫排出的孕卵节片和虫卵。感染猪有钩绦虫的患者每天向外界排出孕卵节片和虫卵，且可持续排出数年甚至20余年，这样，猪就长期处于感染的威胁之中。往往是人无厕所猪无圈，猪接触人粪的机会增多，造成流行。此外，吃生猪肉或烹调时间过短、蒸煮时间不够等，也能造成人感染猪有钩绦虫。

5.临床症状：患猪多呈现慢性消耗性疾病的一般症状，常表现为营养不良，生长发育受阻，被毛长而粗乱，贫血，可视黏膜苍白，且呈现轻度水肿。患猪腮部肌肉发达，前膀宽，胸部肌肉发达，而后躯相应的较狭窄，即呈现雄狮状，前后观察患猪表现明显的不对称。患猪睡觉时，外观其咬肌和肩胛肌皮肤常表现有节奏性的颤动，患猪熟睡后常打呼噜，且以深夜或清晨表现得最为明显。外观患猪的舌底、舌的边缘和舌的系带部有突出的白色囊泡，手摸猪的舌底和舌的系带部可感觉到游离性的米粒大小的硬结。患猪眼球外凸、饱满，用手指挤压猪的眼眶窝皮肤可感觉到眼结膜深处有似米粒大小的游离的硬结；翻开猪的眼睑可见眼结膜充血，并有分布不均的米粒状白色透明的隆起物。

6.防制措施

（1）讲究卫生，移风易俗，做到人有厕所猪有圈，彻底消灭连茅圈，防止猪吃人粪而感染猪囊虫病。

（2）加强肉品卫生检验。大力推广定点屠宰，集中检疫。根据国家规定，在平均每$40cm^2$的肌肉断面上，有猪囊虫3个以上者，不准食用；3个以下者，煮熟或做成腌肉、肉松等出售。

（3）人患绦虫病时，可用槟榔、南瓜子或氯硝柳胺（灭绦灵）等药物驱虫。驱虫后排出的虫体和粪便必须严格处理，彻底消灭感染源。

**三、普查情况**

本次疫病及寄生虫病普查，流行病学调查210份，再没有发病和临床记载。近15年来全县年检疫生猪酮体3万头，没有发现猪囊虫。

## 第九节 猪棘球蚴病

### 一、病的概述

猪棘球蚴病是由细粒棘球绦虫的幼虫——棘球蚴引起的。成虫寄生在犬、狼、狐的小肠，幼虫寄生在人及牛、羊、猪的肝、肺等脏器内。病原体细粒棘球绦虫的成虫很小，体长2～6mm，由1个头节和3～4个节片组成。最后一节是孕卵节片，几乎占虫体全长的一半。

### 二、流行及防制情况

1. 流行情况：2000年以前，本病在临泽县多有发生。2000年以来，随着规模养猪的发展和人畜圈舍分离建设，本病再没有发生。

2. 病原体：棘球蚴呈囊泡状，小的如豌豆，大的如小儿头，囊内有无色透明的液体。囊壁分两层，外层为角质层，有保护作用；内层为生发层，在该层上可长出生发囊，生发囊的内壁上生成许多头节。生发囊和头节脱落后，沉在囊液里，呈细沙状，故称“棘球沙”或“包囊沙”。有时囊内还可生成子囊（或向囊外生成外生性子囊），子囊内还可生成孙囊。但有的棘球蚴不形成头节，无头节的囊泡称为“不育囊”。

3. 流行病学：寄生在犬、狼等体内的成虫数量一般很多，它们的孕卵节片随粪便排出外界，虫卵散布在牧草或饮水里，中间宿主牛、羊和猪等随着吃草或饮水而遭受感染。虫卵在胃肠消化液的作用下，六钩蚴脱壳而出，穿过肠壁，随血流而至肝和肺，逐步发育为棘球蚴。终末宿主犬、狼等吃了有棘球蚴的脏器而受到感染。人误食细粒棘球绦虫的虫卵后，可患严重的棘球蚴病。寄生于人体的棘球蚴可生长发育达10～30年之久。

4. 临床症状：初期一般不显症状。寄生在肺时，发生呼吸困难、咳嗽、气喘及肺浊音区逐渐扩大等症状。寄生在肝时，最后多呈营养衰竭和极度虚弱。

5. 防制措施

预防：

（1）消灭野犬：对警犬和牧羊犬应定期驱虫。用吡喹酮药饵（5mg/kg）、甲苯唑（8mg/kg）、氢溴酸槟榔碱（2mg/kg）或氯硝柳胺（灭绦灵、拜耳2353，犬的剂量为25mg/kg）可驱除犬的各种绦虫。驱虫后排出的粪便和虫体应彻底销毁。

（2）加强肉品卫生检验工作，对有病脏器必须销毁，严禁作犬食。

（3）保持畜舍、饲料和饮水卫生，防止犬粪污染。

（4）人与犬等动物接触或加工狼、狐狸等毛皮时，应注意个人卫生，严防人体感染。

治疗：可试用阿苯达唑（90mg/kg，连服2次）或吡喹酮（25～30mg/kg，连服5d）杀灭猪棘球蚴。

### 三、普查情况

本次疫病及寄生虫病普查，流行病学调查210份，没有发病和临床记载。近15年来全县年检疫生猪3万头，没有发现猪棘球蚴。采集猪血清210份，经张掖市动物疫病预防控制中心实验室采用间接血清凝集试验和ELISAS试验均为阴性。

## 第十节　猪多头蚴病

临泽县没有猪多头蚴病的发生流行和临床记载。

## 第十一节　猪细颈囊尾蚴病

### 一、病的概述

猪细颈囊尾蚴病是由泡状带绦虫的幼虫——细颈囊尾蚴（俗称“水铃铛”）引起的。泡状带绦虫分布甚广，家畜常见寄生，寄生数量少时可不显症状；如被大量寄生，则可引起消瘦、衰弱等症状。

### 二、流行及防制情况

1.流行情况：临泽县有零星发生。随着规模养猪的发展本病再没有发生。

2.病原体：成虫寄生在犬的小肠，长1.5～2m，孕卵节片随粪便排出，猪吞食虫卵后，释放出六钩蚴，六钩蚴随血流到达肠系膜和网膜、肝等处，发育为细颈囊尾蚴，犬由于食入带有细颈囊尾蚴的脏器而受感染。潜伏期为51d，成虫在犬体内可生活1年之久。幼虫寄生在猪、牛、羊等家畜的肠系膜、网膜和肝等处，为一似鸡蛋大小的囊泡，头节所在处呈乳白色。

3.临床症状：细颈囊尾蚴对仔猪及羔羊的危害严重。在肝脏中移行的幼虫数量较多时，可破坏肝实质及微血管，穿成虫道，引起出血性肝炎。此时，病畜表现不安、流涎、不食、腹泻和腹痛等症状，可能造成仔猪死亡。慢性疾病多发生在幼虫自肝脏移行出来之后，一般不出现临诊症状，有时患畜出现精神不振、食欲消失、消瘦、发育不良等症状。有时幼虫移行至腹腔或胸腔可引起腹膜炎和胸膜炎，表现出体温升高等症状。

4.防制措施：吡喹酮和阿苯达唑等对细颈囊尾蚴有一定的杀灭作用。预防主要是防止犬进入猪舍内散布虫卵，污染饲料和饮水；勿用猪、羊屠宰的废弃物喂犬。对犬应进行定期驱虫，常用药物有吡喹酮，剂量为5mg/kg体重；或氯硝柳胺，100～150mg/kg体重，喂服驱虫。

### 三、普查情况

本次疫病及寄生虫病普查，流行病学调查210份，没有发病和临床记载。解剖生猪内脏5副，没有发现细颈囊尾蚴。

# 第十二节 猪 螨 病

## 一、病的概述

猪疥螨病俗称癞、疥癣，是一种由疥螨虫在猪皮肤上寄生，使皮肤发痒和发炎为特征的体表寄生虫病。由于病猪体表摩擦，皮肤肥厚粗糙且脱毛，在脸、耳、肩、腹等处形成外伤、出血，血液凝固形成痂皮。该病为慢性传染病。

## 二、流行及防制情况

1.流行情况：临泽县有零星发生。2007年平川镇四坝村杨克军养猪580头，发病15头。再无发病和临床记载。

2.病原体：疥螨（穿孔疥虫）寄生在猪皮肤深层由虫体挖凿的隧道内。虫体很小，肉眼不易看见，大小为0.2~0.5mm，呈淡黄色龟状，背面隆起，腹面扁平，腹面有4对短粗的圆锥形肢；虫体前端有一钝圆形口器。疥螨的口器为咀嚼型，在宿主表皮挖凿隧道，以皮肤组织和渗出的淋巴液为食，在隧道内发育和繁殖。疥螨全部发育过程都在宿主体内度过，包括卵、幼虫、若虫、成虫四个阶段，离开宿主体后，一般仅能存活3周左右。

3.流行特点：各种年龄、品种的猪均可感染该病。主要是由于病猪与健康猪的直接接触，或通过被螨及其卵污染的圈舍、垫草和饲养管理用具间接接触等而引起感染。幼猪有挤压成堆躺卧的习惯，这是造成该病迅速传播的重要原因。此外，猪舍阴暗、潮湿、环境不卫生及营养不良等均可促进本病的发生和发展。秋冬季节，特别是阴雨天气，该病蔓延最快。

4.临床症状：幼猪多发。病初从眼周、颊部和耳根开始，以后蔓延到背部、体侧和股内侧。主要临床表现为剧烈瘙痒、不安、消瘦，病猪到处摩擦或以肢蹄搔擦患部，甚至将患部擦破出血，以致患部脱毛、结痂，皮肤肥厚，形成皱褶和龟裂，发育不良。

5.防制措施

预防：每年在春夏、秋冬交季过程中，对猪场全场进行至少2次以上的体内、体外的彻底驱虫，每次驱虫时间必须是连续5~7d。加强防控与净化相结合，重视杀灭环境中的螨虫，因为螨病是一种具有高度接触传染性的外寄生虫病，患病公猪通过交配传给母猪，患病母猪又将其传给哺乳仔猪，转群后断奶仔猪之间又互相接触传染，如此，形成恶性循环，永无休止。所以需要加强防控与净化相结合，对全场猪群同时杀虫。环境中的疥螨虫和虫卵也是一个十分重要的传染源，只有此时再对环境进行一次净化，才能达到较好的驱虫效果。为防止猪圈、用具上的疥螨虫感染健康猪，在治疗病猪的同时，应彻底清除粪便，堆积发酵。对墙壁地面食槽、水槽等所有可能接触猪的地方全面消毒，并定期坚持进行，保持猪圈干燥。

治疗：药浴或喷洒疗法。20%杀灭菊酯（速灭杀丁）乳油，300倍稀释，或2%敌百虫稀释液或双甲脒稀释液，全身药浴或喷雾治疗，连续喷7~10d。并用该药液喷洒圈舍地面、猪栏及附近地面、墙壁，以消灭散落的虫体。因为药物无杀灭虫卵作用，根据疥螨的生活史，在第一次用药后7～10d，用相同的方法进行第二次治疗，以消灭孵化出的螨虫；也可用伊维菌素、双甲脒、螨净。

**三、普查情况**

本次疫病及寄生虫病普查，流行病学调查210份，发现一户养猪580头，感染15头，感染率为2.58%，再没有发病和临床记载。临床检查生猪500头，没有发现螨虫感染。

## 第十三节　猪虱及虱蝇病

**一、病的概述**

猪虱虫多寄生于耳基部周围、颈部、腹猪虱虫病的虫体和虫卵下、四肢内侧。受害病猪表现为不安、瘙痒、食欲减退、营养不良，不能很好睡眠，导致机体消瘦，尤其仔猪症状表现明显。

**二、流行及防制情况**

1.流行情况：临泽县有零星发生。

2.病原体：猪虱虫病是由猪血虱寄生于猪的身上引起的。猪血虱个体很大，雌虫长达5mm，雄虫长达4mm。头部伸长，比胸部显著狭窄。虫体呈灰黄色。常寄生在猪的耳根、颈部及后肢内侧。除引起猪虱病外，还可成为某些传染病的媒介。

3.发育史：雌雄虫交配后，雌虱在猪毛上产卵。卵呈长椭圆形，黄白色，经12～15d孵出稚虫。稚虫吸血，每隔4～6d蜕化一次，经3次蜕皮后变为成虫。自卵发育到成虫的产卵期持续2～3周，共产卵50～80个。雌虱产完卵后死亡，雄虱于交配后死亡。

4.临床症状：猪血虱吸食血液，刺痒皮肤，致使患猪被毛脱落、皮肤损伤、猪体消瘦。猪血虱寄生于猪体所有部位，但以颈部、颊部、体侧及四肢内侧皮肤皱褶处为多。

5.防制措施

预防：搞好猪舍卫生工作，经常保持清洁、干燥、通风。进猪时，应隔离观察，防止引进病猪。发现病猪应立即隔离治疗，以防止蔓延。治疗病猪的同时，应用杀虫药彻底消毒猪舍和用具，将治疗后的病猪安置到已消毒过的猪舍内饲养。定期按计划驱虫。

治疗：①0.5%～1%敌百虫水溶液：喷洒或药浴1～2次；②阿维菌素或伊维菌素：每千克体重皮下注射0.3mg；③双甲脒：0.025%～0.05%涂擦或泼洒患部，7～10d后重复一次；④溴氰菊酯或敌虫菊酯：乳剂喷洒猪体。

### 三、普查情况

本次疫病及寄生虫病普查，流行病学调查210份，没有发病和临床记载。临床检查生猪500头，没有发现猪虱虫感染。

## 第十四节　猪　虻　病

临泽县没有猪虻病的发生流行和临床记载。

## 第十五节　猪舌形虫病

### 一、病的概述

舌形虫病是由舌形虫所引起的人畜共患寄生虫病。成虫寄生于终宿主如蛇和犬、猫、狼、狐狸等肉食动物的呼吸器官，幼虫和若虫寄生于中间宿主啮齿类动物、人或其他哺乳动物(牛、羊、猪、马等)。主要在热带、亚热带地区流行，传播途径和感染方式主要为生饮舌形虫虫卵污染的水源等感染。

### 二、流行及防制情况

流行情况：临泽县没有本病发病及临床记载。

### 三、普查情况

本次疫病及寄生虫病普查，流行病学调查210份，没有发现发病和临床记载。全县临床虫体检查生猪210份，均为阴性。

## 第十六节　猪住肉孢子虫病

### 一、病的概述

猪住肉孢子虫病是由住肉孢子虫引起的一种原虫病。猪住肉孢子虫广泛寄生于鼠类、鸟类、爬虫类和鱼类，偶尔寄生于人。是一种人畜共患寄生虫病。

### 二、流行及防制情况

1.流行情况：临泽县没有本病发病及临床记载。

2.病原体：寄生于猪的猪住肉孢子虫有3种：米氏住肉孢子虫、猪—人住肉孢子虫、猪—猫住肉孢子虫。住肉孢子虫寄生于宿主的肌肉，形成与肌肉纤维平行的包囊，多呈纺锤形、椭圆形或卵圆形，色灰白至乳白；小的包囊肉眼难以观察到，只有几毫米，甚至不足1mm，大的可达数厘米。囊壁由2层组成，内壁向囊内延伸，构成许多中隔，将囊腔分成若干小室。在发育成熟的包囊，小室中包藏着许多肾形或香蕉形的慢殖子，又称为南雷氏小体或囊殖子，其大小为(10～12)μm×(4～9)μm，一端稍尖，一端偏钝。

3.发育史：感染猪住肉孢子虫病的寄生虫发育必须在两个不同种的宿主体内完成。猪的3种住肉孢子虫的中间宿主是猪或野猪；其终末宿主是人、犬、猫等。终末宿主(如犬)在吞食了中间宿主的包囊之后，囊壁被消化，慢殖子逸出。慢殖子再钻入小肠黏膜的固有层，直接发育为大配子体(雌性配子体)和小配子体(雄性配子体)。小配子体又分裂成许多小配子，然后大配子和小配子结合为合子。卵囊壁薄而脆弱，常在肠道内自行破裂，因此，在粪便中常见到的虫体为含有孢子的孢子囊。孢子囊或卵囊被中间宿主猪吞食后，子孢子经血液循环到达各脏器(如肝等)，在脏器血管的内皮细胞内进行2～3代裂殖生殖，产生大量裂殖子，然后裂殖子进入血流在单核细胞内增殖，最后转入心肌或骨骼肌细胞内发育为包囊。再经1个月或数月发育成熟。

4.流行病学：终末宿主粪便中的孢子囊和卵囊是猪住肉孢子虫病的感染来源。终末宿主一次感染，可持续排出孢子囊和卵囊十几天至数月。孢子囊和卵囊对外界环境的抵抗力极强，在4℃下可存活1年之久。人群感染住肉孢子虫是由于食入未煮熟的猪肉(或牛、羊肉)引起的。

5.临床症状：患猪呈现呼吸困难、肌肉震颤、运动困难、耳部和头部出现紫斑，出现全身贫血、血细胞减少、血小板减少、血凝不良等症状。孕猪出现厌食、发热、肢体僵硬、运动困难等严重的临诊症状，感染猪于9～14d发生流产并死亡。

6.防制措施：猪住肉孢子虫病的治疗尚无特效治疗药物。使用常山酮、土霉素、氨丙啉、莫能菌素等抗球虫药治疗，有一定的疗效。预防的关键是切断住肉孢子虫的传染途径。严禁犬、猫及其他肉食兽接近猪场，避免其粪便污染饲料和水源。各屠宰场和检疫人员均应做好肉品的卫生检验工作，对带虫肉品必须进行无害化处理；严禁用生肉喂犬、猫等终末宿主；因人也可能感染住肉孢子虫病，故应注意个人的饮食卫生，不吃生的或未煮熟的肉品。

**三、普查情况**

本次疫病及寄生虫病普查，流行病学调查210份，没有发病和临床记载。采集猪血清210份，经张掖市动物疫病预防控制中心实验室采用间接血清凝集试验、间接荧光抗体试验和ELISAS试验均为阴性。

# 第四章　禽寄生虫病

## 第一节　鸡蛔虫病

**一、病的概述**

鸡蛔虫病是一种常见的肠道寄生虫病。在大群饲养情况下，雏鸡常由于患蛔虫病而影响生长发育，严重的引起死亡。解剖死鸡时，小肠内常发现大小如细豆芽样的线虫，堵塞肠道。虫体少则几条，多则数百条。肠黏膜发炎、水肿、充血。

**二、流行及防制情况**

1.*流行情况*：临泽县有零星发生。

2.*病原体*：成年蛔虫虫体呈黄白色，雄虫长50～76mm，雌虫长60～116mm。3月龄以下的雏鸡最易感染。

3.*发育史*：蛔虫可以在鸡体内交配、产卵，虫卵可以在鸡体内生长也可以随粪便被排出体外，地面上的虫卵被鸡啄食后进入体内造成鸡群感染。从吞食虫卵到发育成虫，大约需要35～58d。

4.*临床症状*：幼鸡患病表现为食欲减退，生长迟缓，呆立少动，消瘦虚弱，黏膜苍白、羽毛松乱，两翅下垂，胸骨突出，下痢和便秘交替，有时粪便中有带血的黏液，以后逐渐消瘦而死亡。成年鸡一般为轻度感染，严重感染的表现为下痢、日渐消瘦、产蛋下降、蛋壳变薄。

5.*防制措施*

预防：做好鸡舍内外的清洁卫生工作，经常清除鸡粪及残余饲料，小面积地面可以用开水处理。料槽等用具经常清洗并且用开水消毒。蛔虫卵在50℃以上很快死亡，粪便经堆沤发酵可以杀死虫卵，蛔虫卵在阴湿地方可以生存6个月。鸡群每年进行1～2次服药驱虫。

治疗：左旋咪唑片剂，每千克体重口服38~48mg(有效成分)，每日1次。

**三、普查情况**

本次疫病及寄生虫病普查，流行病学调查210份，没有发病和临床记载。剖检鸡24只，没有发现鸡蛔虫。采集鸡粪便210份，经临泽县动物疫病预防控制中心实验室采用饱和盐水漂浮法检查虫卵、虫体均为阴性。

## 第二节　鸡异刺线虫病

**一、病的概述**

异刺线虫病又称盲肠虫病，是由异刺科、异刺属的异刺线虫寄生于鸡、火鸡、鸭、鹅等禽、鸟类的盲肠内引起的一种线虫病。其特征是病禽食欲不振或废绝，下痢，贫血，雏禽发育停滞，消瘦甚至死亡。

**二、流行及防制情况**

1.流行情况：临泽县有零星发生。

2.病原体：异刺线虫细小，呈白色，头端略向背面弯曲，食道末端有一膨大的食道球。雄虫长7~13mm，尾直，末端尖细；两根交合刺不等长、不同形；有一个圆形泄殖腔前吸盘。雌虫长10~15mm，尾细长，阴门位于虫体中部稍后方。虫卵呈灰褐色，椭圆形，大小为(65~80)μm×(35~46)μm，卵壳厚，内含一个胚细胞，卵的一端较明亮，可区别于鸡蛔虫卵。

3.发育史：成熟雌虫在盲肠内产卵，卵随粪便排于外界，在适宜的温度和湿度条件下，约经2周发育成含幼虫的感染性虫卵，家禽吞食了被感染性虫卵污染的饲料和饮水或带有感染性虫卵的蚯蚓而感染，幼虫在小肠内脱掉卵壳并移行到盲肠而发育为成虫。从感染性虫卵被吃入到在盲肠内发育为成虫需24～30d。此外，异刺线虫还是鸡盲肠肝炎(火鸡组织滴虫病)病原体的传播者，当一只鸡体内同时有异刺线虫和火鸡组织滴虫寄生时，组织滴虫可进入异刺线虫卵内，并随虫卵排到体外，当鸡吞食了这种虫卵时，便可同时感染这两种寄生虫。

4.临床症状：患禽消化机能障碍，食欲不振或废绝，下痢，贫血，雏禽发育停滞，消瘦甚至死亡。成禽产蛋量下降或停止。

5.防制措施

预防：应着重抓好计划性驱虫和粪便的无害处理。

治疗：

(1)噻苯达唑500mg/kg，混入饲料中一次口服。

(2)丙硫苯咪唑40mg/kg，拌入饲料中一次口服。

(3)甲苯唑30mg/kg，拌入饲料中一次口服。

(4)康苯咪唑50mg/kg，拌入饲料中一次口服。

(5)左旋咪唑35mg/kg，拌入饲料中一次口服。

(6)硫化二苯胺(吩噻嗪)，雏鸡0.3～0.5g/只，成年鸡0.5～1.0g/只，拌入饲料中口服。

**三、普查情况**

本次疫病及寄生虫病普查，流行病学调查210份，没有发病和临床记载。剖检鸡24只，没有发现鸡异刺线虫。采集鸡粪便210份,经临泽县动物疫病预防控制中心实验室采用直接涂片法和饱和盐水漂浮法检查虫卵、虫体均为阴性。

## 第三节　鸡绦虫病

### 一、病的概述

鸡绦虫病是由赖利属的多种绦虫寄生于鸡的十二指肠中引起的,常见的赖利绦虫有棘沟赖利绦虫、四角赖利绦虫和有轮赖利绦虫等三种。各种年龄的鸡均能感染,其他如火鸡、雉鸡、珠鸡、孔雀等也可感染,17~40日龄的雏鸡易感性最强,死亡率也最高。

### 二、流行及防制情况

1.流行情况:临泽县有零星发生。2013年黄家堡村王永鑫养鸡1000只,发病10只。

2.病原体:棘沟赖利绦虫和四角赖利绦虫是大型绦虫,两者外形和大小很相似,长25cm,宽1~4mm。棘沟赖利绦虫头节上的吸盘呈圆形,上有8~10列小钩,顶突较大,上有钩2列,中间宿主是蚂蚁。四角赖利绦虫,头节上的吸盘呈卵圆形,上有8~10列小钩,颈节比较细长,顶突比较小,上有1~3列钩,中间宿主是蚂蚁或家蝇。有轮赖利绦虫较短小,头节上的吸盘呈圆形,无钩,顶突宽大肥厚,形似轮状,突出于虫体前端,中间宿主是甲虫。棘沟赖利绦虫和四角赖利绦虫的虫卵包在卵囊中,每个卵囊内含6~12个虫卵。有轮赖利绦虫的虫孵也包在卵囊中,每个卵囊内含1个虫卵。

3.临诊症状:由于棘沟赖利绦虫等各种绦虫都寄生在鸡的小肠,用头节破坏了肠壁的完整性,引起黏膜出血,肠道炎症,严重影响消化机能。病鸡表现为下痢,粪便中有时混有血样黏液。轻度感染造成雏鸡发育受阻,成鸡产蛋量下降或停止。寄生绦虫量多时,可使肠管堵塞,肠内容物通过受阻,造成肠管破裂和引起腹膜炎。绦虫代谢产物可引起鸡体中毒,出现神经症状。病鸡食欲不振,精神沉郁,贫血,鸡冠和黏膜苍白,极度衰弱,两足常发生瘫痪,不能站立,最后因衰竭而死亡。

4.防制措施

预防:由于鸡绦虫在其生活史中必须要有特定种类的中间宿主参与,因此预防和控制鸡绦虫病的关键是消灭中间宿主,从而中断绦虫的生活史。经常清扫鸡舍,及时清除鸡粪,做好防蝇灭虫工作。幼鸡与成鸡分开饲养,最好采用全进全出制。制止和控制中间宿主的滋生,定期进行药物驱虫。

治疗:①硫氯酚(别丁):鸡每千克体重150~200mg,鸭每千克体重200~300mg,以1:30的比例与饲料配合,一次投服,鸭对该药较为敏感;②氯硝柳胺(灭绦灵):鸡每千克体重50~60mg,鸭每千克体重100~150mg,一次投服;③吡喹酮:鸡、鸭均按每千克体重10~15mg,一次投服,可驱除各种绦虫;④丙硫苯咪唑:鸡、鸭均按每千克体重10~20mg,一次投服；⑤氟苯哒唑：鸡按$3\times10^{-5}$浓度混入饲料，对棘沟赖利绦虫有效，其驱虫率可达92%。

### 三、普查情况

本次疫病及寄生虫病普查，流行病学调查210份，没有发病和临床记载。剖检鸡24只，没有发现鸡绦虫。采集鸡粪便210份，经临泽县动物疫病预防控制中心实验室采用直接涂片法和饱和盐水漂浮法检查虫卵、虫体均为阴性。

## 第四节 鸡 螨 病

### 一、病的概述

鸡螨病是由刺皮螨科的刺皮螨属、疥螨科的膝螨属，新棒恙螨科的新棒属以及羽管螨科的羽管螨属和麦食螨科吸盘螨属的螨虫，寄生在鸡的皮肤上、皮肤内、羽管中引起的鸡的寄生虫病。

### 二、流行及防制情况

1.流行情况：本病临泽县常有发生。2010年开发区张文学养鸡30000只，发病100只。再没有记载。

2.病原体

皮刺螨病：病原为皮刺螨科，皮刺螨属，鸡皮刺螨。鸡皮刺螨呈长椭圆形，棕灰色，吸血后呈淡红色，俗称红螨。雌虫长0.72~0.75mm，宽0.4mm；雄虫长0.60mm，宽0.32mm。口器长，螯肢呈细长针状，有4对长而强大的足。其发育分为卵、幼虫、稚虫和成虫四个时期。成虫和稚虫时期在晚上爬到鸡身上吸血，其余时期均躲在鸡舍的缝隙当中。成虫能耐饥饿，不吸血状态可生存82~113d。患病鸡表现为日渐衰弱，贫血，产蛋下降，严重的可衰竭死亡。鸡的皮刺螨为红色，易在鸡舍中发现，找到虫体后可确诊。

防治方法：①伊维菌素，按鸡200μg/kg体重，一次皮下注射；②0.001%及0.002%杀灭菌菊酯药液，用喷雾法喷洒鸡舍墙壁等各个部位，夏季还可直接喷鸡。

鸡膝螨病：病原为疥螨科、膝螨属的突变膝螨和鸡膝螨。雌虫近圆形，足极短，雄虫卵圆形，足较长。其中突变膝螨雄虫长0.19~0.20mm，宽0.12~0.13mm，雌虫长0.41~0.44mm，宽0.33~0.38mm。鸡膝螨较小，体长0.3mm左右。突变膝螨寄生于鸡趾和胫部皮肤鳞片下面；鸡膝螨寄生于鸡羽毛根部皮肤上，二者生活史相似，全部在鸡身上进行。成虫在皮肤挖洞，在隧道中产卵，孵化幼虫，再蜕化后发育为成虫。突变膝螨使趾及胫部无羽毛皮肤发炎增厚，常形成“石灰脚”病，严重者行走困难，甚至发生趾骨坏死。鸡膝螨沿羽轴穿入皮肤，使局部皮肤发炎，奇痒。鸡常啄咬患部羽毛，严重时羽毛几乎脱光，故称“脱羽病”。病鸡体重、产蛋量均下降。用小刀蘸油类液体刮取病变部皮肤进行镜检，查到虫体即可确诊。防治方法有：①阿维菌素，按有效成分0.3mg/kg体重拌料喂服；②胺丙畏配成5/万浓度浸泡

"石灰脚"。

新棒恙螨病:病原为恙螨科新棒属新棒恙螨。幼虫寄生于鸡体表,常寄生于翅膀内侧、胸肌两侧和腿内侧皮肤上。其幼虫很小,肉眼难见,饱食后为0.42mm×0.32mm,似一微小红点。幼虫有3对足,椭圆形。只有幼虫寄生在鸡体,卵、若虫和成虫阶段均在潮湿的草地上。幼虫在鸡体可寄生35d以上。患鸡常现奇痒症状,出现痘疹状病灶,周围隆起,中间凹陷,中心有一小红点即恙螨。病鸡消瘦、贫血、拒食、喜卧,可造成死亡。于痘脐中央用小镊子夹取小红点镜检为虫体即可确诊。防治方法为:①鸡患部涂擦10%酒精、5%碘酊或5%硫黄软膏,一次即可杀死虫体;②用氯蜱硫磷按每667m²250g,喷洒鸡放养地;③避免在潮湿草地上放养。

羽管螨病:病原为羽管螨科、羽管螨属双梳羽管螨寄生在鸡的羽毛羽管中引起的。双梳羽管螨柔软狭长,两侧近平行,乳白色。雌虫大小为(0.73~0.99)mm×(0.18~0.28)mm,雄虫为(0.23~0.29)mm×(0.15~0.19)mm。羽管螨生活史有卵、幼虫、若虫和成虫四个阶段。鸡感染最多的是飞羽,其次是复羽,再次是尾羽。该病无显著临床症状,少数鸡在皮肤上形成芝麻大小的充血、出血点,无炎症反应。该病对产蛋有一定影响。感染该病的羽管内有黄色粉末,一般在羽管下部。虫体少时看不到粉末,可将羽管纵向剪开,在解剖镜下检查到虫体即可确诊。防治方法:阿维菌素,按有效成分0.3~0.4mg/kg体重,拌料喂服。

**三、普查情况**

本次疫病及寄生虫病普查,流行病学调查210份,没有发病和临床记载。剖检鸡24只,没有发现鸡螨虫。

## 第五节　鸡虱及虱蝇病

**一、病的概述**

鸡虱病是由各种鸡羽虱寄生于鸡的体表引起的。鸡羽虱是一种永久性寄生虫,全部生活史都在鸡身上进行,一般不吸血,只食毛或皮屑。

**二、流行及防制情况**

1.流行情况:本病在临泽县常有发生。

2.病原体:鸡羽虱属于食毛虱目短角羽虱科和长角羽虱科的不同属,种类较多。常见的有鸡羽虱、鸡体虱、广幅长圆虱、大姬圆虱等。这些种类大小和外观形态虽有差异,但身体的大体结构均相同。羽虱是无翅的昆虫,身体分为头、胸、腹三部分。头部宽,并宽于胸部,有咀嚼型口器。胸部分前、中、后三节,每节腹面两侧各有一对腿,多数羽虱中胸与后胸不同程度融合,表现为两节组成。

3.生活史:鸡羽虱属不完全变态,缺蛹的阶段,整个生活史都在鸡身上进行,由卵经若虫发育为成虫。卵期约一周,若虫阶段需经3~5次蜕皮发育为成虫,需2~4周时间。成熟雄虫于交配完死亡,雌虫可产卵2~3周,产完卵后死亡。本病在秋冬季节多发,密集饲养时易发。

4.临床症状:主要致病作用是瘙痒,影响鸡的采食与休息等。表现为病鸡奇痒不安,常啄断自体羽毛与皮肉,食欲下降与渐进消瘦,蛋鸡则影响产蛋。

5.防制措施:主要是药物防治,常用药物为:

(1)阿维菌素:按有效成分0.3mg/kg体重拌食;阿维菌素1%粉剂10g,拌入20~30kg沙中,任鸡自行沙浴。

(2)10%二氯苯醚菊酯,加5000倍水,用喷雾器对鸡逆毛喷雾,全身都必须喷到,然后遍喷鸡舍。

**三、普查情况**

本次疫病及寄生虫病普查,流行病学调查210份,没有发病和临床记载。剖检鸡24只,没有发现鸡虱虫。

## 第六节 鸡球虫病

**一、病的概述**

鸡球虫病是鸡常见且危害十分严重的寄生虫病,是由一种或多种球虫引起的急性流行性寄生虫病。它造成的经济损失是惊人的。10~30日龄的雏鸡或35~60日龄的青年鸡的发病率和致死率可高达80%。病愈的雏鸡生长受阻,增重缓慢;成年鸡一般不发病,但为带虫者,增重和产蛋能力降低,是传播球虫病的重要病源。

**二、流行及防制情况**

1.流行情况:临泽县常有本病的发生和流行。2012年花园村5社张斌养鸡4000只,发病200只,死亡10只。

2.病原体:病原为原虫中的艾美耳科、艾美耳属的球虫。我国已发现9个种。不同种的球虫在鸡肠道内寄生部位不一样,其致病力也不相同。柔嫩艾美耳球虫寄生于盲肠,致病力最强;毒害艾美耳球虫寄生于小肠中三分之一段,致病力强;巨型艾美耳球虫寄生于小肠,以中段为主,有一定的致病作用;堆型艾美耳球虫寄生于十二指肠及小肠前段,有一定的致病作用,严重感染时引起肠壁增厚和肠道出血等病变;和缓艾美耳球虫、哈氏艾美耳球虫寄生在小肠前段,致病力较低,可能引起肠黏膜的卡他性炎症;早熟艾美耳球虫寄生在小肠前三分之一段,致病力低,一般无肉眼可见的病变;布氏艾美耳球虫寄生于小肠后段,盲肠根部,有一定的致病力,能引起肠道点状出血和卡他性炎症;变位艾美耳球虫寄生于小肠、直肠和盲肠,有一定的致病力,轻度感染时肠道的浆膜和黏膜上出现单个的、包含卵囊的斑块，严重感染时可出现散在的或集中的斑点。球虫孢子化卵囊对外界环境及常用消毒剂有极强的抵抗力，一般的消毒剂不易破坏，在土壤中可保持生活力达4～9个月，在有树荫的地方可达15～18个月。但鸡球虫未孢子化卵囊对高温及干燥环境抵抗力较弱，36℃即可影响其孢子化率，40℃环境中停止发育，在65℃高温作用下，几秒钟卵囊即全部死亡；湿度对球虫卵囊的孢子化也影响极大，干燥室温环境下放置1d，即可使球虫丧失孢子化的能力，从而失去传染能力。

3.*发育史*：鸡球虫的发育要经过三个阶段：①无性阶段，在其寄生部位的上皮细胞内以裂殖生殖进行；②有性生殖阶段，以配子生殖形成雌性细胞、雄性细胞，两性细胞融合为合子，这一阶段是在宿主的上皮细胞内进行的；③孢子生殖阶段，是指合子变为卵囊后，在卵囊内发育形成孢子囊和子孢子，含有成熟子孢子的卵囊称为感染性卵囊。裂殖生殖和配子生殖在宿主体内进行，称内生性发育。孢子生殖在外界环境中完成，称外生性发育。鸡感染球虫，是由于吞食了散布在土壤、地面、饲料和饮水等外界环境中的感染性卵囊而发生的。

4.*流行病学*：粪便排出的卵囊，在适宜的温度和湿度条件下，约经1～2d发育成感染性卵囊。这种卵囊被鸡吃了以后，子孢子游离出来，钻入肠上皮细胞内发育成裂殖子、配子、合子。合子周围形成一层被膜，被排出体外。鸡球虫在肠上皮细胞内不断进行有性和无性繁殖，使上皮细胞受到严重破坏，遂引起发病。各个品种的鸡均有易感性，15～50日龄的鸡发病率和致死率都较高，成年鸡对球虫有一定的抵抗力。病鸡是主要传染源，凡被带虫鸡污染过的饲料、饮水、土壤和用具等，都有卵囊存在。鸡感染球虫的途径主要是吃了感染性卵囊。人及其衣服、用具等以及某些昆虫都可成为机械传播者。饲养管理条件不良，鸡舍潮湿、拥挤，卫生条件恶劣时，最易发病。在潮湿多雨、气温较高的梅雨季节易爆发球虫病。

5.*临床症状*：病鸡精神沉郁，羽毛蓬松，头卷缩，食欲减退，嗉囊内充满液体，鸡冠和可视黏膜贫血、苍白，逐渐消瘦，病鸡常排红色胡萝卜样粪便，若感染柔嫩艾美耳球虫，开始时粪便为咖啡色，以后变为完全的血粪，如不及时采取措施，致死率可达50%以上。若多种球虫混合感染，粪便中带血液，并含有大量脱落的肠黏膜。

急性球虫病：精神、食欲不振，饮欲增加；被毛粗乱；腹泻，粪便常带血；贫血，可视黏膜、鸡冠、肉垂苍白；脱水，皮肤皱缩；生产性能下降；严重的可引起死亡，死亡率可达80%，一般为20%~30%。恢复者生长缓慢。

慢性球虫病：见于少量球虫感染，以及致病力不强的球虫感染（如堆形、巨形艾美耳球虫）。拉稀，但多不带血。生产性能下降，对其他疾病易感性增强。

6.*防制措施*：加强饲养管理，成鸡与雏鸡分开喂养，以免带虫的成年鸡散播病原导致雏鸡爆发球虫病。保持鸡舍干燥、通风和鸡场卫生，定期清除粪便，堆放发酵以杀灭卵囊。保持饲料、饮水清洁，笼具、料槽、水槽定期消毒，一般每周一次，可用沸水、热蒸汽或3%～5%

热碱水等处理。用球杀灵和1:200的农乐溶液消毒鸡场及运动场，均对球虫卵囊有强大杀灭作用。每千克日粮中添加0.25~0.5mg硒可增强鸡对球虫的抵抗力。补充足够的维生素K和给予3~7倍推荐量的维生素A可加速鸡患球虫病后的康复。

药物预防：①氯胍：预防按30~33mg/kg浓度混饲，连用1~2个月，治疗按60~66mg/kg混饲3~7d，后改预防量予以控制；②氨丙啉：可混饲或饮水给药、混饲预防浓度为100~125mg/kg，连用2~4周；治疗浓度为250mg/kg，连用1~2周，然后减半，连用2~4周；应用本药期间，应控制每千克饲料中维生素B1的含量以不超过10mg为宜，以免降低药效；③硝苯酰胺（球痢灵）：混饲预防浓度为125mg/kg，治疗浓度为250~300mg/kg，连用3~5d。

**三、普查情况**

本次疫病及寄生虫病普查，流行病学调查210份，没有发病和临床记载。剖检鸡24只，没有发现鸡球虫。采集鸡粪便210份，经临泽县动物疫病预防控制中心实验室采用直接涂片法和饱和盐水漂浮法检查虫卵、虫体均为阴性。

# 第五章　马类动物寄生虫病

## 第一节　马胃肠道线虫病

**一、病的概述**

马胃肠道线虫病是由旋尾科、德拉希属的大口德拉希线虫和柔线属的蝇柔线虫、小口柔线虫所引起，成虫寄生在马属动物的胃内，可致家畜慢性胃肠炎，幼虫侵入伤口可引起寄生性皮肤炎（夏季溃疡），移行到肺可引起肺炎。马、驴、骡均感染。

**二、流行及防制情况**

1.流行情况：临泽县常有本病的发生和流行。

2.病原体：寄生于马属动物的大口德拉西线虫（大口胃虫）、小口柔线虫（小口胃虫）和蝇柔线虫（胃蝇虫）隶属于旋尾科、柔线属。大口胃虫：白色线状，表面有横纹，无齿，特征是咽呈漏斗状；雄虫长7~10mm，尾部短、呈螺旋状蜷曲；雌虫长10~15mm，尾部直或稍微弯曲；虫卵呈圆柱形，大小为(40~60)μm×(8~17)μm，卵胎生；胃线虫：虫体黄色或橙红色，角皮有柔细横纹，咽呈圆筒状，唇部与体部分界不明，头部有2个较小的三叶唇，无齿；雄虫长9~16mm；雌虫13~23mm；虫卵与前者相似。小口胃虫：较少见，形态与蝇胃虫相似，但较大，咽前部有一个背齿和一个腹齿。虫卵与大口胃虫虫卵相似。

3.发育史：三种胃线虫的发育史基本相同，均以蝇类为中间宿主。大口胃虫和蝇胃虫的中间宿主为家蝇和厩螯蝇，小口胃虫的中间宿主为厩螯蝇。雌虫在胃腺部产卵，虫卵排至外界，被家蝇或厩螯蝇的幼虫采食后，在蝇蛆化蛹时发育为感染性幼虫。马匹采食或饮水时吞食含有感染性的幼虫的蝇而感染，也可在蝇吸血时经伤口感染，当含感染性幼虫的蝇落到马唇、鼻孔或伤口处，其体内幼虫也可逸出，自行爬入或随饲料饮水进入马体。感染性幼虫进入马胃内，经1.5~2个月发育为成虫。蝇胃虫及小口胃虫以头端钻入胃腺腔内寄生；大口胃虫钻入胃壁深层在形成的肿瘤内寄生。

4.临床症状：本病临诊表现为慢性胃肠炎，营养不良、贫血等症状。大口胃虫致病力最强，在胃腺部形成肿瘤，严重时化脓，引起胃破裂、腹膜炎。蝇胃虫和小口胃虫引起胃黏膜创伤至溃疡，破坏胃功能。虫体的毒性产物被吸收后机体发生继发性病理过程，如心肌炎、肠炎、肝功能异常，造血机能受到影响。幼虫侵入伤口引起皮肤胃虫症（夏疮），创口久不愈合，并有颗粒性肉芽增生，创口周围变硬，故又称为颗粒性皮炎。可见颈部、胸部、背部、四肢等处有结节。幼虫侵入肺脏能引起结节性支气管周围炎。

5.防制措施

预防：疫区马匹应进行夏、秋两次计划性驱虫；加强厩舍及周围环境的清洁卫生，妥善处理粪便，注意防蝇、灭蝇；夏秋季注意保护马体皮肤的创伤。

治疗：绝食16h后用2%碳酸氢钠溶液洗胃，皮下注射盐酸吗啡0.2~0.3g，使幽门括约肌收15~20h后投服碘溶液（碘、碘化钾、水比例1:1500）4~4.5L。成马用30~40ml四氯化碳或二硫化碳10~15ml做成黏浆剂，绝食10h后投服。敌敌畏10ml（适用于200kg左右的马）做成糊剂涂于口腔内，让其舐服。对皮肤胃虫病，可用914甘油合剂涂于创面。

**三、普查情况**

本次疫病及寄生虫病普查，流行病学调查210份，没有发病和临床记载。采集马属动物粪便210份，经临泽县动物疫病预防控制中心实验室采用直接涂片法和饱和盐水漂浮法检查虫卵、虫体均为阴性。

## 第二节　马副蛔虫病

**一、病的概述**

本病由蛔科的马副蛔虫寄生于马属动物的小肠内引起，以患驹生长迟缓、体弱毛焦为主要特征。

**二、流行及防制情况**

1.流行情况：临泽县有零星发生。没有临床记载。

2.流行病学：成年带虫马为本病的主要传播者。随粪便排出的虫卵污染了圈舍及牧地，在马类家畜采食时，常将感染性虫卵食入造成感染。本病一年四季均可感染，但以秋冬季节感染为多。以1岁以内的幼驹最易感，1~3岁的马次之，4岁以上的马则感染较少，老年体弱的马也有感染的，成为带虫者。

3.临床症状：感染初期先出现下痢，随之因幼虫移行造成肺部损伤而出现咳嗽、流鼻液、体温升高等症状，以后出现肠炎、消化障碍、腹痛等。患驹贫血、体弱毛焦、发育停滞。严重病例因蛔虫阻塞肠管或穿孔而造成死亡。

4.防制措施

预防：搞好畜舍清洁卫生，粪便随时清扫、堆肥灭虫卵，饮水用自来水或井水，孕马产前2个月驱虫一次，幼畜1月龄时驱虫一次。

治疗：①敌百虫：每千克体重0.03~0.05g配成2%溶液，一次导服。如服后发现颤抖、抽搐、中毒现象，用硫酸阿托品（每毫升10mg）3~5ml皮注即可解毒；②盐酸左旋咪唑：每千克体重8mg，一次服；③丙硫苯咪唑：（每片25mg），每5kg体重2~4片口服；④伊维菌素：按0.2mg/kg体重，一次皮下注射。

**三、普查情况**

本次疫病及寄生虫病普查，流行病学调查210份，没有发病和临床记载。采集马属动物粪便210份，经临泽县动物疫病预防控制中心实验室采用直接涂片法和饱和盐水漂浮法检查虫卵、虫体均为阴性。

## 第三节　马肺线虫病

**一、病的概述**

马的肺线虫病的病原体为网尾科（Dictyocaulidae）的安氏网尾线虫（Dictyocaulus arnfieldi），寄生于马属动物的支气管。多见于北方，但一般寄生数量很少，仅在死后剖检时发现，或粪便检查时发现幼虫。

**二、流行及防制情况**

1.流行情况：本病在临泽县没有发生流行和临床记载。

2.病原体：虫体呈白色丝状，雄虫长24~40mm，交合伞的中侧肋与后侧肋在开始时为一总干，占1/2，后半段分开。交合刺两根，棕褐色，略弯曲，呈网状结构。引器不明显。雌虫长55~70mm。卵呈椭圆形，大小为（80~100）μm×（50~60）μm，随粪便排出时，卵内已含幼虫，多在外界孵化。

3.发育史：成虫寄生在支气管内产卵。卵随痰液进入口腔，被咽下后随粪便排到体外。幼虫多在外界孵化，经两次蜕皮发育为第3期（感染性）幼虫。发育速度取决于外界环境的温度和湿度，温度为25℃~28℃时，需72h。马经口感染，以后的移行经过和羊网尾线虫相似。感染后35~40d，在肺中见到成虫。

4.流行病学：与牛的胎生网尾线虫很相似，呈散发性流行。主要发生于驹，自夏末到秋天和整个冬季都有发生。感染性幼虫对干燥敏感，不能在牧场上越冬。致病作用和病变：一般不引起严重的肺异常，但也有许多不同的报告。Ershov（1956）谓本病和犊牛网尾线虫病相似，可引起支气管炎，肺内有结节。Thomas等（1960）报告，在美国，小骡患病比较普遍。有些作者认为驴是胎生网尾线虫的自然宿主，可以寄生大量虫体而没有任何症状。

5.临床症状：根据临床症状和在粪便中发现虫卵或幼虫做出诊断。死后剖检时可在支气管内发现虫体和相应病变。

6.防制措施：可用噻苯达唑或甲苯唑驱虫。在流行地区应避免在低洼潮湿的草地上放牧；注意饮水清洁。马、驴分开放牧，幼驹与成年马分开放牧。

**三、普查情况**

本次疫病及寄生虫病普查，流行病学调查210份，没有发病和临床记载。采集马属动物粪便210份，经临泽县动物疫病预防控制中心实验室采用虫体检查均为阴性。

## 第四节　马副丝虫病

**一、病的概述**

马副丝虫病是由丝虫科的多乳突副丝虫寄生在马、驴的皮下组织和肌间结缔组织内引起的。特征是马的躯干部位皮肤出血，如同“血汗”，故又名“血汗症”。

**二、流行及防制情况**

1. 流行情况：临泽县没有本病发生和临床记载。

2. 流行病学：本虫由吸血蝇类传播。雌虫在马的皮下组织内用头端穿破皮肤并损伤微血管造成出血，随后产卵于血滴中，当吸血蝇类叮咬马匹时随血液吞下虫卵或微丝蚴，在蝇体内经10~15d发育成感染性幼虫，当吸血蝇再叮咬健康马匹时，将感染性幼虫注入马血液中，使马匹感染。经一年左右虫体成熟。以6~8月发病较多。

3. 临床症状：先在马背部、肋部、有时在颈部和腰部形成半圆形结节，随即结节破裂，流出汗珠样的血滴顺被毛流下。患畜一般未见有其他明显症状。

4. 防制措施：对病畜患部皮肤涂擦5%敌百虫溶液或1%石炭酸溶液，一般1~3次可使症状消失。在夏季用杀蝇药物喷洒马厩或马体，并定期在厩舍喷药灭蝇，有预防效果。

**三、普查情况**

本次疫病及寄生虫病普查，流行病学调查210份，没有发病和临床记载。采集马属动物血液210份，经临泽县动物疫病预防控制中心实验室采用直接涂片法检查虫卵、虫体均为阴性。

## 第五节　马浑睛虫病

**一、病的概述**

马浑睛虫病主要由寄生在牛体内的指形丝状线虫，唇乳突丝状线虫的童虫寄生在马类家畜的眼前房内引起，间或有马丝状线虫的童虫。以角膜、虹膜发炎和角膜浑浊为特征。

**二、流行及防制情况**

1. 流行情况：本病在临泽县没有发生流行和临床记载。

2. 发育史：成虫寄生在牛、马的腹腔内，所产微丝蚴进入宿主的血液循环，当蚊蝇叮咬吸血时进入其体内发育成感染性幼虫，当再吸取健康马血液时将感染性幼虫注入马体内，幼虫在移行过程中误入眼前房,停留于童虫阶段,致使马发生浑睛虫病。

3.临床症状:幼虫在移行过程中,进入眼前房,引起角膜炎、虹膜炎和白内障。病马表现怕光、流泪,角膜和眼房液轻度混浊,瞳孔散大,眼睑肿胀,结膜和巩膜充血,病畜时时摇头部或在桩上摩擦患眼。严重时可致失明。

4.防制措施:用角膜穿刺术取出虫体治疗。预防措施为灭蚊,给带虫马、牛驱除丝虫或服用枸橼酸乙胺嗪杀灭微丝蚴。

**三、普查情况**

本次疫病及寄生虫病普查,流行病学调查210份,没有发病和临床记载。采集临床诊断马属动物210匹没有发现浑睛虫病。

## 第六节　马绦虫病

**一、病的概述**

马绦虫病是由裸头科的大裸头绦虫、叶状裸头绦虫和侏儒副裸头绦虫寄生于马、驴、骡的小肠及盲肠内引起的,可导致马驹高度消瘦,甚至死亡。

**二、流行及防制情况**

1.流行情况:本病在临泽县没有发病及临床记载。

2.发育史:本病的中间宿主是地螨。随带虫马、驴粪便排出的虫卵被地螨吞食,经发育成具有感染能力的似囊尾蚴,马吃草时连地螨一并吞食而被感染。常在放牧的马中流行,多在夏末秋初感染，　至冬季和次年春季出现病状。二岁以下幼驹易感性强。在阴暗、潮湿、有丰富腐殖质的林区、草原和灌木丛生的地方宜于地螨滋生,清晨、晚间和阴雨天地螨在草上的密度大,放牧易遭感染。

3.临床症状:常表现为慢性、消耗性的症候群,消化不良、间歇性腹痛和下痢,进行性消瘦和贫血,粪球表面常覆盖血样黏液。如虫体过多引起回盲口闭塞或肠穿孔,即发生急性腹膜炎而死亡。

4.防制措施:给患驹及时驱虫,用硫双二氯酚、氯硝柳胺均有良效。耕翻牧地、草田轮作,可减少地螨的滋生,逐步达到灭螨除绦。对幼驹不要进行夜牧,日出前、日落后不放牧,雨天改为舍饲会减少马匹感染机会。

**三、普查情况**

本次疫病及寄生虫病普查,流行病学调查210份,没有发病和临床记载。采集马属动物粪便210份,经临泽县动物疫病预防控制中心实验室采用直接涂片法检查虫卵、虫体均为阴性。

## 第七节 马胃蝇蛆病

### 一、病的概述

马胃蝇俗称“瘦虫”或“粪虫”，是由胃蝇属的各种幼虫寄生于马属动物胃肠道内所引起，病原有肠胃蝇、红尾胃蝇、兽胃蝇和烦扰胃蝇4种。以慢性消瘦和贫血为特征。

二、流行及防制措施

1.流行情况：临泽县有零星发生。

2.病原体：马胃蝇成虫全身密布绒毛，形似蜜蜂。口器退化，两眼小而远离，触角短小，陷入触角窝内，触角芒简单，翅透明或有褐色斑纹，或不透明呈烟雾色。雄蝇尾端钝圆，雌蝇尾端具有较长的产卵管，并向腹面弯曲。虫卵呈浅黄色或黑色，前端有一斜卵盖。成熟幼虫(第三期幼虫)呈红色或黄色，分节明显，每节有1～2列刺，幼虫前端稍尖，有一对发达的口前钩，后端齐平，有一对后气孔。

3.发育史：马胃蝇的发育属完全变态，全部发育期长约一年，成蝇不采食。在外界环境中仅能存活数天，雄蝇交配后很快死去，雌蝇产完卵后死亡。肠胃蝇的雌蝇于炎热的白天飞近马体周围，将虫卵一个个地产于马的背部、背鬃、胸、腹及腿部被毛上，一生能产卵700个左右。经1～2周后，卵内发育为幼虫。虫卵在任何机械作用下(如摩擦、啃咬)使卵盖打开，幼虫爬出卵壳，即在马体上移动，引起发痒，马啃痒时，大量幼虫黏在牙、唇及舌上，然后钻入黏膜下或舌表层组织内移行3～4周，经第一次蜕化后，第2期幼虫随吞咽进入胃肠道以口前钩固着在胃的贲门部或腺体部吸血，再经一次蜕化变为第3期幼虫。幼虫在胃壁上寄生的时间很长，约9～10个月，到第二年春天(3～4月)发育成熟后，自动脱离胃壁，随粪排到外界，钻入土中化蛹，经1～2个月，羽化为成蝇。红尾胃蝇：产卵于口周围及颊部的短毛上，孵出幼虫后，钻入口腔黏膜，最后到达胃内继续发育为成熟幼虫，在它排出体外前，又在直肠黏膜上固着停留数日，然后排出体外。兽胃蝇：产卵在马蹄上或石块、植物上，经数日后发育为含幼虫卵，马匹采食时感染，在口腔内幼虫由卵逸出并钻入黏膜，寄生于咽喉部，以后移入胃内继续发育成熟；兽胃蝇幼虫在离开马体前，也要在直肠内停留一段时间。鼻胃蝇：产卵于马的下颌间隙和上颈部被毛上经数日后，幼虫主动由卵内逸出进入口腔，以后移行到胃的幽门部或十二指肠发育为成熟幼虫。

4.流行病学：马胃蝇成虫出现于6月上旬到10月上旬，以7、8月最盛。干旱、炎热的气候和饲养管理不良、马匹消瘦都是有利于本病严重流行的条件。多雨和阴沉的天气对马胃蝇发育不利，因为不但成蝇在阴雨天气不飞翔产卵，而且蛹在高湿条件下易受真菌侵袭而死亡。

5.临床症状：初期，由于幼虫口前钩损伤齿龈、舌、咽喉黏膜而引起这些部位的水肿、炎症，甚至溃疡。病马表现咀嚼吞咽困难，咳嗽、流涎、打喷嚏，有时饮水从鼻孔流出。幼虫移行到胃及十二指肠后，由于损伤胃肠黏膜，引起胃肠壁水肿、发炎和溃疡，常表现为慢性胃肠炎、出血性胃肠炎，最后使胃的运动和分泌机能障碍。幼虫吸血，加之虫体毒素作用，使动物出现营养障碍为主的症状，如食欲减退、消化不良、贫血、消瘦、腹痛等，甚至逐渐衰竭死亡。幼虫排出前，还要在直肠寄生一段时间，引起直肠充血、发炎，病马频频排粪或努责，又因幼虫刺激而发痒，患畜摩擦尾根，引起尾根损伤、发炎、尾根毛逆立，有时兴奋和腹痛。患畜由于幼虫寄生，使胃的消化、吸收机能破坏，加之幼虫分泌的毒素作用，使宿主高度贫血、消瘦、中毒，使役能力降低，严重感染时可使马匹衰竭死亡。

6.防制措施

预防：在每年秋、冬两季可用兽用精制敌百虫进行预防性驱虫。精制敌百虫的剂量为30～40mg/kg，一次投服。伊维菌素和阿维菌素按0.2mg/kg，皮下注射，也有一定效果。当幼虫尚位于口腔或咽部阶段时，可用5%敌百虫豆油（将敌百虫溶于豆油中）喷涂于虫体的寄生部位，也可将虫体杀死。可采取夜间放牧，以防成蝇侵袭产卵。散放家禽，啄食随马粪排出的幼虫。

治疗：

（1）精制敌百虫：成马9～15g，幼驹5～8g或30～70mg/kg，配成10%～20%水溶液，一次内服，药后4h内禁饮，效果较好。对口腔内的幼虫，可涂擦5%敌百虫豆油（敌百虫加于豆油内加温溶解）。涂1～3次即可。也可用镊子摘除虫体。

（2）二硫化碳：成马20ml，2岁内幼驹9ml，分早、中、晚三次给药，每次1/3。用胶囊或胃管投服。投药前2h停喂，投药后不必投泻药。但最好停止使役3d。本药能驱除全部幼虫。孕马、胃肠病马、虚弱马忌用。

（3）伊维菌素和阿维菌素：按0.2mg/kg的剂量皮下注射。

**三、普查情况**

本次疫病及寄生虫病普查，流行病学调查210份，没有发病和临床记载。采集马属动物粪便210份，经临泽县动物疫病预防控制中心实验室进行虫体检查均为阴性。

## 第八节　马鼻蝇蛆病

### 一、病的概述

本病是由紫鼻狂蝇的幼虫寄生在马、驴的鼻腔、鼻窦及额窦内引起的，以慢性鼻炎为特征。

**二、流行及防制措施**

1.流行情况：本病在临泽县没有发病及临床记载。

2.发育史：在炎热的天气里，雌蝇飞袭马鼻，向鼻腔内产幼虫，幼虫以口前钩固着在鼻黏膜上，然后沿着鼻道、额窦移行。幼虫在鼻内寄生9~10月，经两次蜕化变为第三期幼虫，第三期幼虫成熟后落地变蛹，经一个月的蛹羽化为成蝇继续侵袭马鼻。本病多发生在6~10月成蝇活跃的季节里。

3.主要症状：紫鼻狂蝇产幼虫时，引起马匹不安，或作打喷嚏、摇头等动作，由于幼虫损伤鼻腔黏膜引起发炎，并常发生咽炎和喉炎，患马呈现咳嗽、喷嚏，吞咽时疼痛，饮水时水从鼻孔逆流，消瘦等症状。

4.防制措施：对于马鼻腔内的幼虫，用二硫化碳5份、来苏儿10份、水100份合剂，配成2000ml，以导管注入鼻孔内冲洗。在成蝇飞翔的季节里，可用护鼻布罩以防其侵袭。用杀虫药在马鼻孔涂擦，每5d一次，可防止成蝇产蚴，或杀死已产出的幼虫。

**三、普查情况**

本次疫病及寄生虫病普查，流行病学调查210份，没有发病和临床记载。临床检查马210匹，没有发现虫体。

## 第九节 马焦虫病

**一、病的概述**

马焦虫病是由焦虫纲驽巴贝斯焦虫（亦称马焦虫）和马巴贝斯焦虫（亦称马纳塔焦虫）寄生于马的红细胞内而引起的一类原虫病。

**二、流行及防制情况**

1.流行情况：本病在临泽县没有发病及临床记载。

2.病原体：病原有两种。一种是马焦虫，虫体大于红细胞半径，典型虫体为双梨籽形，尖端相连成锐角形，每个虫体有两团染色质；另一种是马纳塔焦虫，虫体小于红细胞半径，典型的形态是四个梨籽形虫体构成“十”字形，每个虫体内有一团染色质。

3.流行病学：马焦虫病的流行与多种因素有关，包括地理条件、气候条件、蜱的种类及活动情况、自然条件（土壤、湿度、植被）、饲养管理等诸多因素。该病主要的传播者是蜱，蜱侵袭马的时间主要与当地的气候条件有关。如当年气候温暖，蜱的活动就会提前，反之则延后。最适于蜱滋生存在的地方是灌木丛，如柳树丛林、油树丛树。该病的潜伏期为10d左右，当马匹受到感染蜱侵袭后10d左右开始发病。一般的3月中旬开始发病，4月下旬、5月上旬达高潮，以后逐渐减少。当年蜱的侵袭时间提前，发病时间也随之提前。

4.临床症状：病畜高温呈稽留热或弛张热、黄疸和贫血、黏膜出血、精神沉郁，食欲减退或废绝。

5.防制措施

预防:在蜱活动、侵袭季节,可改放牧为舍饲,防止蜱侵袭畜体,也可到无蜱的牧场放牧。经常检查畜体,随时捕捉畜体上的蜱,并将其焚烧。也可给畜体涂擦喷洒杀虫剂,如除癞灵等。在发病季节,对外购的马匹应严格检疫,发现病畜应及时隔离治疗。

治疗:对病畜应精心护理,以强心、补液为主。黄色素按3~4mg/kg(总量不超过2g),用生理盐水配成1%或0.5%溶液,静脉注射,间隔24~48h可再用药一次,感染严重的需用药3~4次。复方氯化钠注射液500ml、10%葡萄糖注射液1000ml、安钠咖注射液20ml,维生素C注射液30ml,混合一次静脉注射,每日2次。高烧和防止继发感染,可用30%安乃近注射液30ml,氨苄西林钠10~20mg/kg,每日2次,肌肉注射。

**三、普查情况**

本次疫病及寄生虫病普查,流行病学调查210份,没有发病和临床记载。采集马属动物耳尖血210份,经张掖市动物疫病预防控制中心实验室采用血液涂片虫体检查均为阴性。

## 第十节　马媾疫病

**一、病的概述**

马媾疫是由马媾疫锥虫寄生于马属动物生殖器官黏膜而引起的一种慢性接触性的原虫病,同时它也是一种皮肤寄生虫病。它以外生殖器炎症、水肿、皮肤轮状丘疹和后躯麻痹为特征。

**二、流行及防制措施**

1.流行情况:本病在临泽县没有发病及临床记载。

2.病原体:马媾疫锥虫为一种鞭毛虫,在形态上与伊氏锥虫无明显区别,以无性分裂法进行繁殖,只感染马属动物(马、骡、驴),本虫主要寄生于病畜的生殖道黏膜、水肿液及短暂地寄生于血液中。

3.流行病学:马媾疫的传染途径主要是通过病马与健康马直接交配传染。人工授精时,器械未经严格消毒也可发生感染。处于潜伏期或症状不明显的患马,在其尚未被觉察时,常成为本病的主要传染来源。马媾疫锥虫侵入马体后,如机体抵抗力强,则不出现临床症状,而成为带虫者。

4.临床症状:马媾疫是马属动物特有的一种传染性寄生虫病,其传播途径主要是通过交配感染,一般只感染母畜。马媾疫潜伏期为6个月,若不应用特效药物治疗或治疗不及时,则会呈一种多发性神经炎,病程发展常有一定的顺序性,依次分别为:水肿期、皮肤病变期及麻痹期。媾疫锥虫侵入公马尿道或母马阴道黏膜后,在黏膜上进行繁殖,引起局部炎症。公马的包皮前端发生水肿，逐步蔓延到阴囊、包皮、腹下及股内侧。尿道黏膜潮红肿胀，尿道口外翻，排出少量混浊的黄色液体。阴茎、阴囊、会阴等部位的皮肤，相继出现结节、水泡、溃疡和缺乏色素的白斑。有的公马性欲亢进，精液质量降低。母马阴唇肿胀，逐渐波及乳房、下腹部和腹内侧，阴道黏膜潮红、肿胀、外翻，常排出少量黏液，脓性分泌物，频频排尿，呈发情状态。在阴门、阴道黏膜上不断出现小结节和水泡，破溃后成为糜烂面，但能很快愈合，其后在患部留下缺乏色素的白斑。病马屡配不孕，或妊娠后易流产。在生殖器官出现症状后的一个多月，颈、胸、腹、臀部，尤其是肩部两侧皮肤出现突出皮肤表面的无热无痛扁平丘疹，称轮状丘疹，直径约5~15mm，呈圆形、椭圆或马蹄形，中央凹陷，周边隆起，界限明显。其特点是突然出现，迅速消失，然后再度反复，在病的后期，出现腰神经与后肢神经麻痹，步态强拘、后肢摇晃和跛行等。少数病马出现面神经麻痹。

5.防制措施：疫区在配种季前，应对公马和繁殖母马进行检疫。对健康公马和采精用的种马，在配种前用安锥赛进行预防注射。在未发生过本病的马场，对新调入的种公马和母马，要严格进行隔离检疫。大力发展人工授精，减少或杜绝感染的机会。

**三、普查情况**

本次疫病及寄生虫病普查，流行病学调查210份，没有发病和临床记载。采集马属动物血清210份，经张掖市动物疫病预防控制中心实验室采用补体结合试验均为阴性。

# 第六章　骆驼寄生虫病

## 第一节　骆驼螨病

**一、病的概述**

骆驼螨病是由疥螨科的骆驼疥螨寄生于骆驼的表皮内所引起的，以发生剧烈的痒觉及皮炎、脱毛为特征。

**二、流行及防制情况**

1. 流行情况：临泽县有零星发生。

2. 流行病学：本病是健畜与患畜直接接触或通过有疥螨的畜舍和用具而受感染的，通过工作人员的衣服和手等也可传播。秋冬季节，尤其是阴雨天气，蔓延最广，发病最烈。幼驼易遭受螨病侵害，发病也比较严重。饲养管理和卫生条件不良是促使螨病蔓延的重要因素。耐过螨病的患驼或处于潜伏期的带虫驼都呈"带螨状态"，是本病的散播来源。

3. 临床症状：本病先发生于皮肤薄的部位（颈部、腹部、体侧等），以后蔓延至全身。初期并不很痒，以后形成痂皮、龟裂和脓疮时则发生剧痒，日渐消瘦，可致死亡。

4. 防制措施

预防：畜舍要保持干燥、透光，通风良好。畜群密度不要过大。畜舍要经常清扫，定期消毒。经常观察畜群中有无发痒和掉毛现象，发现可疑病畜，要及时进行隔离饲养和治疗，以免互相传染。

治疗：涂药疗法，可用5%的敌百虫水溶液，配方是：来苏尔5份溶于100份温水中，再加入5份敌百虫即可，涂擦患部。依维菌素：每千克体重0.2mg颈部皮下注射。

**三、普查情况**

本次疫病及寄生虫病普查，流行病学调查210份，没有发病和临床记载。临床检查骆驼210峰，没有发现虫体。

## 第二节　骆驼胃肠道线虫病

**一、病的概述**

寄生于骆驼胃肠道内的线虫主要有:斯氏副柔线虫、普通奥斯特线虫、阿洛夫奥斯特线虫、捻转血矛线虫、长柄血矛线虫、蛇形毛圆线虫、枪形毛圆线虫、古柏线虫、单峰驼细颈线虫、骆驼似细颈线虫、微管食道口线虫、绵羊夏伯特线虫、球黯毛首线虫、兰氏毛首线虫。

**二、流行及防制情况**

1.流行情况:临泽县有零星发生。

2.流行病学:本病由带虫的牛、羊、驼传播。骆驼感染的这些胃肠线虫大部分与牛、羊共同感染,带虫的牛、羊、骆驼随粪便排出的虫卵,经过发育成为感染性幼虫并随骆驼吃草、喝水被食入后即引起感染。斯氏副柔线虫的发育和感染需吸血蝇类的参与,吸血蝇类的幼虫吞食骆驼或牛羊粪便中的斯氏副柔线虫卵以后,即在蝇蛆体内发育,当蝇蛆经蛹变为成蝇时,副柔线虫的幼虫也发育成感染性幼虫,骆驼吃草时食入吸血蝇类而感染。胃肠线虫多在放牧时感染。副柔线虫是在吸血蝇类较多的夏季感染的,尤以7月至8月中旬感染机会最多。

3.临床症状:感染严重时,病驼消瘦,生产及使役能力降低,甚至可引起死亡。

4.防制措施:根据感染情况定期驱虫。用硫化二苯胺在春季驱虫可使骆驼免遭春乏,用此药与食盐混合长期饲喂,可收预防感染之效(按驼每千克体重15mg用药)。用左旋咪唑、丙硫苯咪唑也可驱除骆驼体内的大部分胃肠线虫。

**三、普查情况**

本次疫病及寄生虫病普查,流行病学调查210份,没有发病和临床记载。采集骆驼粪便200份,直接涂片法和饱和盐水漂浮法检查虫卵均为阴性。

## 第三节　骆驼棘球蚴病

**一、病的概述**

本病是由寄生在犬、狼、狐、猫小肠内的棘球绦虫的幼虫寄生在骆驼的肝脏和肺脏等处引起的。甘肃省骆驼体内查出的棘球蚴是细粒棘球绦虫的幼虫。

**二、流行及防制情况**

1.流行情况:临泽县有零星发生。

2.流行病学:感染棘球虫的犬、狼、狐等肉食动物随粪排出的孕节或虫卵,被骆驼在吃草、喝水时食入即感染本病。患棘球蚴的羊、牛脏器不经煮熟灭虫就喂犬或乱扔,使肉食动物食入后感染细粒棘球绦虫，并污染草场、水源及环境，是造成本病流行的重要因素。

3.临床症状：骆驼感染棘球蚴后，随着虫体的增大，对肝、肺等被寄生的脏器及邻近器官的功能造成影响出现相应症状，患驼营养失调，消瘦、衰弱。

4.防制措施：主要是给患棘球绦虫的犬定期驱虫和不用感染棘球蚴的牛、羊、驼脏器喂犬，如要利用则必须煮熟，并注意使骆驼的饲草料、饮水不被犬粪污染，扑杀野犬，以减少和杜绝对草场、水源的污染。

**三、普查情况**

本次疫病及寄生虫病普查，流行病学调查210份，没有发病和临床记载。采集骆驼血清200份，经张掖市动物疫病预防控制中心实验室采用ELISA试验均为阴性。

## 第四节　骆驼绦虫病

**一、病的概述**

是由莫尼茨绦虫、曲子宫绦虫及无卵黄腺绦虫寄生于羊、牛和骆驼的小肠所引起。其中莫尼茨绦虫危害最为严重，特别是幼畜感染时，不仅影响生长发育，甚至可引起死亡。3种绦虫既可单独感染，也可混合感染。

**二、流行及防制情况**

1.流行情况：临泽县有零星发生。

2.病原体：莫尼茨绦虫，虫体呈带状，由头节、颈节及链体部组成，全长可达6m，最宽处16～26mm，呈乳白色；头节上有4个近于椭圆形的吸盘，无顶突和小钩；节片短而宽，但后部的孕卵节片则长宽几乎接近而呈方形；孕卵节片内子宫会合呈网状，内含大量呈三角形、圆形或立方形的虫卵；虫卵长50～60μm，内含1个被梨形器包围的六钩蚴。曲子宫绦虫：虫体可长达2m，宽约12mm；孕节的子宫有许多弯曲，呈波浪状；在子宫侧枝的末端有许多子宫周围器，每个子宫周围器含有3～8个虫卵；虫卵近于圆形，无梨形器。无卵黄腺绦虫：是反刍兽绦虫中较小的一类，虫体长2～3m，宽仅为3mm左右。

3.发育史：绦虫的中间宿主为地螨类和某些昆虫。终末宿主将虫卵和孕节随粪便排至体外，虫卵被中间宿主吞食后，六钩蚴穿过消化道壁，进入体腔，发育至具有感染性的似囊尾蚴。动物吃草时吞食了含似囊尾蚴的地螨而受感染。绦虫在动物体内的寿命为2～6个月，后自动排出体外。

4.临床症状：一般可表现为食欲减退，出现贫血与水肿；幼畜腹泻时，粪中混有虫体节片，有时还可见虫体的一段吊在肛门处；被毛粗乱无光，喜躺卧，起立困难，体重迅速减轻。若虫体阻塞肠管时，则出现鼓胀和腹痛表现，甚至因肠破裂而死亡。有时亦可出现转圈、肌肉痉挛或头向后仰等神经症状。后期患畜仰头倒地，经常做咀嚼运动，口周围有泡沫，对外界反应几乎丧失，直至全身衰竭而死。

5.防制措施

预防：在虫体成熟前进行第一次驱虫；再经10～15d后进行第二次驱虫。此法不仅可驱除寄生的绦虫，还可防止牧场或外界环境遭受污染。

治疗：①阿苯达唑：按每千克体重5～20mg，做成1%水悬液，口服；②氯硝柳胺：按每千克体重100mg，配成10%水悬液，口服；③硫氯酚：按每千克体重75～100mg，包在菜叶里口服，或灌服。

**三、普查情况**

本次疫病及寄生虫病普查，流行病学调查210份，没有发病和临床记载。采集骆驼粪便200份，直接涂片法和饱和盐水漂浮法检查虫卵均为阴性。

# 第七章　兔寄生虫病

## 第一节　兔　螨　病

### 一、病的概述

兔螨病是由于兔子感染螨虫而引起的一种以剧痒不安和消瘦死亡为特征的高度接触性传染。

### 二、流行及防制情况

1.流行情况:临泽县有零星发生,没有资料记载。

2.病原体:病原虫为兔痒螨和兔疥螨两种。前者寄生于兔外耳道,后者寄生于兔体表,痒螨和疥螨全部发育过程都在动物体上完成。包括卵、幼虫、若虫、成虫四个阶段。疥螨在宿主表皮挖凿隧道,以皮肤组织、细胞和淋巴液为食,并在隧道内发育和繁殖。痒螨则寄于皮肤表面,以皮肤渗出液为食。

3.流行病学:兔体寄生的各种螨,通过病、健兔直接接触,或污染的笼舍、用具等的间接接触而传染。多发于冬秋季节,日光不足、阴雨潮湿,最适宜螨的生长繁殖和本病的蔓延。幼兔比成年兔患病严重,兔的疥螨也可传染给人。

4.临床症状:兔痒螨发生于外耳道内,可引起外耳道炎,渗出物干燥呈黄色痂皮,塞满耳道,如纸卷样。病兔耳朵下垂,不断摇头,和用脚搔耳朵,还可能延至筛骨及脑部。引起癫痫症。兔疥螨一般由嘴、鼻周围及脚爪部发病,奇痒。病兔不停用嘴啃咬,或用脚搔抓嘴、鼻等处。严重发痒时前后脚抓地。

5.防制措施

预防:搞好兔舍卫生,经常保持兔舍清洁、干燥通风。在引进兔时,要仔细检查,并用2%敌百虫溶液擦洗几次,隔离观察一段时间,确认无螨病时再合群。

治疗:用依佛菌素、杀虫丁,皮下注射效果理想。三氯杀螨醇与植物油按5%~10%的比例混匀后涂于患部,一次即愈。同时可用500~1000倍液稀释的三氯杀螨醇水溶液喷洒圈舍、笼具,可以杀死虫卵、幼虫及成虫,对兔无不良反应。

**三、普查情况**

本次疫病及寄生虫病普查，流行病学调查210份，没有发病和临床记载。临床检查兔100只没有发现虫体。

## 第二节　兔球虫病

**一、病的概述**

兔球虫病是由艾美耳属的多种球虫寄生于兔的小肠或胆管上皮细胞内引起的。以腹部胀大、臌气、下痢、肛门沾污，排粪频繁等为特征。

**二、流行及防制情况**

1.流行情况：临泽县有零星发生。没有资料记载。

2.病原学：病原体是艾美耳球虫。可寄生于兔的小肠和胆管。兔球虫卵囊在温度20℃、湿度55%～75%的外界环境中，经2～3d即可发育成为感染性卵囊。卵囊对化学消毒药物及低温的抵抗力很强，大多数卵囊可以越冬，但对日光和干燥很敏感，直射阳光在数小时内能杀死卵囊。

3.流行病学：各种品种和不同年龄的兔都可感染，但以1～3月龄的兔最易感而且病情严重，死亡率高；成年兔发病轻微，多为带虫者，成为重要的传染源。本病感染途径是经口食入含有孢子化卵囊的水或饲料。饲养员、工具、苍蝇等也可机械性搬运球虫卵囊而传播本病。发病季节多在春暖多雨时期，如兔舍内经常保持在10℃以上，随时可能发病。

4.临床症状：根据球虫的寄生部位可分为肠型、肝型和混合型三种。开始时病兔食欲减退，精神沉郁，伏卧不动，生长停滞。眼鼻分泌物增多，体温升高，腹部胀大，臌气，下痢，肛门沾污，排粪频繁。肠球虫有顽固性下痢，甚至拉血痢，或便秘与腹泻交替发生。肝球虫病则肝脏肿大，肿区触诊疼痛，黏膜黄染。家兔球虫病的后期往往出现神经症状，四肢痉挛、麻痹，因极度衰竭而死亡。肠型死亡快，肝型较慢。

5.防制措施

预防：加强兔场管理，成年兔和小兔分开饲养，断乳后的幼兔要立即分群，单独饲养。保证饲料新鲜及清洁卫生，饲料应避免粪便污染，每天清扫兔笼及运动场上的粪便，定期消毒。可采用莫能霉素等药物预防本病发生，发现病兔应立即隔离治疗。

治疗：①兔球速杀广谱类粉剂抗球虫药：以每百千克饲料混药100g饲喂；②氯羟吡啶：以每百千克饲料混药20~25g饲喂；③氯胍：每日每千克体重15mg拌料。

**三、普查情况**

本次疫病及寄生虫病普查，流行病学调查210份，没有发病和临床记载。采集兔粪便210份，直接涂片法和饱和盐水漂浮法检查虫卵、虫体均为阴性。

# 第八章　犬寄生虫病

## 第一节　犬绦虫病

**一、病的概述**

绦虫是犬的肠道寄生虫中最长的一种，种类很多，对犬的健康危害很大。可造成犬营养不良、消瘦、贫血、胃肠道症状及神经症状，重者可导致全身衰弱死亡。

**二、流行及防制情况**

1.流行情况：临泽县没有临床记载。

2.病原体及发育史

(1)犬绦虫(犬复孔Ⅰ象虫、瓜实绦虫)：虫体呈淡红色，长10~50cm。成熟体节长7mm，宽2~3mm，呈长卵圆形，外观如黄瓜籽状。蚤类及犬毛虱为犬绦虫的中间宿主，在其体内发育为似囊尾蚴。终末宿主吞食了含似囊尾蚴的蚤或虱而被感染，在小肠内约经3周发育为成虫。

(2)线中绦虫(中线绦虫)：虫体长30～250cm，最宽处为3mm。线中绦虫需两个中间宿主，第一中间宿主为食粪的地螨，在其体内形成似囊尾蚴。第二中间宿主为蛇、蛙、鸟类及啮齿类，在它们体内形成四槽蚴，多在第二中间宿主的腹腔或肝、肺等器官内发现。四槽蚴被终末宿主吞食后，经16～20d变为成虫。

(3)泡状带绦虫(边缘绦虫)：虫体长75～500cm，前部节片宽而短，向后节片逐渐加长，成熟体节长为10～14mm宽4～5mm。中间宿主为牛、羊、猪等家畜，幼虫为细颈囊尾蚴，寄生在中间宿主的肝脏、大网膜及肠系膜等处，犬吞食含细颈囊尾蚴的内脏而被感染，经36～73d在小肠发育为成虫。

(4)豆状带绦虫(锯齿绦虫)：虫体长60～200cm，生殖孔不规则地在节片一侧交互开口，稍突出，使虫体侧缘呈锯齿状。成熟体节长为10～15mm，宽4～7mm。中间宿主为家兔和野兔，幼虫为豆状囊尾蚴，寄生于兔的肝脏、网膜、肠系膜等处。犬吞食含豆状囊尾蚴的内脏，经35～46d发育为成虫。

(5)多头带绦虫(多头绦虫)：虫体长40~100cm，最宽处为5mm。中间宿主为牛和羊，幼虫为多头蚴(脑共尾蚴),寄生于中间宿主脑内,有时也见于延脑或脊髓中。犬吞食含多头蚴的脑而被感染,经41~73d发育为成虫。

(6)细粒棘球绦虫:虫体由1个头节和3~4个节片组成,全长不超过7mm。细粒棘球绦虫的幼虫为棘球蚴,寄生于多种动物和人的肝、肺及其他器官中,犬吃了含棘球蚴的脏器而被感染。

(7)曼氏迭宫绦虫(孟氏裂头绦虫):虫体长约100cm,宽2~2.5cm。头节呈指形,背腹各有一个纵行的吸槽。颈节细长。节片一般宽大于长。需要两个中间宿主:第一中间宿主为淡水桡足类(如剑水蚤),在其体内发育为原尾蚴;第二中间宿主为蛙类和蛇类(鱼类、鸟类甚至人可作为转运宿主),在其体内发育为裂头蚴。猫、犬为终末宿主,裂头蚴在其小肠内发育为成虫。

3.临床症状:重度感染时,可出现肠卡他、肠炎、出血性肠炎症状、呕吐。肠管逆蠕动时虫体可进入胃中,呕吐时虫体可随胃内容物一同呕出。粪便可见到大量脱落的节片。患犬可见有异嗜、进行性消瘦、营养不良、贫血、精神沉郁。有的可见有神经症状、抽搐、痉挛等症状。

4.防制措施

预防:注意清洁卫生,消灭传染源。妥善处理屠宰废弃物,防止犬采食带有绦虫蚴的中间宿主或其未煮熟的脏器、淡水鱼及鼠类。保持犬舍和犬体清洁,经常用杀虫剂杀灭犬体上的蚤与虱,消灭啮齿动物。

治疗:①吡喹酮:20mg/kg体重,一次口服,隔5d再服一次;②丙硫苯咪唑:10~15mg/kg体重,1次/d,连服3d;③氯硝柳胺:100mg/kg体重,一次口服;④甲苯咪唑:20mg/kg体重,一次口服。

**三、普查情况**

本次疫病及寄生虫病普查,流行病学调查210份,没有发病和临床记载。采集犬粪便100份,直接涂片法和饱和盐水漂浮法检查虫卵、虫体均为阴性。

## 第二节　犬蛔虫病

**一、病的概述**

该病是由犬蛔虫和狮蛔虫寄生于犬的小肠和胃内引起的。主要危害1~3月龄的仔犬,影响生长和发育,严重感染时可导致死亡。

**二、流行及防制情况**

1.流行情况:临泽县没有临床记载。

2.病原体:犬蛔虫(犬弓首蛔虫)呈淡黄白色,头端有3片唇,体侧有狭长的颈翼膜。犬蛔虫的特点是在食道与肠管连接处有1个小胃。雄虫长50～110mm，尾端弯曲；雌虫长90～180mm，尾端直。狮蛔虫（狮弓蛔虫）颜色、形态与犬蛔虫相似，但无小胃；雄虫长35～70mm，雌虫长30～100mm。

3.发育史：犬蛔虫卵随粪便排出体外，在适宜条件下发育为感染性虫卵。3月龄以内的仔犬吞食了感染性虫卵后，在肠内孵出幼虫，幼虫钻入肠壁，经淋巴系统到肠系膜淋巴结，然后经血流到达肝脏，再随血流达肺脏，幼虫经肺泡、细支气管、支气管，再经喉头被咽入胃，到小肠进一步发育为成虫，全部过程4～5周。年龄大的犬吞食了感染性虫卵后，幼虫随血液流到达身体各组织器官中，形成包囊，幼虫保持活力，但不进一步发育；体内含有包囊的母犬怀孕后，幼虫初激活，通过胎盘移行到胎儿肝脏而引起胎内感染。胎儿出生后，幼虫移行到肺脏，然后再移行到胃肠道发育为成虫，在仔犬出生后23～40d已出现成熟的犬蛔虫。新生仔犬也可通过吸吮初乳而引起感染，感染后幼虫在小肠中直接发育为成虫。

4.临床症状：逐渐消瘦，黏膜苍白。食欲不振，呕吐、异嗜，消化障碍，先下痢而后便秘。偶见有癫痫性痉挛。幼犬腹部膨大，发育迟缓。感染严重时，其呕吐物和粪便中常排出蛔虫。

5.防制措施

预防：注意环境卫生，及时清除粪便，幼犬在2个月左右一定要进行驱虫。

治疗：①左旋咪唑：8~10mg/kg体重，口服1次/d，连服3d；②硫苯咪唑：50mg/kg体重，口服1次/d，连服3d；③硫苯咪唑：20mg/kg体重，口服1次/d，连服2~3d。

**三、普查情况**

本次疫病及寄生虫病普查，流行病学调查210份，没有发病和临床记载。采集犬粪便100份，直接涂片法和饱和盐水漂浮法检查虫卵、虫体均为阴性。

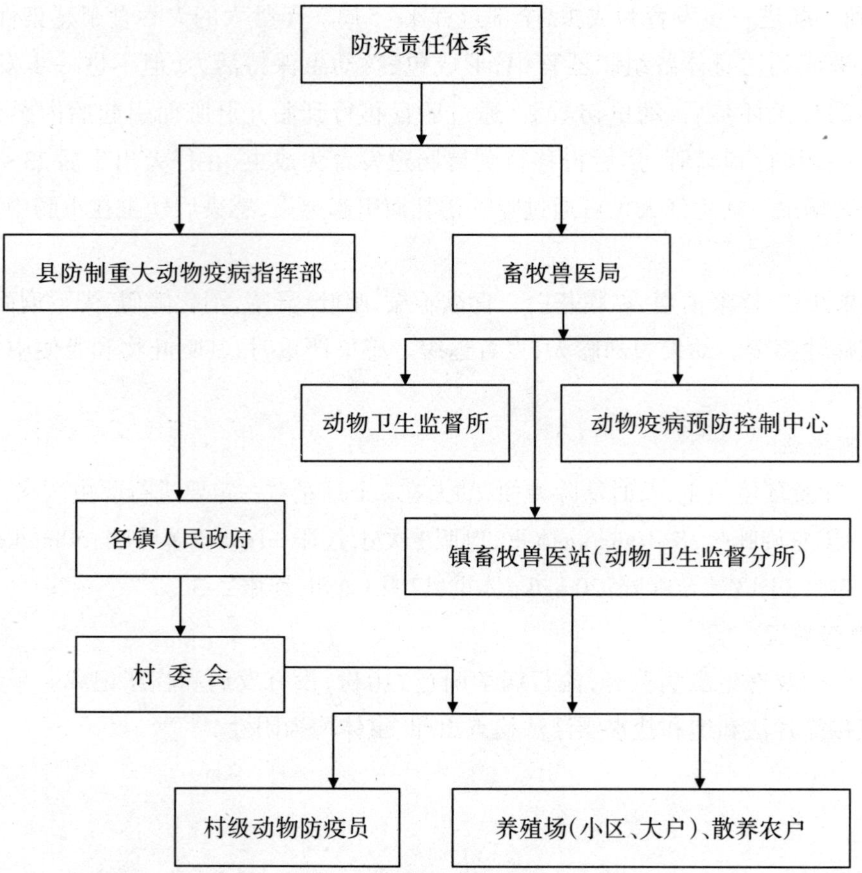


临泽县动物防疫责任体系图

# 附表：临泽县1989—2014年流行病学调查表

表1　临泽县1989—2014年畜牧业发展情况一览表

| 年度 | 牛（万头） | | | | 马（万匹） | | 驴（万头） | | 骡（万头） | 骆驼（万头） | 生猪（万头） | | | 羊（万只） | | | 禽类（万只） | |
|---|---|---|---|---|---|---|---|---|---|---|---|---|---|---|---|---|---|---|
| | 总计 | 存栏 | 出栏 | 能繁母畜 | 存栏 | 能繁母畜 | 存栏 | 能繁母畜 | 存栏 | 存栏 | 存栏 | 出栏 | 能繁母畜 | 存栏 | 出栏 | 能繁母畜 | 存栏 | 出栏 |
| 1989 | 3.2301 | 3.0505 | 0.1796 | 1.0411 | 0.2399 | 0.112 | 1.1693 | 0.4813 | 0.4548 | 0.1913 | 6.0426 | 5.7297 | 0.4138 | 8.2447 | 1.2513 | 4.1822 | 43.29 | 22.23 |
| 1990 | 3.6 | 3.3 | 0.3 | 0.58 | 0.2114 | 0.0953 | 1.1255 | 0.4219 | 0.479 | 0.1615 | 5.8 | 6.4 | 0.42 | 7.8 | 1.8 | 3.4 | 55 | 26.35 |
| 1991 | 4.6853 | 3.2256 | 0.2323 | 1.0021 | 0.1906 | 0.0716 | 1.1101 | 0.3805 | 0.4997 | 0.159 | 6.464 | 6.2953 | 0.3146 | 5.6804 | 2.1245 | 2.5918 | 56.26 | 28.19 |
| 1992 | 4.681 | 3.3006 | 0.2964 | 1.0158 | 0.1751 | 0.075 | 1.1098 | 0.3947 | 0.54 | 0.0955 | 6.8399 | 6.3891 | 0.3985 | 5.4905 | 1.8674 | 2.5105 | 54.69 | 27.36 |
| 1993 | 4.8122 | 3.4567 | 0.3919 | 1.1007 | 0.1759 | 0.0732 | 1.1029 | 0.3864 | 0.5853 | 0.0767 | 7.3699 | 7.66 | 0.3523 | 5.57 | 1.8997 | 2.4276 | 46.91 | 22.86 |
| 1994 | 5.0895 | 3.7775 | 0.4147 | 1.34 | 0.1703 | 0.0626 | 1.0651 | 0.3873 | 0.601 | 0.0766 | 7.9487 | 8.6223 | 0.5406 | 5.9892 | 2.4628 | 2.9306 | 52.65 | 48.61 |
| 1995 | 5.4425 | 4.0658 | 0.5498 | 1.4673 | 0.161 | 0.0622 | 1.1215 | 0.4538 | 0.6161 | 0.0942 | 8.6933 | 12.669 | 0.7791 | 7.2458 | 2.8395 | 3.632 | 50.04 | 70.19 |
| 1996 | 5.5996 | 4.2679 | 0.6067 | 1.6166 | 0.1664 | 0.0673 | 1.0678 | 0.4129 | 0.6006 | 0.0975 | 10.2772 | 13.5328 | 0.5982 | 8.603 | 3.4084 | 4.4758 | 52.89 | 85.48 |
| 1997 | 5.1117 | 4.4391 | 0.6726 | 1.5393 | 0.1554 | 0.0538 | 1.0806 | 0.4252 | 0.6009 | 0.1089 | 10.3515 | 15.4824 | 0.8033 | 9.042 | 3.8863 | 4.8443 | 61.7 | 74.99 |
| 1998 | 5.7531 | 4.4803 | 0.7012 | 1.6184 | 0.08 | 0.033 | 1.08 | 0.4313 | 0.5792 | 0.1128 | 10.0746 | 16.4937 | 0.704 | 9.2459 | 4.1501 | 4.6569 | 48.22 | 58.74 |
| 1999 | 5.7936 | 4.5595 | 0.7421 | 1.7712 | 0.09 | 0.04 | 1.0015 | 0.53 | 0.6092 | 0.1426 | 9.2302 | 13.8303 | 0.9291 | 9.2405 | 3.7401 | 4.3939 | 54.8 | 60.43 |
| 2000 | 5.5763 | 4.3814 | 0.8108 | 1.9455 | 0.1629 | 0.11 | 0.9058 | 0.51 | 0.8274 | 0.1262 | 10.487 | 15.3446 | 0.831 | 9.9312 | 3.6861 | 4.7223 | 46 | 57.59 |
| 2001 | 5.9769 | 5 | 1.0615 | 2.7453 | 0.1146 | 0.0513 | 0.7621 | 0.3907 | 0.5389 | 0.1002 | 10.6511 | 16.1545 | 0.7836 | 10.1488 | 3.9625 | 4.7729 | 56 | 65.79 |
| 2002 | 6.3591 | 5.4184 | 1.2746 | 2.825 | 0.13 | 0.0582 | 0.7289 | 0.3324 | 0.5069 | 0.0818 | 11.18 | 16.96 | 0.9 | 11.44 | 4.1725 | 5.3028 | 61 | 72.4 |
| 2003 | 6.9 | 5.96 | 1.41 | 3.0514 | 0.13 | 0.08 | 0.73 | 0.06 | 0.51 | 0.08 | 11.38 | 17.58 | 0.8937 | 11.66 | 4.25 | 5.37 | 61 | 76 |
| 2004 | 7.593 | 6.658 | 1.6708 | 3.33 | 0.125 | 0.08 | 0.74 | 0.36 | 0.51 | 0.07 | 11.45 | 18.33 | 0.9 | 11.68 | 4.68 | 5.84 | 57.95 | 72.2 |
| 2005 | 8.32 | 7.31 | 1.9 | 3.65 | 0.14 | 0.08 | 0.81 | 0.38 | 0.51 | 0.06 | 10.88 | 19.5 | 1.01 | 12.26 | 5.1 | 7.62 | 55 | 70 |
| 2006 | 9.21 | 8.2 | 2.1766 | 4.92 | 0.14 | 0.08 | 0.81 | 0.48 | 0.51 | 0.06 | 10.88 | 20.4 | 1.01 | 13.47 | 5.61 | 8.08 | 55 | 70 |
| 2007 | 9.99 | 9.02 | 2.4 | 5.41 | 0.1 | 0.06 | 0.81 | 0.45 | 0.45 | 0.06 | 10.88 | 20.2 | 1.78 | 14.04 | 5.89 | 8.42 | 55 | 70 |
| 2008 | 9.91 | 8.87 | 3.58 | 4 | 0.1 | 0.01 | 0.88 | 0.21 | 0.45 | 0.06 | 8.5 | 11.6 | 1.83 | 12.7 | 6.5 | 4.8 | 42.1 | 60.2 |
| 2009 | 10.3267 | 9.5347 | 4.11 | 4.995 | 0.046 | 0.0213 | 0.701 | 0.312 | 0.195 | 0.045 | 7.8 | 10.5 | 2.13 | 12.81 | 6.7 | 5.98 | 42.3 | 61.8 |
| 2010 | 11.6197 | 10.7 | 4.631 | 5.34 | 0.0406 | 0.0186 | 0.8281 | 0.3093 | 0.2017 | 0.051 | 8.61 | 11.02 | 2.0195 | 13.121 | 6.97 | 6.6283 | 42.79 | 58 |
| 2011 | 16.557 | 11.447 | 5.11 | 5.7503 | 0.0693 | 0.0203 | 0.8846 | 0.32 | 0.2072 | 0.0735 | 8.473 | 11.81 | 2.0116 | 13.4375 | 7.245 | 6.7213 | 44 | 59.32 |
| 2012 | 16.82 | 11.6 | 5.22 | 5.79 | 0.0693 | 0.0203 | 0.8846 | 0.32 | 0.2072 | 0.0579 | 10.1 | 11.82 | 1.544 | 13.78 | 7.53 | 6.87 | 46.15 | 60.2 |
| 2013 | 17.1033 | 11.77 | 5.333 | 6.747 | 0.0603 | 0.0167 | 0.8214 | 0.292 | 1656 | 0.0579 | 10.4539 | 12.2221 | 1.9915 | 14.1 | 7.87 | 8.9733 | 45 | 60.1 |
| 2014 | 17.9522 | 12.347 | 5.6052 | 6.7631 | 0.0664 | 0.0198 | 0.8291 | 0.3203 | 0.1852 | 0.0559 | 10.6234 | 12.9091 | 0.2564 | 15.3314 | 8.8875 | 8.1642 | 44.82 | 61.22 |

表2　临泽县1989—2014年畜产品产量及产值一览表

| 年度 | 农业 | | | 肉类总产量(t) | | | | | 牛奶总产量(t) | 鲜蛋总产量(t) | 羊毛总产量(t) |
|---|---|---|---|---|---|---|---|---|---|---|---|
| | 总产值 | 其中 | | 合计 | 猪肉 | 牛肉 | 羊肉 | 禽肉 | | | |
| | | 畜牧业 | 占农业(%) | | | | | | | | |
| 1989 | 7521.9 | 1404.3 | 18.67 | 4153.37 | 3494.6 | 171.08 | 157.57 | 330.12 | 1169.2 | 1080.26 | 103.76 |
| 1990 | 7736 | 1728 | 22.34 | 4776.7 | 3899.02 | 220.2 | 313.13 | 344.35 | 1424.82 | 1105.53 | 111.11 |
| 1991 | 16365.67 | 4723.07 | 28.86 | 4698.43 | 3863.91 | 270.23 | 303.32 | 260.97 | 1898.3 | 1563.13 | 116.21 |
| 1992 | 17694 | 5012 | 28.32 | 4805.06 | 3897.9 | 343.82 | 261.09 | 302.25 | 2321.5 | 1463 | 78.36 |
| 1993 | 18416.6 | 4195.65 | 22.78 | 5606.74 | 4526.98 | 461.82 | 258.67 | 359.27 | 3050 | 1499.36 | 91.78 |
| 1994 | 19211 | 6258.81 | 32.58 | 6093.36 | 4731.46 | 663.73 | 367.61 | 330.56 | 2508.57 | 1550 | 113.31 |
| 1995 | 21620.04 | 8326.47 | 38.51 | 10041.17 | 8256.82 | 871.2 | 468.05 | 445.1 | 3051.16 | 1819.28 | 164.49 |
| 1996 | 23407.07 | 8712.33 | 37.22 | 10960.07 | 8853.09 | 598.86 | 541.68 | 966.44 | 3034.2 | 2065.28 | 158.03 |
| 1997 | 25041.2 | 9101.04 | 36.34 | 12257.51 | 10063.56 | 785.7 | 582.94 | 824.8 | 3615.5 | 2159.6 | 133.09 |
| 1998 | 52761 | 16891 | 32.01 | 12690.71 | 10720.91 | 701.2 | 622.5 | 646.1 | 2275 | 1687.6 | 134.05 |
| 1999 | 48788 | 13946 | 28.58 | 11155.01 | 8989.69 | 742.1 | 561.02 | 862.2 | 2327.05 | 1903.2 | 140.7 |
| 2000 | 50434.26 | 13900.84 | 27.56 | 11968 | 9971 | 810 | 553.5 | 633.5 | 2432.5 | 1703.2 | 145.09 |
| 2001 | 53415.44 | 14501.07 | 27.15 | 12875.19 | 10497.5 | 1060 | 594 | 723.69 | 2450 | 1960 | 156.35 |
| 2002 | 56352.94 | 16918.89 | 30.02 | 13715.9 | 11024 | 1270 | 625.5 | 796.4 | 2450 | 2135 | 170.1 |
| 2003 | 60999.45 | 17282.6 | 28.33 | 14310.94 | 11427 | 1410 | 637.5 | 836.44 | 2800 | 2135 | 173.4 |
| 2004 | 73462.48 | 235552.09 | 32.06 | 15080.7 | 11914.5 | 1670 | 702 | 794.2 | 2800 | 2028.25 | 173.7 |
| 2005 | 81836.07 | 24376.96 | 29.79 | 16110 | 12675 | 1900 | 765 | 770 | 3150 | 1925 | 182.4 |
| 2006 | 89125.61 | 23840.69 | 26.75 | 17124.5 | 13260 | 2280 | 814.5 | 770 | 4550 | 1925 | 200.55 |
| 2007 | 110207.29 | 28849.58 | 26.18 | 17183.5 | 13130 | 2400 | 883.5 | 770 | 5600 | 1925 | 209.1 |
| 2008 | 134575.83 | 28440.53 | 21.13 | 12757.2 | 7540 | 3580 | 975 | 662.2 | 7700 | 1473.85 | 189.85 |
| 2009 | 140184.46 | 18262.05 | 13.03 | 13629.8 | 6825 | 5120 | 1005 | 679.8 | 11550 | 1480.5 | 191.4 |
| 2010 | 157920 | 32507 | 20.58 | 13559.19 | 6825 | 5110 | 1005 | 619.19 | 12600 | 1497.65 | 196.8 |
| 2011 | 181847 | 38871 | 21.38 | 14596 | 7677 | 5110 | 1088 | 652 | 14350 | 1540 | 202 |
| 2012 | 210316 | 42906 | 20.4 | 14714 | 7683 | 5220 | 1129 | 662 | 15400 | 1615 | 238 |
| 2013 | 235073 | 51677 | 21.98 | 15123 | 7943 | 5330 | 1181 | 661 | 25200 | 1575 | 251 |
| 2014 | 229743.04 | 54955.21 | 23.92 | 16027 | 8391 | 5605 | 1333 | 674 | 26.64.5 | 1569 | 257 |

表3　临泽县历年牲畜口蹄疫免疫统计表

| 年度 | 牛口蹄疫 | | | | 羊口蹄疫 | | | | 猪口蹄疫 | | | | 骆驼口蹄疫 | | | |
|---|---|---|---|---|---|---|---|---|---|---|---|---|---|---|---|---|
| | 免疫镇数（个） | 免疫村数（个） | 免疫数量（万头） | 免疫密度（%） | 免疫镇数（个） | 免疫村数（个） | 免疫数量（万头） | 免疫密度（%） | 免疫镇数（个） | 免疫村数（个） | 免疫数量（万头） | 免疫密度（%） | 免疫镇数（个） | 免疫村数（个） | 免疫数量（万头） | 免疫密度（%） |
| 1989 | 9 | 101 | | | 9 | 101 | | | 9 | 101 | | | 9 | 101 | | |
| 1990 | 9 | 101 | | | 9 | 101 | | | 9 | 101 | | | 9 | 101 | | |
| 1991 | 9 | 101 | | | 9 | 101 | | | 9 | 101 | | | 9 | 101 | | |
| 1992 | 9 | 101 | | | 9 | 101 | | | 9 | 101 | | | 9 | 101 | | |
| 1993 | 9 | 101 | | | 9 | 101 | | | 9 | 101 | | | 9 | 101 | | |
| 1994 | 9 | 101 | | | 9 | 101 | | | 9 | 101 | | | 9 | 101 | | |
| 1995 | 9 | 103 | | | 9 | 103 | | | 9 | 103 | | | 9 | 103 | | |
| 1996 | 9 | 103 | | | 9 | 103 | | | 9 | 103 | | | 9 | 103 | | |
| 1997 | 9 | 103 | | | 9 | 103 | | | 9 | 103 | | | 9 | 103 | | |
| 1998 | 9 | 103 | | | 9 | 103 | | | 9 | 103 | | | 9 | 103 | | |
| 1999 | 9 | 103 | | | 9 | 103 | | | 9 | 103 | 10.64 | 98.55 | 9 | 103 | | |
| 2000 | 9 | 103 | 4.13 | 85.68 | 9 | 103 | 8.9 | 87.25 | 9 | 103 | 16.1 | 93.3 | 9 | 103 | | |
| 2001 | 9 | 103 | 4.62 | 97 | 9 | 103 | 9.79 | 94 | 9 | 103 | 19.5 | 96.3 | 9 | 103 | | |
| 2002 | 9 | 103 | 4.1 | 98 | 9 | 103 | 14.5 | 98 | 9 | 103 | 18.9 | 98 | 9 | 103 | | |
| 2003 | 9 | 103 | 6.6 | 97.9 | 9 | 103 | 16 | 97.09 | 9 | 103 | 10.1 | 96.51 | 9 | 103 | | |
| 2004 | 9 | 104 | 9.11 | 99.8 | 9 | 104 | 17.33 | 97.6 | 9 | 104 | 6.34 | 98.9 | 9 | 104 | | |
| 2005 | 7 | 104 | 9.46 | 99.6 | 7 | 104 | 18.2 | 99.6 | 7 | 104 | 8.21 | 99.75 | 7 | 104 | | |
| 2006 | 7 | 71 | 10.74 | 100 | 7 | 71 | 20.5 | 100 | 7 | 71 | 6.72 | 100 | 7 | 71 | | |
| 2007 | 7 | 71 | 11.38 | 100 | 7 | 71 | 19.22 | 100 | 7 | 71 | 8.17 | 100 | 7 | 71 | | |
| 2008 | 7 | 71 | 11.8 | 100 | 7 | 71 | 16.47 | 100 | 7 | 71 | 18.45 | 100 | 7 | 71 | | |
| 2009 | 7 | 71 | 12.4 | 100 | 7 | 71 | 17.6 | 100 | 7 | 71 | 10.6 | 100 | 7 | 71 | | |
| 2010 | 7 | 71 | 14.67 | 100 | 7 | 71 | 16.55 | 100 | 7 | 71 | 11.02 | 100 | 7 | 71 | | |
| 2011 | 7 | 71 | 14.27 | 100 | 7 | 71 | 16.22 | 100 | 7 | 71 | 18.62 | 100 | 7 | 71 | | |
| 2012 | 7 | 71 | 10.8 | 99.7 | 7 | 71 | 35.7 | 99.6 | 7 | 71 | 11.4 | 100 | 7 | 71 | 2890 | |
| 2013 | 7 | 71 | 12.12 | 99.9 | 7 | 71 | 37.44 | 99.8 | 7 | 71 | 10.34 | 100 | 7 | 71 | 3392 | |
| 2014 | 7 | 71 | 15.24 | 99.9 | 7 | 71 | 68.52 | 99.9 | 7 | 71 | 11.2 | 100 | 7 | 71 | 3645 | |

**表4　临泽县历年生猪免疫情况统计表**

| 年度 | 猪瘟 | | | | 高致病性猪蓝耳病 | | | | 猪肺疫 | | | | 猪丹毒 | | | | 仔猪副伤寒 | | | |
|---|---|---|---|---|---|---|---|---|---|---|---|---|---|---|---|---|---|---|---|---|
| | 免疫镇数（个） | 免疫村数（个） | 免疫数（头） | 免疫密度（%） | 免疫镇数（个） | 免疫村数（个） | 免疫数（头） | 免疫密度（%） | 免疫镇数（个） | 免疫村数（个） | 免疫数（头） | 免疫密度（%） | 免疫镇数（个） | 免疫村数（个） | 免疫数（头） | 免疫密度（%） | 免疫镇数（个） | 免疫村数（个） | 免疫数（头） | 免疫密度（%） |
| 1989 | 9 | 101 | 10.85 | 96.3 | 9 | 101 | | | 9 | 101 | | | 9 | 101 | | | | | | |
| 1990 | 9 | 101 | 11.21 | 96.8 | 9 | 101 | | | 9 | 101 | 5.35 | | 9 | 101 | 5.67 | | | | | |
| 1991 | 9 | 101 | 8.78 | 95 | 9 | 101 | | | 9 | 101 | 1.29 | | 9 | 101 | 5.67 | | | | | |
| 1992 | 9 | 101 | 9.6 | 96.8 | 9 | 101 | | | 9 | 101 | 1.34 | | 9 | 101 | 2.68 | | | | | |
| 1993 | 9 | 101 | 12.3 | 96.2 | 9 | 101 | | | 9 | 101 | 1.82 | | 9 | 101 | 1.86 | | | | | |
| 1994 | 9 | 101 | 13.1 | 96 | 9 | 101 | | | 9 | 101 | 2.73 | | 9 | 101 | 4.82 | | | | | |
| 1995 | 9 | 103 | 15.1 | 97.2 | 9 | 103 | | | 9 | 103 | 2.35 | | 9 | 103 | 4.82 | | | | | |
| 1996 | 9 | 103 | 17.76 | 97.6 | 9 | 103 | | | 9 | 103 | 2.2 | | 9 | 103 | 4.8 | | | | 0.5 | |
| 1997 | 9 | 103 | 17.23 | 96.8 | 9 | 103 | | | 9 | 103 | 4.6 | | 9 | 103 | 7.2 | | | | | |
| 1998 | 9 | 103 | 19.9 | 97 | 9 | 103 | | | 9 | 103 | 8 | | 9 | 103 | 10.1 | | | | | |
| 1999 | 9 | 103 | 19.8 | 96.5 | 9 | 103 | | | 9 | 103 | 4.8 | | 9 | 103 | 6.3 | | | | | |
| 2000 | 9 | 103 | 17.4 | 96.2 | 9 | 103 | | | 9 | 103 | 5.3 | | 9 | 103 | 4.2 | | | | 1.8 | |
| 2001 | 9 | 103 | 19.8 | 96.5 | 9 | 103 | | | 9 | 103 | 9.24 | | 9 | 103 | 6.96 | | | | 2 | |
| 2002 | 9 | 103 | 20.5 | 98.6 | 9 | 103 | | | 9 | 103 | 5.3 | | 9 | 103 | 5.5 | | | | | |
| 2003 | 9 | 103 | 9.6 | 98 | 9 | 103 | | | 9 | 103 | 1.84 | | 9 | 103 | 5.22 | | | | 1.6 | |
| 2004 | 9 | 104 | 9.61 | 98.6 | 9 | 104 | | | 9 | 104 | 1.67 | | 9 | 104 | 6.1 | | | | | |
| 2005 | 7 | 104 | 8.1 | 99.9 | 7 | 104 | | | 7 | 104 | 4.4 | | 7 | 104 | 5.8 | | | | | |
| 2006 | 7 | 71 | 7.28 | 98.8 | 7 | 71 | | | 7 | 71 | 2.64 | | 7 | 71 | 3.64 | | | | | |
| 2007 | 7 | 71 | 18.7 | 100 | 7 | 71 | 4.92 | | 7 | 71 | | | 7 | 71 | 1.55 | | | | 0.48 | |
| 2008 | 7 | 71 | 22.15 | 100 | 7 | 71 | 18.45 | 100 | 7 | 71 | 2.4 | | 7 | 71 | 2.4 | | | | | |
| 2009 | 7 | 71 | 10.6 | 97 | 7 | 71 | 10.6 | 97 | 7 | 71 | 2.9 | | 7 | 71 | 2.9 | | | | | |
| 2010 | 7 | 71 | 5.15 | 96 | 7 | 71 | 5.36 | 100 | 7 | 71 | 4.56 | | 7 | 71 | 4.56 | | | | 2.6 | |
| 2011 | 7 | 71 | 18.62 | 100 | 7 | 71 | 18.62 | 100 | 7 | 71 | 2.19 | | 7 | 71 | 2.19 | | | | 4.6 | |
| 2012 | 7 | 71 | 11.4 | 100 | 7 | 71 | 11.4 | 100 | 7 | 71 | 11.4 | | 7 | 71 | 11.4 | | | | 4.6 | |
| 2013 | 7 | 71 | | | 7 | 71 | 10.34 | 100 | 7 | 71 | | | 7 | 71 | | | | | 4.64 | |
| 2014 | 7 | 71 | | | 7 | 71 | 11.2 | 100 | 7 | 71 | | | 7 | 71 | | | | | | |

**表5　临泽县历年绵山羊免疫情况统计表**

| 年度 | 羊梭菌病 | | | | 羊痘 | | | | 羊小反刍兽疫 | | | |
|---|---|---|---|---|---|---|---|---|---|---|---|---|
| | 免疫镇数（个） | 免疫村数（个） | 免疫数（头） | 免疫密度（%） | 免疫镇数（个） | 免疫村数（个） | 免疫数（头） | 免疫密度（%） | 免疫镇数（个） | 免疫村数（个） | 免疫数（头） | 免疫密度（%） |
| 1989 | 9 | 101 | | | 9 | 101 | | | 9 | 101 | | |
| 1990 | 9 | 101 | 6.84 | | 9 | 101 | 4.88 | | 9 | 101 | | |
| 1991 | 9 | 101 | 2.7 | | 9 | 101 | 4.75 | | 9 | 101 | | |
| 1992 | 9 | 101 | 1.5 | | 9 | 101 | 2.24 | | 9 | 101 | | |
| 1993 | 9 | 101 | 0.74 | | 9 | 101 | 1.85 | | 9 | 101 | | |
| 1994 | 9 | 101 | 0.48 | | 9 | 101 | 2.32 | | 9 | 101 | | |
| 1995 | 9 | 103 | 0.62 | | 9 | 103 | 1.87 | | 9 | 103 | | |
| 1996 | 9 | 103 | 6.5 | | 9 | 103 | 1.2 | | 9 | 103 | | |
| 1997 | 9 | 103 | 6.2 | | 9 | 103 | 0.89 | | 9 | 103 | | |
| 1998 | 9 | 103 | 7.1 | | 9 | 103 | 0.1 | | 9 | 103 | | |
| 1999 | 9 | 103 | 5.8 | | 9 | 103 | 1.05 | | 9 | 103 | | |
| 2000 | 9 | 103 | 4.2 | | 9 | 103 | 2.63 | | 9 | 103 | | |
| 2001 | 9 | 103 | 3.2 | | 9 | 103 | 1.54 | | 9 | 103 | | |
| 2002 | 9 | 103 | 1.2 | | 9 | 103 | 1.8 | | 9 | 103 | | |
| 2003 | 9 | 103 | 7.4 | | 9 | 103 | 2.4 | | 9 | 103 | | |
| 2004 | 9 | 104 | 2.1 | | 9 | 104 | 1.1 | | 9 | 104 | | |
| 2005 | 7 | 104 | 6.24 | | 7 | 104 | 2.4 | | 7 | 104 | | |
| 2006 | 7 | 71 | 6.06 | | 7 | 71 | 3.6 | | 7 | 71 | | |
| 2007 | 7 | 71 | 3.78 | | 7 | 71 | 7.08 | | 7 | 71 | | |
| 2008 | 7 | 71 | 10.95 | | 7 | 71 | 2.67 | | 7 | 71 | | |
| 2009 | 7 | 71 | 9.3 | | 7 | 71 | 3.4 | | 7 | 71 | | |
| 2010 | 7 | 71 | 8.99 | | 7 | 71 | 5.19 | | 7 | 71 | | |
| 2011 | 7 | 71 | 6.61 | | 7 | 71 | 7.44 | | 7 | 71 | | |
| 2012 | 7 | 71 | 35 | | 7 | 71 | 22 | | 7 | 71 | | |
| 2013 | 7 | 71 | 12.6 | | 7 | 71 | 14.57 | | 7 | 71 | | |
| 2014 | 7 | 71 | 20.07 | | 7 | 71 | 18.42 | | 7 | 71 | 32.8 | |

**表6　临泽县历年禽类免疫情况统计表**

| 年度 | 高致病性禽流感 | | | | 鸡新城疫 | | | | 鸡马利克氏 | | | | 鸡传染性支气管炎 | | | |
|---|---|---|---|---|---|---|---|---|---|---|---|---|---|---|---|---|
| | 免疫镇数（个） | 免疫村数（个） | 免疫数（只） | 免疫密度（%） | 免疫镇数（个） | 免疫村数（个） | 免疫数（只） | 免疫密度（%） | 免疫镇数(个) | 免疫村数（个） | 免疫数（只） | 免疫密度（%） | 免疫镇数（个） | 免疫村数（个） | 免疫数（只） | 免疫密度（%） |
| 1989 | 9 | 101 | | | 9 | 101 | | | 9 | 101 | | | 9 | 101 | | |
| 1990 | 9 | 101 | | | 9 | 101 | 52.76 | 85.8 | 9 | 101 | | | 9 | 101 | 1.5 | |
| 1991 | 9 | 101 | | | 9 | 101 | 26.72 | 86.7 | 9 | 101 | | | 9 | 101 | 1 | |
| 1992 | 9 | 101 | | | 9 | 101 | 48.83 | 88.2 | 9 | 101 | | | 9 | 101 | 1.8 | |
| 1993 | 9 | 101 | | | 9 | 101 | 36.8 | 86.4 | 9 | 101 | 8 | | 9 | 101 | 2.5 | |
| 1994 | 9 | 101 | | | 9 | 101 | 45 | 89.8 | 9 | 101 | | | 9 | 101 | 2.4 | |
| 1995 | 9 | 103 | | | 9 | 103 | 22.86 | 87.3 | 9 | 103 | | | 9 | 103 | 2.5 | |
| 1996 | 9 | 103 | | | 9 | 103 | 46.68 | 87.5 | 9 | 103 | 6.2 | | 9 | 103 | 4 | |
| 1997 | 9 | 103 | | | 9 | 103 | 74.5 | 86.5 | 9 | 103 | | | 9 | 103 | 3 | |
| 1998 | 9 | 103 | | | 9 | 103 | 78.4 | 86.7 | 9 | 103 | | | 9 | 103 | 2.5 | |
| 1999 | 9 | 103 | | | 9 | 103 | 52.5 | 88.9 | 9 | 103 | | | 9 | 103 | 2 | |
| 2000 | 9 | 103 | | | 9 | 103 | 36.89 | 85.4 | 9 | 103 | | | 9 | 103 | 3 | |
| 2001 | 9 | 103 | | | 9 | 103 | 93 | 88.6 | 9 | 103 | | | 9 | 103 | 3 | |
| 2002 | 9 | 103 | | | 9 | 103 | 53.3 | 88 | 9 | 103 | | | 9 | 103 | 3 | |
| 2003 | 9 | 103 | | | 9 | 103 | 51.87 | 91 | 9 | 103 | | | 9 | 103 | 2 | |
| 2004 | 9 | 104 | | | 9 | 104 | 55.6 | 92.3 | 9 | 104 | | | 9 | 104 | 1.8 | |
| 2005 | 7 | 104 | 31.5 | 100 | 7 | 104 | 129 | 99.9 | 7 | 104 | | | 7 | 104 | 2.5 | |
| 2006 | 7 | 71 | 48.9 | 100 | 7 | 71 | 15.5 | 98 | 7 | 71 | | | 7 | 71 | 2.9 | |
| 2007 | 7 | 71 | 50.7 | 100 | 7 | 71 | 98 | 99.8 | 7 | 71 | | | 7 | 71 | 3 | |
| 2008 | 7 | 71 | 51.3 | 100 | 7 | 71 | 51.3 | 100 | 7 | 71 | 5.5 | | 7 | 71 | 2.2 | |
| 2009 | 7 | 71 | 52.1 | 100 | 7 | 71 | 52.1 | 100 | 7 | 71 | | | 7 | 71 | 1.87 | |
| 2010 | 7 | 71 | 53.4 | 100 | 7 | 71 | 53.4 | 100 | 7 | 71 | | | 7 | 71 | 2 | |
| 2011 | 7 | 71 | 82.8 | 100 | 7 | 71 | 82.8 | 100 | 7 | 71 | | | 7 | 71 | 1.5 | |
| 2012 | 7 | 71 | 56.1 | 100 | 7 | 71 | 56.1 | 100 | 7 | 71 | | | 7 | 71 | 1 | |
| 2013 | 7 | 71 | 46 | 100 | 7 | 71 | 46 | 100 | 7 | 71 | | | 7 | 71 | 2 | |
| 2014 | 7 | 71 | 39.55 | 100 | 7 | 71 | 39.5 | 100 | 7 | 71 | | | 7 | 71 | 1.5 | |

**表7　临泽县历年其他动物免疫情况统计表**

| 年度 | 兔瘟 | | | | 兔巴氏杆菌病 | | | | 牛出败 | | | | 狂犬病 | | | |
|---|---|---|---|---|---|---|---|---|---|---|---|---|---|---|---|---|
| | 免疫镇数（个） | 免疫村数（个） | 免疫数（只） | 免疫密度（%） | 免疫镇数（个） | 免疫村数（个） | 免疫数（只） | 免疫密度（%） | 免疫镇数(个) | 免疫村数（个） | 免疫数（只） | 免疫密度（%） | 免疫镇数（个） | 免疫村数（个） | 免疫数（只） | 免疫密度（%） |
| 1989 | 9 | 101 | | | 9 | 101 | | | 9 | 101 | | | 9 | 101 | | |
| 1990 | 9 | 101 | | | 9 | 101 | | | 9 | 101 | | | 9 | 101 | | |
| 1991 | 9 | 101 | | | 9 | 101 | | | 9 | 101 | | | 9 | 101 | | |
| 1992 | 9 | 101 | | | 9 | 101 | | | 9 | 101 | | | 9 | 101 | | |
| 1993 | 9 | 101 | | | 9 | 101 | | | 9 | 101 | | | 9 | 101 | | |
| 1994 | 9 | 101 | | | 9 | 101 | | | 9 | 101 | | | 9 | 101 | | |
| 1995 | 9 | 103 | 2500 | | 9 | 103 | | | 9 | 103 | | | 9 | 103 | | |
| 1996 | 9 | 103 | | | 9 | 103 | | | 9 | 103 | | | 9 | 103 | | |
| 1997 | 9 | 103 | | | 9 | 103 | | | 9 | 103 | | | 9 | 103 | | |
| 1998 | 9 | 103 | | | 9 | 103 | | | 9 | 103 | | | 9 | 103 | | |
| 1999 | 9 | 103 | | | 9 | 103 | | | 9 | 103 | | | 9 | 103 | | |
| 2000 | 9 | 103 | 251 | | 9 | 103 | | | 9 | 103 | | | 9 | 103 | | |
| 2001 | 9 | 103 | 1400 | | 9 | 103 | | | 9 | 103 | | | 9 | 103 | | |
| 2002 | 9 | 103 | 2000 | | 9 | 103 | | | 9 | 103 | | | 9 | 103 | | |
| 2003 | 9 | 103 | 3000 | | 9 | 103 | | | 9 | 103 | | | 9 | 103 | 800 | |
| 2004 | 9 | 104 | 1820 | | 9 | 104 | | | 9 | 104 | | | 9 | 104 | 760 | |
| 2005 | 7 | 104 | 4500 | | 7 | 104 | | | 7 | 104 | | | 7 | 104 | 530 | |
| 2006 | 7 | 71 | 3400 | | 7 | 71 | | | 7 | 71 | | | 7 | 71 | 680 | |
| 2007 | 7 | 71 | 4800 | | 7 | 71 | | | 7 | 71 | | | 7 | 71 | 700 | |
| 2008 | 7 | 71 | 2300 | | 7 | 71 | | | 7 | 71 | 10655 | | 7 | 71 | 4100 | |
| 2009 | 7 | 71 | 3100 | | 7 | 71 | | | 7 | 71 | 10001 | | 7 | 71 | 3200 | |
| 2010 | 7 | 71 | 1400 | | 7 | 71 | | | 7 | 71 | 9900 | | 7 | 71 | 5380 | |
| 2011 | 7 | 71 | 2800 | | 7 | 71 | | | 7 | 71 | 8500 | | 7 | 71 | 8400 | |
| 2012 | 7 | 71 | 4000 | | 7 | 71 | | | 7 | 71 | 7400 | | 7 | 71 | 9600 | |
| 2013 | 7 | 71 | 5000 | | 7 | 71 | | | 7 | 71 | 10100 | | 7 | 71 | 6200 | |
| 2014 | 7 | 71 | 4500 | | 7 | 71 | | | 7 | 71 | 9800 | | 7 | 71 | 7800 | |

**表8　临泽县历年动物疫病检疫情况统计表**

| 年度 | 马鼻疽 | | | | 奶牛布病 | | | | 奶牛结核病 | | | | 羊布病 | | | | 猪布病 | | | |
|---|---|---|---|---|---|---|---|---|---|---|---|---|---|---|---|---|---|---|---|---|
| | 检疫数 | 阳性数（匹） | 阳性率（%） | 处理数（匹） | 检疫数 | 阳性数（头） | 阳性率（%） | 处理数（头） | 检疫数 | 阳性数（头） | 阳性率（%） | 处理数（头） | 检疫头数 | 阳性数（只） | 阳性率（%） | 处理数（只） | 检疫头数 | 阳性数（头） | 阳性率（%） | 处理数（头） |
| 1989 | | | | | | | | | | | | | | | | | | | | |
| 1990 | | | | | | | | | | | | | | | | | | | | |
| 1991 | | | | | 767 | | | | 767 | | | | | | | | | | | |
| 1992 | | | | | 1037 | | | | 1037 | | | | | | | | | | | |
| 1993 | | | | | 892 | | | | 892 | | | | | | | | | | | |
| 1994 | | | | | 361 | | | | 361 | | | | 725 | | | | 109 | | | |
| 1995 | | | | | 810 | | | | 810 | | | | | | | | | | | |
| 1996 | | | | | 846 | | | | 846 | | | | | | | | | | | |
| 1997 | | | | | 500 | | | | 520 | | | | | | | | | | | |
| 1998 | | | | | 945 | | | | 945 | | | | | | | | | | | |
| 1999 | | | | | 800 | | | | 800 | | | | | | | | | | | |
| 2000 | | | | | 500 | | | | 500 | | | | | | | | | | | |
| 2001 | | | | | 740 | | | | 740 | | | | | | | | | | | |
| 2002 | | | | | 866 | | | | 866 | | | | | | | | | | | |
| 2003 | | | | | 871 | | | | 871 | | | | | | | | | | | |
| 2004 | | | | | 1118 | | | | 1118 | | | | | | | | | | | |
| 2005 | | | | | 991 | | | | 991 | | | | | | | | | | | |
| 2006 | | | | | 1043 | | | | 1043 | | | | | | | | | | | |
| 2007 | | | | | 1250 | | | | 1250 | | | | | | | | | | | |
| 2008 | | | | | 1450 | | | | 1450 | | | | | | | | | | | |
| 2009 | | | | | 2959 | | | | 2959 | | | | | | | | | | | |
| 2010 | | | | | 2724 | | | | 2724 | | | | | | | | | | | |
| 2011 | | | | | 2724 | | | | 2724 | | | | | | | | | | | |
| 2012 | | | | | 3117 | | | | 3117 | | | | | | | | | | | |
| 2013 | | | | | 2560 | | | | 2560 | | | | | | | | | | | |
| 2014 | | | | | 1592 | | | | 1592 | | | | 6108 | | | | | | | |

**表9　临泽县历年动物驱虫(药浴)情况统计表**

| 年度 | 马属动物(万匹) | | | 牛(万头) | | | 羊(万只) | | | 猪(万头) | | | 鸡(万只) | | | 兔(万只) | | |
|---|---|---|---|---|---|---|---|---|---|---|---|---|---|---|---|---|---|---|
| | 饲养量 | 驱虫数 | 驱虫率(%) | 饲养量 | 驱虫数 | 驱虫率(%) | 饲养量 | 驱虫数 | 驱虫率(%) | 饲养量 | 驱虫数 | 驱虫率(%) | 饲养量 | 驱虫数 | 驱虫率(%) | 驱虫数 | 驱虫率% | 驱虫率(%) |
| 1989 | 1.864 | 0.9 | 48.28 | 3.23 | 0.035 | 1.08 | 9.50 | 2.15 | 22.64 | 11.77 | 1.77 | 15.04 | 65.52 | 10.8 | 16.48 | | | |
| 1990 | 1.816 | 0.091 | 5.01 | 3.6 | 0.037 | 1.03 | 9.60 | 2.82 | 29.38 | 12.20 | 1.86 | 15.25 | 81.35 | 11.2 | 13.77 | 2.85 | | |
| 1991 | 1.8 | 0.25 | 13.89 | 3.458 | 0.83 | 24.00 | 7.80 | 2.73 | 34.98 | 12.76 | 2.5 | 19.59 | 84.45 | 13.4 | 15.87 | | | |
| 1992 | 1.825 | 0.36 | 19.73 | 3.597 | 1.31 | 36.42 | 7.36 | 3.18 | 43.22 | 13.23 | 3.18 | 24.04 | 82.05 | 14.1 | 17.18 | | | |
| 1993 | 1.864 | 0.52 | 27.90 | 3.849 | 1.5 | 38.97 | 7.47 | 2 | 26.77 | 15.03 | 3.25 | 21.62 | 69.77 | 15 | 21.50 | | | |
| 1994 | 1.836 | 0.43 | 23.42 | 4.19 | 1.73 | 41.29 | 8.45 | 3.57 | 42.24 | 16.57 | 0.98 | 5.91 | 101.26 | 16.7 | 16.49 | | | |
| 1995 | 1.899 | 0.88 | 46.34 | 4.616 | 2.73 | 59.14 | 10.09 | 4.75 | 47.10 | 21.36 | 2.18 | 10.20 | 120.23 | 18.56 | 15.44 | | | |
| 1996 | 1.835 | 0.94 | 51.23 | 4.875 | 4.12 | 84.51 | 12.01 | 6.51 | 54.20 | 23.81 | 0.59 | 2.48 | 138.37 | 24.32 | 17.58 | | | |
| 1997 | 1.836 | 1.17 | 63.73 | 5.112 | 3.44 | 67.29 | 12.93 | 4.86 | 37.59 | 25.83 | 0.97 | 3.75 | 136.69 | 42 | 30.73 | | | |
| 1998 | 1.74 | 1.22 | 70.11 | 5.181 | 2 | 38.60 | 13.40 | 3.5 | 26.13 | 26.57 | 5.8 | 21.83 | 106.96 | 32 | 29.92 | | | |
| 1999 | 1.7 | 1.01 | 59.41 | 5.3 | 1.22 | 23.02 | 12.98 | 3.9 | 30.04 | 23.06 | 9.74 | 42.24 | 115.23 | 55 | 47.73 | | | |
| 2000 | 1.896 | 0.24 | 12.66 | 5.192 | 0.99 | 19.07 | 13.62 | 0.98 | 7.20 | 25.83 | 2.83 | 10.96 | 103.59 | 58 | 55.99 | | | |
| 2001 | 1.42 | 0.32 | 22.54 | 6.062 | 1.4 | 23.09 | 14.11 | 26.1 | 184.96 | 26.81 | 18 | 67.15 | 121.79 | 72 | 59.12 | | | |
| 2002 | 1.37 | 0.67 | 48.91 | 6.693 | 3.48 | 51.99 | 15.61 | 3.25 | 20.82 | 28.14 | 9 | 31.98 | 133.40 | 17.5 | 13.12 | | | |
| 2003 | 1.37 | 0.94 | 68.61 | 7.37 | 3.24 | 43.96 | 15.91 | 0.84 | 5.28 | 28.96 | 6.26 | 21.62 | 137.00 | 47 | 34.31 | 4 | | |
| 2004 | 1.375 | 1.14 | 82.91 | 8.33 | 6.54 | 78.51 | 16.36 | 7.2 | 44.01 | 29.78 | 7.54 | 25.32 | 130.15 | 11 | 8.45 | | | |
| 2005 | 1.46 | 1.02 | 69.86 | 9.21 | 7.83 | 85.02 | 17.36 | 9.84 | 56.68 | 30.38 | 8.83 | 29.07 | 125.00 | 23.54 | 18.83 | | | |
| 2006 | 1.46 | 0.73 | 50.00 | 10.38 | 7.97 | 76.78 | 19.08 | 12.38 | 64.88 | 31.28 | 10.24 | 32.74 | 125.00 | 18.6 | 14.88 | | | |
| 2007 | 1.36 | 0.94 | 69.12 | 11.42 | 9.37 | 82.05 | 19.93 | 14.52 | 72.85 | 31.08 | 9.6 | 30.89 | 125.00 | 19 | 15.20 | | | |
| 2008 | 1.43 | 0.46 | 32.17 | 12.45 | 18.6 | 149.40 | 19.20 | 30.64 | 159.58 | 20.10 | 10.58 | 52.64 | 102.30 | 25.72 | 25.14 | 0.74 | | |
| 2009 | 0.942 | 0.58 | 61.57 | 13.65 | 11.12 | 81.47 | 19.51 | 14.23 | 72.94 | 18.30 | 9 | 49.18 | 104.10 | 27.77 | 26.68 | 0.82 | | |
| 2010 | 1.07 | 1.06 | 99.07 | 15.33 | 5.13 | 33.46 | 20.09 | 8.01 | 39.87 | 19.63 | 4.09 | 20.84 | 100.79 | 17.5 | 17.36 | | | |
| 2011 | 1.161 | 1.06 | 91.30 | 16.56 | 5.13 | 30.98 | 20.68 | 8.01 | 38.73 | 20.28 | 4.09 | 20.16 | 103.32 | 17.5 | 16.94 | | | |
| 2012 | 1.161 | 1.04 | 89.58 | 16.82 | 9.73 | 57.85 | 21.31 | 13.2 | 61.94 | 21.92 | 12.72 | 58.03 | 106.35 | 52.68 | 49.53 | | | |
| 2013 | 1.05 | 1.03 | 98.10 | 17.1 | 10.26 | 60.00 | 21.97 | 16.02 | 72.92 | 22.68 | 8.18 | 36.07 | 105.10 | 34.2 | 32.54 | | | |
| 2014 | 1.08 | 1.013 | 93.80 | 17.95 | 10.26 | 57.16 | 24.22 | 36.02 | 148.73 | 23.53 | 8.18 | 34.76 | 106.04 | 39.2 | 36.97 | | | |

**表10　临泽县历年活畜检疫情况统计表**

| 年度 | 马(匹) | | | | 牛(头) | | | | 羊(只) | | | | 猪(头) | | | | 鸡(只) | | | |
|---|---|---|---|---|---|---|---|---|---|---|---|---|---|---|---|---|---|---|---|---|
| | 检疫总数 | 检出病畜 | 检出率(%) | 扑杀病畜 | 检疫总数 | 检出病畜 | 检出率(%) | 扑杀病畜 | 检疫总数 | 检出病畜 | 检出率(%) | 扑杀病畜 | 检疫总数 | 检出病畜 | 检出率(%) | 扑杀病畜 | 检疫总数 | 检出病畜 | 检出率(%) | 扑杀病畜 |
| 1989 | | | | | | | | | | | | | | | | | | | | |
| 1990 | | | | | 78 | | | | 417 | | | | 25000 | 26 | | | 595 | | | |
| 1991 | | | | | 144 | | | | 1465 | | | | 12871 | | | | 19795 | 32 | | |
| 1992 | | | | | 567 | | | | 3428 | | | | 13140 | | | | 21450 | | | |
| 1993 | | | | | 987 | | | | 3810 | | | | 14700 | | | | 32540 | | | |
| 1994 | | | | | 1340 | | | | 5210 | | | | 19830 | | | | 34340 | | | |
| 1995 | | | | | 2700 | | | | 6500 | | | | 38000 | | | | 48000 | | | |
| 1996 | | | | | 1560 | | | | 7230 | | | | 21700 | | | | 20000 | | | |
| 1997 | | | | | 3140 | | | | 8250 | | | | 9830 | | | | 34000 | | | |
| 1998 | | | | | 2000 | | | | 9500 | | | | 18000 | | | | 12000 | | | |
| 1999 | | | | | 6314 | | | | 37401 | | | | 16453 | | | | 15600 | | | |
| 2000 | | | | | 6800 | | | | 24500 | | | | 10780 | | | | 25200 | | | |
| 2001 | | | | | 8000 | | | | 1200 | | | | 12000 | | | | 40000 | | | |
| 2002 | | | | | 9600 | | | | 2180 | | | | 11066 | | | | 40000 | | | |
| 2003 | | | | | 2300 | | | | 1800 | | | | 9800 | | | | 53000 | | | |
| 2004 | | | | | 6400 | | | | 6800 | | | | 15400 | | | | 65000 | | | |
| 2005 | | | | | 9500 | | | | 5100 | | | | 19500 | | | | 74500 | | | |
| 2006 | | | | | 5100 | | | | 4800 | | | | 19800 | | | | 78900 | | | |
| 2007 | | | | | 4500 | | | | 2500 | | | | 21000 | | | | 86600 | | | |
| 2008 | | | | | 5300 | | | | 13000 | | | | 18500 | 2 | | | 108000 | | | |
| 2009 | | | | | 12000 | | | | 34000 | | | | 22000 | | | | 110000 | | | |
| 2010 | | | | | 32000 | | | | 37000 | | | | 18000 | | | | 100600 | | | |
| 2011 | | | | | 11276 | | | | 15208 | | | | 18954 | | | | 113200 | | | |
| 2012 | | | | | 11256 | | | | 15564 | | | | 35866 | | | | 116800 | | | |
| 2013 | | | | | 10168 | | | | 10211 | | | | 40526 | | | | 122500 | | | |
| 2014 | | | | | 11384 | | | | 14832 | | | | 39956 | | | | 133000 | | | |

**表 11　临泽县历年动物产品检疫情况统计表表**

| 年度 | 牛（头） | | | | 羊（只） | | | | 猪（头） | | | | 鸡（只） | | | | 兽皮（张） | 毛类（t） | 杂骨（t） |
|---|---|---|---|---|---|---|---|---|---|---|---|---|---|---|---|---|---|---|---|
| | 检疫总数 | 检出病肉 | 检出率（%） | 处理病肉 | 检疫总数 | 检出病肉 | 检出率（%） | 处理病肉 | 检疫总数 | 检出病肉 | 检出率（%） | 处理病肉 | 检疫总数 | 检出病肉 | 检出率（%） | 处理病肉 | | | |
| 1989 | 242.5 | | | | 157.57 | | | | 2240 | 3.36 | 0.15 | 3.36 | 330.2 | | | | 10119 | 103.7 | |
| 1990 | 228 | | | | 189 | | | | 2280 | 3.42 | 0.15 | 3.42 | 300 | | | | 14883 | 111.1 | |
| 1991 | 226 | | | | 221 | | | | 2320 | 3.7 | 0.16 | 3.7 | 298 | | | | 16588 | 116.2 | |
| 1992 | 235 | | | | 231.09 | | | | 2236 | 3.57 | 0.16 | 3.57 | 302.3 | | | | 12141 | 78.36 | |
| 1993 | 261 | | | | 238.67 | | | | 2376 | 4.27 | 0.18 | 4.27 | 359.3 | | | | 12698 | 91.78 | |
| 1994 | 263.73 | | | | 267.61 | | | | 2400 | 4.32 | 0.18 | 4.32 | 330.6 | | | | 7557 | 113.3 | |
| 1995 | 280 | | | | 288.8 | | | | 2416 | 4.1 | 0.17 | 4.1 | 345.6 | | | | 11441 | 164.5 | |
| 1996 | 330.86 | | | | 2941.7 | | | | 2448 | 4.65 | 0.19 | 4.65 | 366.4 | | | | 12263 | 158.1 | |
| 1997 | 347.6 | | | | 302.7 | | | | 2480 | 4.46 | 0.18 | 4.46 | 384.6 | | | | | 141.7 | |
| 1998 | 355.6 | | | | 326.2 | | | | 2496 | 5.24 | 0.21 | 5.24 | 392 | | | | | 132.1 | |
| 1999 | 365 | | | | 331 | | | | 2600 | 5.2 | 0.20 | 5.2 | 422 | | | | | 140.8 | |
| 2000 | 382 | | | | 340 | | | | 2616 | 4.7 | 0.18 | 4.7 | 425 | | | | | 145.1 | |
| 2001 | 402.5 | | | | 352 | | | | 2632 | 4.7 | 0.18 | 4.7 | 440 | | | | | 156.4 | |
| 2002 | 453.3 | | | | 368 | | | | 2640 | 5.01 | 0.19 | 5.01 | 452 | | | | | 170.1 | |
| 2003 | 482 | | | | 380.2 | | | | 2648 | 4.76 | 0.18 | 4.76 | 466.8 | | | | | 173.4 | |
| 2004 | 556 | | | | 392 | | | | 2656 | 5.05 | 0.19 | 5.05 | 476.3 | | | | | 173.7 | |
| 2005 | 615 | | | | 415 | | | | 2664 | 5.33 | 0.20 | 5.33 | 480 | | | | | 182.4 | |
| 2006 | 619.9 | | | | 421.5 | | | | 2672 | 6.14 | 0.23 | 6.14 | 498 | | | | | 200.5 | |
| 2007 | 622.2 | | | | 438.8 | | | | 2680 | 5.63 | 0.21 | 5.63 | 512.4 | | | | | 209 | |
| 2008 | 644.8 | | | | 444 | | | | 2760 | 6.07 | 0.22 | 6.07 | 515.6 | | | | | 197.8 | |
| 2009 | 654 | | | | 456 | | | | 2840 | 6.24 | 0.22 | 6.24 | 520 | | | | | 191.4 | |
| 2010 | 667.5 | | | | 468 | | | | 2880 | 6.2 | 0.22 | 6.2 | 544 | | | | | 196.8 | |
| 2011 | 690.7 | | | | 473 | | | | 2940 | 7.1 | 0.24 | 7.1 | 578 | | | | | 228 | |
| 2012 | 702.6 | | | | 484 | | | | 2960 | 7.2 | 0.24 | 7.2 | 593.2 | | | | | 240 | |
| 2013 | 718.5 | | | | 496 | | | | 3080 | 7.5 | 0.24 | 7.5 | 614.7 | | | | | 251 | |
| 2014 | 730.3 | | | | 498 | | | | 3000 | 7.9 | 0.26 | 7.9 | 630 | | | | | 257 | |

## 动物疫病流行情况调查表(共患病)

张掖市(州)　　临泽县　县(区)　　病名:炭疽病

| 发病年份 | 存栏 | 发病数 | 发病率 | 死亡数 | 死亡率 | 发病乡镇数 | 发病乡镇地名 | 备注 |
|---|---|---|---|---|---|---|---|---|
| 1990 | | | | | | | | |
| 1991 | | | | | | | | |
| 1992 | | | | | | | | |
| 1993 | | | | | | | | |
| 1994 | | | | | | | | |
| 1995 | | | | | | | | |
| 1996 | | | | | | | | |
| 1997 | 60 | 1 | | 1 | | 1 | 新华镇大寨村 | |
| 1998 | | | | | | | | |
| 1999 | | | | | | | | |
| 2000 | | | | | | | | |
| 2001 | | | | | | | | |
| 2002 | | | | | | | | |
| 2003 | | | | | | | | |
| 2004 | | | | | | | | |
| 2005 | | | | | | | | |
| 2006 | | | | | | | | |
| 2007 | | | | | | | | |
| 2008 | | | | | | | | |
| 2009 | | | | | | | | |
| 2010 | | | | | | | | |
| 2011 | | | | | | | | |
| 2012 | | | | | | | | |
| 2013 | | | | | | | | |
| 2014 | | | | | | | | |
| 合计 | 60 | 1 | | 1 | | | | |

## 动物疫病流行情况调查表(共患病)

张掖市(州)　　临泽县　　县(区)　　病名:布鲁氏菌病

| 发病年份 | 存栏 | 发病数 | 发病率 | 死亡数 | 死亡率 | 发病乡镇数 | 发病乡镇地名 | 备注 |
|---|---|---|---|---|---|---|---|---|
| 1990 | | | | | | | | |
| 1991 | | | | | | | | |
| 1992 | | | | | | | | |
| 1993 | | | | | | | | |
| 1994 | | | | | | | | |
| 1995 | | | | | | | | |
| 1996 | | | | | | | | |
| 1997 | | | | | | | | |
| 1998 | | | | | | | | |
| 1999 | | | | | | | | |
| 2000 | | | | | | | | |
| 2001 | | | | | | | | |
| 2002 | | | | | | | | |
| 2003 | | | | | | | | |
| 2004 | | | | | | | | |
| 2005 | | | | | | | | |
| 2006 | 61 | 1 | | | | 1 | 沙河镇 | 扑杀处理 |
| 2007 | | | | | | | | |
| 2008 | | | | | | | | |
| 2009 | | | | | | | | |
| 2010 | | | | | | | | |
| 2011 | | | | | | | | |
| 2012 | | | | | | | | |
| 2013 | | | | | | | | |
| 2014 | | | | | | | | |
| 合计 | 61 | 1 | | | | | | |

**动物疫病流行情况调查表(共患病)**

张掖市(州)　　临泽县　　县(区)　　病名:肝片吸虫病

| 发病年份 | 存栏 | 发病数 | 发病率 | 死亡数 | 死亡率 | 发病乡镇数 | 发病乡镇地名 | 备注 |
|---|---|---|---|---|---|---|---|---|
| 1990 | | | | | | | | |
| 1991 | | | | | | | | |
| 1992 | | | | | | | | |
| 1993 | | | | | | | | |
| 1994 | | | | | | | | |
| 1995 | | | | | | | | |
| 1996 | | | | | | | | |
| 1997 | | | | | | | | |
| 1998 | | | | | | | | |
| 1999 | | | | | | | | |
| 2000 | 95 | 6 | 6.3 | 2 | 40 | 1 | 蓼泉镇 | |
| 2001 | | | | | | | | |
| 2002 | | | | | | | | |
| 2003 | | | | | | | | |
| 2004 | | | | | | | | |
| 2005 | | | | | | | | |
| 2006 | | | | | | | | |
| 2007 | 60 | 2 | 3.3 | | | 1 | 平川镇 | |
| 2008 | | | | | | | | |
| 2009 | 108 | 8 | 7.4 | 2 | 25 | 2 | 平川镇、鸭暖镇 | |
| 2010 | 1018 | 38 | 3.7 | 4 | 10.5 | 4 | 平川镇、蓼泉镇、鸭暖镇、沙河镇 | |
| 2011 | | | | | | | | |
| 2012 | 200 | 2 | 0.1 | | | 1 | 沙河镇 | |
| 2013 | 422 | 31 | 7.3 | 2 | 6.4 | 2 | 蓼泉镇、鸭暖镇 | |
| 2014 | 1094 | 117 | 10.6 | 4 | 3.7 | 2 | 倪家营、鸭暖镇 | |
| 合计 | 2997 | 204 | 38.7 | 14 | 85.6 | | | |

## 动物疫病流行情况调查表（共患病）

张掖市（州）　　临泽县　　县（区）　　病名：猪囊尾蚴病

| 发病年份 | 存栏 | 发病数 | 发病率 | 死亡数 | 死亡率 | 发病乡镇数 | 发病乡镇地名 | 备注 |
|---|---|---|---|---|---|---|---|---|
| 1990 | | | | | | | | |
| 1991 | | | | | | | | |
| 1992 | | | | | | | | |
| 1993 | | | | | | | | |
| 1994 | | | | | | | | |
| 1995 | | | | | | | | |
| 1996 | | | | | | | | |
| 1997 | | | | | | | | |
| 1998 | | | | | | | | |
| 1999 | | | | | | | | |
| 2000 | | | | | | | | |
| 2001 | | | | | | | | |
| 2002 | | | | | | | | |
| 2003 | 68 | 12 | 17.6 | 2 | 16.6 | 1 | 蓼泉镇 | |
| 2004 | | | | | | | | |
| 2005 | | | | | | | | |
| 2006 | | | | | | | | |
| 2007 | | | | | | | | |
| 2008 | | | | | | | | |
| 2009 | | | | | | | | |
| 2010 | | | | | | | | |
| 2011 | | | | | | | | |
| 2012 | | | | | | | | |
| 2013 | | | | | | | | |
| 2014 | | | | | | | | |
| 合计 | 68 | 12 | 17.6 | 2 | 16.6 | 1 | | |

## 动物疫病流行情况调查表(牛病)

张掖市(州)　　临泽县　县(区)　　病名:口蹄疫

| 发病年份 | 存栏 | 发病数 | 发病率 | 死亡数 | 死亡率 | 发病乡镇数 | 发病乡镇地名 | 备注 |
|---|---|---|---|---|---|---|---|---|
| 1990 | | | | | | | | |
| 1991 | | | | | | | | |
| 1992 | | | | | | | | |
| 1993 | | | | | | | | |
| 1994 | | | | | | | | |
| 1995 | | | | | | | | |
| 1996 | | | | | | | | |
| 1997 | | | | | | | | |
| 1998 | | | | | | | | |
| 1999 | | | | | | | | |
| 2000 | | | | | | | | |
| 2001 | | | | | | | | |
| 2002 | | | | | | | | |
| 2003 | 5 | 2 | | | | 1 | 蓼泉镇 | 同群扑杀 |
| 2004 | | | | | | | | |
| 2005 | | | | | | | | |
| 2006 | | | | | | | | |
| 2007 | | | | | | | | |
| 2008 | | | | | | | | |
| 2009 | | | | | | | | |
| 2010 | | | | | | | | |
| 2011 | | | | | | | | |
| 2012 | | | | | | | | |
| 2013 | | | | | | | | |
| 2014 | | | | | | | | |
| 合计 | 5 | 2 | | | | 1 | | |

**动物疫病流行情况调查表(牛病)**

张掖市(州)　　临泽县　　县(区)　　病名:牛巴氏杆菌病

| 发病年份 | 存栏 | 发病数 | 发病率 | 死亡数 | 死亡率 | 发病乡镇数 | 发病乡镇地名 | 备注 |
|---|---|---|---|---|---|---|---|---|
| 1990 | | | | | | | | |
| 1991 | | | | | | | | |
| 1992 | | | | | | | | |
| 1993 | | | | | | | | |
| 1994 | | | | | | | | |
| 1995 | | | | | | | | |
| 1996 | | | | | | | | |
| 1997 | | | | | | | | |
| 1998 | | | | | | | | |
| 1999 | | | | | | | | |
| 2000 | | | | | | | | |
| 2001 | | | | | | | | |
| 2002 | | | | | | | | |
| 2003 | | | | | | | | |
| 2004 | | | | | | | | |
| 2005 | | | | | | | | |
| 2006 | | | | | | | | |
| 2007 | | | | | | | | |
| 2008 | | | | | | | | |
| 2009 | | | | | | | | |
| 2010 | | | | | | | | |
| 2011 | | | | | | | | |
| 2012 | | | | | | | | |
| 2013 | | | | | | | | |
| 2014 | 20 | 1 | 0.5 | 1 | 100 | 1 | 新华镇 | |
| 合计 | 20 | 1 | 0.5 | 1 | 100 | 1 | | |

## 动物疫病流行情况调查表(牛病)

张掖市(州)　　临泽县　　县(区)　　病名:牛传染性胸膜肺炎

| 发病年份 | 存栏 | 发病数 | 发病率 | 死亡数 | 死亡率 | 发病乡镇数 | 发病乡镇地名 | 备注 |
|---|---|---|---|---|---|---|---|---|
| 1990 | | | | | | | | |
| 1991 | | | | | | | | |
| 1992 | | | | | | | | |
| 1993 | | | | | | | | |
| 1994 | | | | | | | | |
| 1995 | | | | | | | | |
| 1996 | | | | | | | | |
| 1997 | | | | | | | | |
| 1998 | | | | | | | | |
| 1999 | | | | | | | | |
| 2000 | | | | | | | | |
| 2001 | | | | | | | | |
| 2002 | | | | | | | | |
| 2003 | | | | | | | | |
| 2004 | | | | | | | | |
| 2005 | 94 | 36 | 37.5 | 2 | 5.5 | 3 | 平川镇、沙河镇、鸭暖镇 | |
| 2006 | 1147 | 20 | 1.74% | 2 | 10.00% | 3 | 平川镇、鸭暖镇、沙河镇 | |
| 2007 | | | | | | | | |
| 2008 | | | | | | | | |
| 2009 | | | | | | | | |
| 2010 | 100 | 3 | 3 | | | 1 | 倪家营镇 | |
| 2011 | | | | | | | | |
| 2012 | 34 | 3 | 8.82 | | | 2 | 倪家营镇、新华镇 | |
| 2013 | 87 | 1 | 1.15 | | | 1 | 新华镇 | |
| 2014 | 33 | 3 | 7.9 | | | 2 | 板桥镇、鸭暖镇 | |
| 合计 | 1495 | 66 | 2.48 | 4 | 8.33 | | | |

## 动物疫病流行情况调查表(牛病)

张掖市(州)　　临泽县　县(区)　　病名:牛气肿疽病

| 发病年份 | 存栏 | 发病数 | 发病率 | 死亡数 | 死亡率 | 发病乡镇数 | 发病乡镇地名 | 备注 |
|---|---|---|---|---|---|---|---|---|
| 1990 | | | | | | | | |
| 1991 | | | | | | | | |
| 1992 | | | | | | | | |
| 1993 | | | | | | | | |
| 1994 | | | | | | | | |
| 1995 | | | | | | | | |
| 1996 | | | | | | | | |
| 1997 | | | | | | | | |
| 1998 | | | | | | | | |
| 1999 | | | | | | | | |
| 2000 | | | | | | | | |
| 2001 | | | | | | | | |
| 2002 | | | | | | | | |
| 2003 | | | | | | | | |
| 2004 | | | | | | | | |
| 2005 | | | | | | | | |
| 2006 | | | | | | | | |
| 2007 | | | | | | | | |
| 2008 | | | | | | | | |
| 2009 | 5 | 2 | 40 | | | 1 | 平川镇 | |
| 2010 | | | | | | | | |
| 2011 | | | | | | | | |
| 2012 | | | | | | | | |
| 2013 | 25 | 1 | 4 | | | 1 | 新华镇 | |
| 2014 | 127 | 2 | 1.57 | | | 2 | 新华镇、平川镇 | |
| 合计 | 157 | 5 | 3.18 | | | | | |

## 动物疫病流行情况调查表(牛病)

张掖市(州)　　临泽县　　县(区)　　病名:牛流行热

| 发病年份 | 存栏 | 发病数 | 发病率 | 死亡数 | 死亡率 | 发病乡镇数 | 发病乡镇地名 | 备注 |
|---|---|---|---|---|---|---|---|---|
| 1990 | | | | | | | | |
| 1991 | | | | | | | | |
| 1992 | | | | | | | | |
| 1993 | | | | | | | | |
| 1994 | | | | | | | | |
| 1995 | | | | | | | | |
| 1996 | | | | | | | | |
| 1997 | | | | | | | | |
| 1998 | | | | | | | | |
| 1999 | | | | | | | | |
| 2000 | | | | | | | | |
| 2001 | 48 | 1 | | | | 1 | 新华镇 | |
| 2002 | | | | | | | | |
| 2003 | | | | | | | | |
| 2004 | | | | | | | | |
| 2005 | | | | | | | | |
| 2006 | | | | | | | | |
| 2007 | 57 | 2 | | | | 1 | 新华镇 | |
| 2008 | | | | | | | | |
| 2009 | 3 | 1 | | | | 1 | 倪家营镇 | |
| 2010 | | | | | | | | |
| 2011 | | | | | | | | |
| 2012 | | | | | | | | |
| 2013 | | | | | | | | |
| 2014 | 23 | 1 | | | | 1 | 倪家营镇 | |
| 合计 | 131 | 5 | 3.82 | | | | | |

## 动物疫病流行情况调查表(牛病)

张掖市(州)　　临泽县　县(区)　　病名:牛恶性卡他热

| 发病年份 | 存栏 | 发病数 | 发病率 | 死亡数 | 死亡率 | 发病乡镇数 | 发病乡镇地名 | 备注 |
|---|---|---|---|---|---|---|---|---|
| 1990 | | | | | | | | |
| 1991 | | | | | | | | |
| 1992 | | | | | | | | |
| 1993 | | | | | | | | |
| 1994 | | | | | | | | |
| 1995 | | | | | | | | |
| 1996 | | | | | | | | |
| 1997 | | | | | | | | |
| 1998 | | | | | | | | |
| 1999 | 7 | 4 | | 1 | | | | |
| 2000 | 8 | 5 | | 2 | | 1 | 鸭暖镇 | |
| 2001 | | | | | | | | |
| 2002 | 5 | 3 | | 1 | | 1 | 鸭暖镇 | |
| 2003 | 13 | 2 | | | | | | |
| 2004 | | | | | | | | |
| 2005 | | | | | | | | |
| 2006 | 4 | 1 | | | | 1 | 板桥镇 | |
| 2007 | | | | | | | | |
| 2008 | 102 | 2 | | 1 | | 2 | 倪家营镇、鸭暖镇 | |
| 2009 | 8 | 2 | | 1 | | 2 | 倪家营镇、鸭暖镇 | |
| 2010 | 54 | 2 | | 1 | | 1 | 倪家营镇 | |
| 2011 | 26 | 3 | | 1 | | 1 | 倪家营镇 | |
| 2012 | 69 | 7 | | 4 | | 1 | 鸭暖镇 | |
| 2013 | 44 | 3 | | 3 | | 2 | 倪家营镇、鸭暖镇 | |
| 2014 | | | | | | | | |
| 合计 | 340 | 34 | 10 | 15 | 44 | | | |

## 动物疫病流行情况调查表(牛病)

张掖市(州)　　临泽县　　县(区)　　病名:牛传染性鼻气管炎

| 发病年份 | 存栏 | 发病数 | 发病率 | 死亡数 | 死亡率 | 发病乡镇数 | 发病乡镇地名 | 备注 |
|---|---|---|---|---|---|---|---|---|
| 1990 | | | | | | | | |
| 1991 | | | | | | | | |
| 1992 | | | | | | | | |
| 1993 | | | | | | | | |
| 1994 | | | | | | | | |
| 1995 | | | | | | | | |
| 1996 | | | | | | | | |
| 1997 | | | | | | | | |
| 1998 | | | | | | | | |
| 1999 | | | | | | | | |
| 2000 | | | | | | | | |
| 2001 | | | | | | | | |
| 2002 | | | | | | | | |
| 2003 | | | | | | | | |
| 2004 | | | | | | | | |
| 2005 | | | | | | | | |
| 2006 | | | | | | | | |
| 2007 | | | | | | | | |
| 2008 | | | | | | | | |
| 2009 | | | | | | | | |
| 2010 | | | | | | | | |
| 2011 | | | | | | | | |
| 2012 | | | | | | | | |
| 2013 | | | | | | | | |
| 2014 | 10 | 2 | | | | 1 | 板桥镇 | |
| 合计 | 10 | 2 | | | | | | |

## 动物疫病流行情况调查表（牛病）

张掖市（州）　　　　临泽县　县（区）　　　　病名：牛放线菌病

| 发病年份 | 存栏 | 发病数 | 发病率 | 死亡数 | 死亡率 | 发病乡镇数 | 发病乡镇地名 | 备注 |
|---|---|---|---|---|---|---|---|---|
| 1990 | | | | | | | | |
| 1991 | | | | | | | | |
| 1992 | | | | | | | | |
| 1993 | | | | | | | | |
| 1994 | | | | | | | | |
| 1995 | | | | | | | | |
| 1996 | | | | | | | | |
| 1997 | | | | | | | | |
| 1998 | 3 | 1 | | | | 1 | 鸭暖镇 | |
| 1999 | | | | | | | | |
| 2000 | | | | | | | | |
| 2001 | | | | | | | | |
| 2002 | | | | | | | | |
| 2003 | | | | | | | | |
| 2004 | | | | | | | | |
| 2005 | | | | | | | | |
| 2006 | | | | | | | | |
| 2007 | 5 | 1 | | | | 1 | 鸭暖镇 | |
| 2008 | | | | | | | | |
| 2009 | 3 | 1 | | | | 1 | 鸭暖镇 | |
| 2010 | 60 | 2 | | | | 1 | 鸭暖镇 | |
| 2011 | 14 | 4 | | | | 1 | 鸭暖镇 | |
| 2012 | 25 | 1 | | | | 1 | 蓼泉镇 | |
| 2013 | 32 | 4 | | 1 | | 2 | 鸭暖镇、蓼泉镇 | |
| 2014 | | | | | | | | |
| 合计 | 142 | 14 | | 1 | | | | |

## 动物疫病流行情况调查表(牛病)

张掖市(州)　　临泽县　　县(区)　　病名:牛传染性角膜结膜炎

| 发病年份 | 存栏 | 发病数 | 发病率 | 死亡数 | 死亡率 | 发病乡镇数 | 发病乡镇地名 | 备注 |
|---|---|---|---|---|---|---|---|---|
| 1990 | | | | | | | | |
| 1991 | | | | | | | | |
| 1992 | | | | | | | | |
| 1993 | | | | | | | | |
| 1994 | | | | | | | | |
| 1995 | | | | | | | | |
| 1996 | | | | | | | | |
| 1997 | | | | | | | | |
| 1998 | | | | | | | | |
| 1999 | | | | | | | | |
| 2000 | | | | | | | | |
| 2001 | | | | | | | | |
| 2002 | | | | | | | | |
| 2003 | | | | | | | | |
| 2004 | | | | | | | | |
| 2005 | | | | | | | | |
| 2006 | | | | | | | | |
| 2007 | 32 | 7 | | | | 1 | 平川镇 | |
| 2008 | | | | | | | | |
| 2009 | 18 | 2 | | | | 2 | 蓼泉镇、平川镇 | |
| 2010 | | | | | | | | |
| 2011 | 12 | 2 | | | | | | |
| 2012 | 381 | 39 | | 1 | | 5 | 沙河镇、鸭暖镇、蓼泉镇、新华镇、倪家营镇 | |
| 2013 | 35 | 2 | | | | 2 | 新华镇、鸭暖镇 | |
| 2014 | | | | | | | | |
| 合计 | 478 | 52 | | 1 | | | | |

## 动物疫病流行情况调查表(牛病)

张掖市(州)　　　　临泽县　　县(区)　　　　　　　　病名:牛病毒性腹泻

| 发病年份 | 存栏 | 发病数 | 发病率 | 死亡数 | 死亡率 | 发病乡镇数 | 发病乡镇地名 | 备注 |
|---|---|---|---|---|---|---|---|---|
| 1990 | | | | | | | | |
| 1991 | | | | | | | | |
| 1992 | | | | | | | | |
| 1993 | | | | | | | | |
| 1994 | | | | | | | | |
| 1995 | | | | | | | | |
| 1996 | | | | | | | | |
| 1997 | | | | | | | | |
| 1998 | | | | | | | | |
| 1999 | | | | | | | | |
| 2000 | | | | | | | | |
| 2001 | | | | | | | | |
| 2002 | | | | | | | | |
| 2003 | | | | | | | | |
| 2004 | | | | | | | | |
| 2005 | 81 | 8 | | | | 1 | 新华镇 | |
| 2006 | 13 | 2 | | 1 | | 1 | 板桥镇 | |
| 2007 | 7 | 2 | | | | 1 | 平川镇 | |
| 2008 | | | | | | | | |
| 2009 | 7 | 1 | | | | 1 | 蓼泉镇 | |
| 2010 | 17 | 2 | | | | 2 | 蓼泉镇、倪家营镇 | |
| 2011 | 10 | 2 | | | | 1 | 蓼泉镇 | |
| 2012 | 55 | 3 | | | | 3 | 蓼泉镇、倪家营镇、鸭暖镇 | |
| 2013 | 108 | 10 | | | | 4 | 平川镇、倪家营镇、新华镇、鸭暖镇 | |
| 2014 | 65 | 7 | | | | 3 | 蓼泉镇、平川镇、新华镇 | |
| 合计 | 363 | 37 | | 1 | | | | |

## 动物疫病流行情况调查表(羊病)

张掖市(州)　　　　临泽县　　县(区)　　　　　　　　病名:羊口蹄疫

| 发病年份 | 存栏 | 发病数 | 发病率 | 死亡数 | 死亡率 | 发病乡镇数 | 发病乡镇地名 | 备注 |
|---|---|---|---|---|---|---|---|---|
| 1990 | | | | | | | | |
| 1991 | | | | | | | | |
| 1992 | | | | | | | | |
| 1993 | | | | | | | | |
| 1994 | | | | | | | | |
| 1995 | | | | | | | | |
| 1996 | | | | | | | | |
| 1997 | | | | | | | | |
| 1998 | | | | | | | | |
| 1999 | | | | | | | | |
| 2000 | | | | | | | | |
| 2001 | | | | | | | | |
| 2002 | | | | | | | | |
| 2003 | 93 | 15 | | | | 1 | 板桥镇 | 扑杀病羊及同群畜93只 |
| 2004 | | | | | | | | |
| 2005 | | | | | | | | |
| 2006 | | | | | | | | |
| 2007 | | | | | | | | |
| 2008 | | | | | | | | |
| 2009 | | | | | | | | |
| 2010 | | | | | | | | |
| 2011 | | | | | | | | |
| 2012 | | | | | | | | |
| 2013 | | | | | | | | |
| 2014 | | | | | | | | |
| 合计 | 93 | 15 | | | | | | |

## 动物疫病流行情况调查表(羊病)

张掖市(州)　　临泽县　县(区)　　病名:羊梭菌性病

| 发病年份 | 存栏 | 发病数 | 发病率 | 死亡数 | 死亡率 | 发病乡镇数 | 发病乡镇地名 | 备注 |
|---|---|---|---|---|---|---|---|---|
| 1990 | | | | | | | | |
| 1991 | | | | | | | | |
| 1992 | | | | | | | | |
| 1993 | | | | | | | | |
| 1994 | | | | | | | | |
| 1995 | | | | | | | | |
| 1996 | | | | | | | | |
| 1997 | | | | | | | | |
| 1998 | | | | | | | | |
| 1999 | | | | | | | | |
| 2000 | | | | | | | | |
| 2001 | | | | | | | | |
| 2002 | | | | | | | | |
| 2003 | | | | | | | | |
| 2004 | | | | | | | | |
| 2005 | | | | | | | | |
| 2006 | | | | | | | | |
| 2007 | | | | | | | | |
| 2008 | | | | | | | | |
| 2009 | 70 | 11 | | | | 1 | 平川镇 | |
| 2010 | 86 | 1 | | 1 | | 1 | 鸭暖镇 | |
| 2011 | | | | | | | | |
| 2012 | 4951 | 152 | | 7 | | 2 | 新华镇、鸭暖镇 | |
| 2013 | 398 | 34 | | 19 | | 2 | 板桥镇、鸭暖镇 | |
| 2014 | 12065 | 216 | | 4 | | 1 | 鸭暖镇 | |
| 合计 | 17570 | 414 | | 31 | | | | |

## 动物疫病流行情况调查表(羊病)

张掖市(州)　　临泽县　　县(区)　　病名:羊支原体肺炎

| 发病年份 | 存栏 | 发病数 | 发病率 | 死亡数 | 死亡率 | 发病乡镇数 | 发病乡镇地名 | 备注 |
|---|---|---|---|---|---|---|---|---|
| 1990 | | | | | | | | |
| 1991 | | | | | | | | |
| 1992 | | | | | | | | |
| 1993 | | | | | | | | |
| 1994 | | | | | | | | |
| 1995 | | | | | | | | |
| 1996 | | | | | | | | |
| 1997 | | | | | | | | |
| 1998 | | | | | | | | |
| 1999 | | | | | | | | |
| 2000 | | | | | | | | |
| 2001 | | | | | | | | |
| 2002 | | | | | | | | |
| 2003 | 90 | 5 | | | | 1 | 平川镇 | |
| 2004 | | | | | | | | |
| 2005 | | | | | | | | |
| 2006 | | | | | | | | |
| 2007 | | | | | | | | |
| 2008 | | | | | | | | |
| 2009 | 110 | 1 | | | | 1 | 倪家营镇 | |
| 2010 | | | | | | | | |
| 2011 | 26 | 6 | | | | 1 | 倪家营镇 | |
| 2012 | | | | | | | | |
| 2013 | | | | | | | | |
| 2014 | 100 | 8 | | 4 | | 1 | 沙河镇 | |
| 合计 | 326 | 20 | | 4 | | | | |

## 动物疫病流行情况调查表(羊病)

张掖市(州)　　临泽县　县(区)　　病名:羊痘

| 发病年份 | 存栏 | 发病数 | 发病率 | 死亡数 | 死亡率 | 发病乡镇数 | 发病乡镇地名 | 备注 |
|---|---|---|---|---|---|---|---|---|
| 1990 | | | | | | | | |
| 1991 | | | | | | | | |
| 1992 | | | | | | | | |
| 1993 | | | | | | | | |
| 1994 | | | | | | | | |
| 1995 | | | | | | | | |
| 1996 | | | | | | | | |
| 1997 | | | | | | | | |
| 1998 | 50 | 20 | | | | 1 | 平川镇 | |
| 1999 | | | | | | | | |
| 2000 | 27 | 8 | | 3 | | 1 | 鸭暖镇 | |
| 2001 | 150 | 5 | | | | 1 | 新华镇 | |
| 2002 | | | | | | | | |
| 2003 | 300 | 6 | | 1 | | 2 | 新华镇、蓼泉镇 | |
| 2004 | 390 | 22 | | | | 1 | 新华镇 | |
| 2005 | | | | | | | | |
| 2006 | 15 | 1 | | | | 1 | 倪家营镇 | |
| 2007 | 60 | 3 | | | | 1 | 蓼泉镇 | |
| 2008 | 3966 | 429 | | 4 | | 3 | 新华镇、蓼泉镇、倪家营镇 | |
| 2009 | 381 | 23 | | 2 | | 3 | 平川镇、鸭暖镇、蓼泉镇 | |
| 2010 | 655 | 55 | | 4 | | 3 | 平川镇、鸭暖镇、倪家营镇 | |
| 2011 | 516 | 26 | | 5 | | 4 | 倪家营镇、蓼泉镇、鸭暖镇、新华镇 | |
| 2012 | 1118 | 130 | | 8 | | 4 | 鸭暖镇、新华镇、沙河镇、倪家营镇 | |
| 2013 | 1723 | 142 | | 14 | | 4 | 鸭暖镇、板桥镇、平川镇、倪家营镇 | |
| 2014 | 14134 | 372 | | 34 | | 3 | 蓼泉镇、鸭暖镇、新华镇 | |
| 合计 | 23485 | 1242 | 5.2 | 75 | 6 | | | |

## 动物疫病流行情况调查表(羊病)

张掖市(州)　　临泽县　　县(区)　　病名:羊巴氏杆菌

| 发病年份 | 存栏 | 发病数 | 发病率 | 死亡数 | 死亡率 | 发病乡镇数 | 发病乡镇地名 | 备注 |
|---|---|---|---|---|---|---|---|---|
| 1990 | | | | | | | | |
| 1991 | | | | | | | | |
| 1992 | | | | | | | | |
| 1993 | | | | | | | | |
| 1994 | | | | | | | | |
| 1995 | | | | | | | | |
| 1996 | | | | | | | | |
| 1997 | | | | | | | | |
| 1998 | | | | | | | | |
| 1999 | | | | | | | | |
| 2000 | | | | | | | | |
| 2001 | | | | | | | | |
| 2002 | | | | | | | | |
| 2003 | | | | | | | | |
| 2004 | | | | | | | | |
| 2005 | | | | | | | | |
| 2006 | 600 | 6 | | 2 | | 1 | 蓼泉镇 | |
| 2007 | | | | | | | | |
| 2008 | | | | | | | | |
| 2009 | | | | | | | | |
| 2010 | | | | | | | | |
| 2011 | | | | | | | | |
| 2012 | | | | | | | | |
| 2013 | 85 | 3 | | 1 | | 1 | 蓼泉镇 | |
| 2014 | | | | | | | | |
| 合计 | 685 | 9 | | 3 | | | | |

## 动物疫病流行情况调查表(羊病)

张掖市(州)　　临泽县　　县(区)　　病名:羊链球菌病

| 发病年份 | 存栏 | 发病数 | 发病率 | 死亡数 | 死亡率 | 发病乡镇数 | 发病乡镇地名 | 备注 |
|---|---|---|---|---|---|---|---|---|
| 1990 | | | | | | | | |
| 1991 | | | | | | | | |
| 1992 | | | | | | | | |
| 1993 | | | | | | | | |
| 1994 | | | | | | | | |
| 1995 | | | | | | | | |
| 1996 | | | | | | | | |
| 1997 | | | | | | | | |
| 1998 | | | | | | | | |
| 1999 | 53 | 8 | | 2 | | 1 | 鸭暖镇 | |
| 2000 | | | | | | | | |
| 2001 | | | | | | | | |
| 2002 | | | | | | | | |
| 2003 | | | | | | | | |
| 2004 | | | | | | | | |
| 2005 | 40 | 3 | | 1 | | | | |
| 2006 | | | | | | | | |
| 2007 | | | | | | | | |
| 2008 | | | | | | | | |
| 2009 | | | | | | | | |
| 2010 | 71 | 11 | | 3 | | 1 | 鸭暖镇 | |
| 2011 | 3422 | 219 | | | | 2 | 鸭暖镇、新华镇 | |
| 2012 | | | | | | | | |
| 2013 | | | | | | | | |
| 2014 | 50 | 3 | | | | 1 | 新华镇 | |
| 合计 | 3636 | 244 | 6.71 | 6 | 2.4 | | | |

## 动物疫病流行情况调查表(羊病)

张掖市(州)　　临泽县　县(区)　　病名:羊口疮

| 发病年份 | 存栏 | 发病数 | 发病率 | 死亡数 | 死亡率 | 发病乡镇数 | 发病乡镇地名 | 备注 |
|---|---|---|---|---|---|---|---|---|
| 1990 | | | | | | | | |
| 1991 | | | | | | | | |
| 1992 | | | | | | | | |
| 1993 | | | | | | | | |
| 1994 | | | | | | | | |
| 1995 | | | | | | | | |
| 1996 | | | | | | | | |
| 1997 | | | | | | | | |
| 1998 | | | | | | | | |
| 1999 | | | | | | | | |
| 2000 | 27 | 8 | | 3 | | | | |
| 2001 | | | | | | | | |
| 2002 | | | | | | | | |
| 2003 | | | | | | | | |
| 2004 | | | | | | | | |
| 2005 | | | | | | | | |
| 2006 | 15 | 1 | | | | | | |
| 2007 | | | | | | | | |
| 2008 | 2629 | 222 | | 2 | | 1 | 鸭暖镇 | |
| 2009 | 95 | 4 | | | | 1 | 鸭暖镇 | |
| 2010 | 35 | 22 | | 2 | | 1 | 鸭暖镇 | |
| 2011 | 242 | 15 | | 3 | | 2 | 新华镇、鸭暖镇 | |
| 2012 | 495 | 25 | | | | 1 | 新华镇 | |
| 2013 | 1787 | 97 | | 4 | | 3 | 倪家营镇、鸭暖镇、平川镇 | |
| 2014 | 3034 | 405 | | 46 | | 2 | 鸭暖镇、沙河镇 | |
| 合计 | 8359 | 799 | 9.5 | 60 | 7.5 | | | |

## 动物疫病流行情况调查表（羊病）

张掖市（州）　　临泽县　　县（区）　　病名：羊传染性角膜结膜炎

| 发病年份 | 存栏 | 发病数 | 发病率 | 死亡数 | 死亡率 | 发病乡镇数 | 发病乡镇地名 | 备注 |
|---|---|---|---|---|---|---|---|---|
| 1990 | | | | | | | | |
| 1991 | | | | | | | | |
| 1992 | | | | | | | | |
| 1993 | | | | | | | | |
| 1994 | | | | | | | | |
| 1995 | 200 | 200 | | | | | | |
| 1996 | | | | | | | | |
| 1997 | | | | | | | | |
| 1998 | | | | | | | | |
| 1999 | | | | | | | | |
| 2000 | | | | | | | | |
| 2001 | | | | | | | | |
| 2002 | 40 | 3 | | | | | | |
| 2003 | | | | | | | | |
| 2004 | | | | | | | | |
| 2005 | | | | | | | | |
| 2006 | | | | | | | | |
| 2007 | 46 | 8 | | | | 1 | 蓼泉镇 | |
| 2008 | | | | | | | | |
| 2009 | 524 | 11 | | 2 | | 2 | 倪家营镇、蓼泉镇 | |
| 2010 | 140 | 3 | | | | 1 | 蓼泉镇 | |
| 2011 | | | | | | | | |
| 2012 | 670 | 14 | | 2 | | 1 | 蓼泉镇 | |
| 2013 | 200 | 6 | | 1 | | 1 | 蓼泉镇 | |
| 2014 | | | | | | | | |
| 合计 | 1820 | 245 | 13.4 | 5 | 2 | | | |

**动物疫病流行情况调查表(猪)**

张掖市(州)　　临泽县　　县(区)　　病名:猪口蹄疫

| 发病年份 | 存栏 | 发病数 | 发病率 | 死亡数 | 死亡率 | 发病乡镇数 | 发病乡镇地名 | 备注 |
|---|---|---|---|---|---|---|---|---|
| 1990 | | | | | | | | |
| 1991 | | | | | | | | |
| 1992 | | | | | | | | |
| 1993 | | | | | | | | |
| 1994 | | | | | | | | |
| 1995 | | | | | | | | |
| 1996 | | | | | | | | |
| 1997 | | | | | | | | |
| 1998 | | | | | | | | |
| 1999 | | | | | | | | |
| 2000 | | | | | | | | |
| 2001 | | | | | | | | |
| 2002 | | | | | | | | |
| 2003 | 203 | 80 | | | | 1 | 蓼泉镇 | 扑杀病猪及同群猪203头 |
| 2004 | | | | | | | | |
| 2005 | | | | | | | | |
| 2006 | | | | | | | | |
| 2007 | | | | | | | | |
| 2008 | | | | | | | | |
| 2009 | | | | | | | | |
| 2010 | | | | | | | | |
| 2011 | | | | | | | | |
| 2012 | | | | | | | | |
| 2013 | | | | | | | | |
| 2014 | | | | | | | | |
| 合计 | 203 | 80 | | | | | | |

## 动物疫病流行情况调查表(猪)

张掖市(州)　　临泽县　　县(区)　　病名:猪丹毒

| 发病年份 | 存栏 | 发病数 | 发病率 | 死亡数 | 死亡率 | 发病乡镇数 | 发病乡镇地名 | 备注 |
|---|---|---|---|---|---|---|---|---|
| 1990 | | | | | | | | |
| 1991 | | | | | | | | |
| 1992 | | | | | | | | |
| 1993 | | | | | | | | |
| 1994 | 50 | 10 | 20% | 6 | 60.00% | 1 | 鸭暖镇 | |
| 1995 | | | | | | | | |
| 1996 | | | | | | | | |
| 1997 | | | | | | | | |
| 1998 | | | | | | | | |
| 1999 | | | | | | | | |
| 2000 | | | | | | | | |
| 2001 | | | | | | | | |
| 2002 | | | | | | | | |
| 2003 | | | | | | | | |
| 2004 | | | | | | | | |
| 2005 | | | | | | | | |
| 2006 | | | | | | | | |
| 2007 | | | | | | | | |
| 2008 | | | | | | | | |
| 2009 | | | | | | | | |
| 2010 | 527 | 31 | 5.90% | 1 | 3.20% | 1 | 鸭暖镇 | |
| 2011 | 150 | 10 | 6.70% | 4 | 10% | 1 | 鸭暖镇 | |
| 2012 | | | | | | | | |
| 2013 | | | | | | | | |
| 2014 | | | | | | | | |
| 合计 | 727 | 51 | 17.17 | 11 | 21.57 | | | |

## 动物疫病流行情况调查表(猪)

张掖市(州)　　临泽县　县(区)　　病名:猪伪狂犬病

| 发病年份 | 存栏 | 发病数 | 发病率 | 死亡数 | 死亡率 | 发病乡镇数 | 发病乡镇地名 | 备注 |
|---|---|---|---|---|---|---|---|---|
| 1990 | | | | | | | | |
| 1991 | | | | | | | | |
| 1992 | | | | | | | | |
| 1993 | | | | | | | | |
| 1994 | | | | | | | | |
| 1995 | | | | | | | | |
| 1996 | | | | | | | | |
| 1997 | | | | | | | | |
| 1998 | | | | | | | | |
| 1999 | | | | | | | | |
| 2000 | | | | | | | | |
| 2001 | | | | | | | | |
| 2002 | | | | | | | | |
| 2003 | | | | | | | | |
| 2004 | | | | | | | | |
| 2005 | | | | | | | | |
| 2006 | | | | | | | | |
| 2007 | 200 | 20 | 10.00% | 20 | | 1 | 蓼泉镇 | |
| 2008 | | | | | | | | |
| 2009 | | | | | | | | |
| 2010 | | | | | | | | |
| 2011 | 260 | 2 | 0.76% | | | 1 | 倪家营镇 | |
| 2012 | | | | | | | | |
| 2013 | | | | | | | | |
| 2014 | | | | | | | | |
| 合计 | 460 | 22 | 4.78 | 20 | 90.9 | | | |

## 动物疫病流行情况调查表(猪)

张掖市(州)　　　　临泽县　　县(区)　　　　　　　　病名:猪流感

| 发病年份 | 存栏 | 发病数 | 发病率 | 死亡数 | 死亡率 | 发病乡镇数 | 发病乡镇地名 | 备注 |
|---|---|---|---|---|---|---|---|---|
| 1990 | | | | | | | | |
| 1991 | | | | | | | | |
| 1992 | | | | | | | | |
| 1993 | | | | | | | | |
| 1994 | | | | | | | | |
| 1995 | | | | | | | | |
| 1996 | | | | | | | | |
| 1997 | | | | | | | | |
| 1998 | | | | | | | | |
| 1999 | | | | | | | | |
| 2000 | | | | | | | | |
| 2001 | | | | | | | | |
| 2002 | | | | | | | | |
| 2003 | | | | | | | | |
| 2004 | | | | | | | | |
| 2005 | 2800 | 32 | | | | | | |
| 2006 | | | | | | | | |
| 2007 | | | | | | | | |
| 2008 | | | | | | | | |
| 2009 | | | | | | | | |
| 2010 | 1060 | 130 | | | | 2 | 新华镇、平川镇 | |
| 2011 | | | | | | | | |
| 2012 | | | | | | | | |
| 2013 | 1160 | 34 | | 1 | | 1 | 倪家营镇 | |
| 2014 | 1900 | 77 | | | | 1 | 新华镇 | |
| 合计 | 6920 | 273 | 3.9 | 1 | | | | |

## 动物疫病流行情况调查表(猪)

张掖市(州)　　临泽县　　县(区)　　病名:猪链球菌病

| 发病年份 | 存栏 | 发病数 | 发病率 | 死亡数 | 死亡率 | 发病乡镇数 | 发病乡镇地名 | 备注 |
|---|---|---|---|---|---|---|---|---|
| 1990 | | | | | | | | |
| 1991 | | | | | | | | |
| 1992 | | | | | | | | |
| 1993 | | | | | | | | |
| 1994 | | | | | | | | |
| 1995 | | | | | | | | |
| 1996 | | | | | | | | |
| 1997 | | | | | | | | |
| 1998 | | | | | | | | |
| 1999 | | | | | | | | |
| 2000 | | | | | | | | |
| 2001 | | | | | | | | |
| 2002 | | | | | | | | |
| 2003 | | | | | | | | |
| 2004 | | | | | | | | |
| 2005 | | | | | | | | |
| 2006 | | | | | | | | |
| 2007 | 300 | 4 | | | | 1 | 新华镇 | |
| 2008 | | | | | | | | |
| 2009 | | | | | | | | |
| 2010 | | | | | | | | |
| 2011 | | | | | | | | |
| 2012 | 1080 | 11 | | | | 1 | 倪家营镇 | |
| 2013 | 250 | 4 | | | | 1 | 新华镇 | |
| 2014 | 2810 | 18 | | | | 1 | 新华镇 | |
| 合计 | 4440 | 37 | 0.8 | | | | | |

## 动物疫病流行情况调查表(猪)

张掖市(州)　　临泽县　县(区)　　病名:猪传染性萎缩性鼻炎

| 发病年份 | 存栏 | 发病数 | 发病率 | 死亡数 | 死亡率 | 发病乡镇数 | 发病乡镇地名 | 备注 |
|---|---|---|---|---|---|---|---|---|
| 1990 | | | | | | | | |
| 1991 | | | | | | | | |
| 1992 | | | | | | | | |
| 1993 | | | | | | | | |
| 1994 | | | | | | | | |
| 1995 | | | | | | | | |
| 1996 | | | | | | | | |
| 1997 | | | | | | | | |
| 1998 | | | | | | | | |
| 1999 | | | | | | | | |
| 2000 | | | | | | | | |
| 2001 | | | | | | | | |
| 2002 | | | | | | | | |
| 2003 | | | | | | | | |
| 2004 | | | | | | | | |
| 2005 | | | | | | | | |
| 2006 | | | | | | | | |
| 2007 | | | | | | | | |
| 2008 | | | | | | | | |
| 2009 | 324 | 68 | | 8 | | 1 | 蓼泉镇 | |
| 2010 | | | | | | | | |
| 2011 | 374 | 3 | | | | 1 | 鸭暖镇 | |
| 2012 | | | | | | | | |
| 2013 | | | | | | | | |
| 2014 | | | | | | | | |
| 合计 | 698 | 71 | 10.1 | 8 | 11.2 | | | |

## 动物疫病流行情况调查表(猪)

张掖市(州)　　临泽县　　县(区)　　病名:猪传染性胃肠炎

| 发病年份 | 存栏 | 发病数 | 发病率 | 死亡数 | 死亡率 | 发病乡镇数 | 发病乡镇地名 | 备注 |
|---|---|---|---|---|---|---|---|---|
| 1990 | | | | | | | | |
| 1991 | | | | | | | | |
| 1992 | | | | | | | | |
| 1993 | | | | | | | | |
| 1994 | | | | | | | | |
| 1995 | | | | | | | | |
| 1996 | | | | | | | | |
| 1997 | | | | | | | | |
| 1998 | 70 | 6 | | | | 1 | 蓼泉镇 | |
| 1999 | | | | | | | | |
| 2000 | 3000 | 16 | | | | 1 | 新华镇 | |
| 2001 | | | | | | | | |
| 2002 | | | | | | | | |
| 2003 | | | | | | | | |
| 2004 | | | | | | | | |
| 2005 | | | | | | | | |
| 2006 | 200 | 17 | | 1 | | 1 | 蓼泉镇 | |
| 2007 | 880 | 82 | | 7 | | 2 | 平川镇、新华镇 | |
| 2008 | | | | | | | | |
| 2009 | 200 | 2 | | | | 1 | 新华镇 | |
| 2010 | 600 | 85 | | 14 | | 1 | 蓼泉镇 | |
| 2011 | 200 | 3 | | | | 1 | 新华镇 | |
| 2012 | 38 | 7 | | 1 | | 1 | 蓼泉镇 | |
| 2013 | 300 | 20 | | 5 | | 2 | 新华镇、板桥镇 | |
| 2014 | 3437 | 31 | | 3 | | 1 | 新华镇 | |
| 合计 | 8925 | 269 | | 31 | | | | |

## 动物疫病流行情况调查表(猪)

张掖市(州)　　　　临泽县　　县(区)　　　　　　　　　　病名:猪支原体肺炎

| 发病年份 | 存栏 | 发病数 | 发病率 | 死亡数 | 死亡率 | 发病乡镇数 | 发病乡镇地名 | 备注 |
|---|---|---|---|---|---|---|---|---|
| 1990 | | | | | | | | |
| 1991 | | | | | | | | |
| 1992 | | | | | | | | |
| 1993 | | | | | | | | |
| 1994 | | | | | | | | |
| 1995 | 50 | 5 | | | | 1 | 蓼泉镇 | |
| 1996 | | | | | | | | |
| 1997 | | | | | | | | |
| 1998 | | | | | | | | |
| 1999 | | | | | | | | |
| 2000 | 115 | 10 | | 2 | | 1 | 蓼泉镇 | |
| 2001 | | | | | | | | |
| 2002 | | | | | | | | |
| 2003 | | | | | | | | |
| 2004 | | | | | | | | |
| 2005 | | | | | | | | |
| 2006 | | | | | | | | |
| 2007 | | | | | | | | |
| 2008 | | | | | | | | |
| 2009 | 510 | 30 | | 7 | | 1 | 蓼泉镇 | |
| 2010 | 250 | 84 | | 11 | | 1 | 平川镇 | |
| 2011 | 300 | 10 | | | | 1 | 倪家营镇 | |
| 2012 | 310 | 47 | | 16 | | 1 | 蓼泉镇 | |
| 2013 | 882 | 19 | | 1 | | 1 | 鸭暖镇 | |
| 2014 | | | | | | | | |
| 合计 | 2417 | 205 | | 37 | | | | |

## 动物疫病流行情况调查表(猪)

张掖市(州)　　临泽县　县(区)　　病名:猪传染性胸膜肺炎

| 发病年份 | 存栏 | 发病数 | 发病率 | 死亡数 | 死亡率 | 发病乡镇数 | 发病乡镇地名 | 备注 |
|---|---|---|---|---|---|---|---|---|
| 1990 | | | | | | | | |
| 1991 | | | | | | | | |
| 1992 | | | | | | | | |
| 1993 | | | | | | | | |
| 1994 | | | | | | | | |
| 1995 | | | | | | | | |
| 1996 | | | | | | | | |
| 1997 | | | | | | | | |
| 1998 | | | | | | | | |
| 1999 | | | | | | | | |
| 2000 | | | | | | | | |
| 2001 | | | | | | | | |
| 2002 | | | | | | | | |
| 2003 | | | | | | | | |
| 2004 | | | | | | | | |
| 2005 | | | | | | | | |
| 2006 | | | | | | | | |
| 2007 | | | | | | | | |
| 2008 | | | | | | | | |
| 2009 | | | | | | | | |
| 2010 | | | | | | | | |
| 2011 | | | | | | | | |
| 2012 | 320 | 13 | | 1 | | 1 | 鸭暖镇 | |
| 2013 | 359 | 26 | | 1 | | 1 | 鸭暖镇 | |
| 2014 | | | | | | | | |
| 合计 | 679 | 39 | 5.7 | 2 | 5.1 | | | |

## 动物疫病流行情况调查表(猪)

张掖市(州)　　临泽县　　县(区)　　病名:猪放线菌病

| 发病年份 | 存栏 | 发病数 | 发病率 | 死亡数 | 死亡率 | 发病乡镇数 | 发病乡镇地名 | 备注 |
| --- | --- | --- | --- | --- | --- | --- | --- | --- |
| 1990 | | | | | | | | |
| 1991 | | | | | | | | |
| 1992 | | | | | | | | |
| 1993 | | | | | | | | |
| 1994 | | | | | | | | |
| 1995 | | | | | | | | |
| 1996 | | | | | | | | |
| 1997 | | | | | | | | |
| 1998 | | | | | | | | |
| 1999 | | | | | | | | |
| 2000 | | | | | | | | |
| 2001 | | | | | | | | |
| 2002 | | | | | | | | |
| 2003 | | | | | | | | |
| 2004 | | | | | | | | |
| 2005 | | | | | | | | |
| 2006 | | | | | | | | |
| 2007 | | | | | | | | |
| 2008 | | | | | | | | |
| 2009 | | | | | | | | |
| 2010 | | | | | | | | |
| 2011 | 176 | 9 | | | | 1 | 蓼泉镇 | |
| 2012 | | | | | | | | |
| 2013 | | | | | | | | |
| 2014 | | | | | | | | |
| 合计 | 176 | 9 | 5.1 | | | | | |

**动物疫病流行情况调查表(鸡病)**

张掖市(州)　　临泽县　　县(区)　　病名:鸡痘

| 发病年份 | 存栏 | 发病数 | 发病率 | 死亡数 | 死亡率 | 发病乡镇数 | 发病乡镇地名 | 备注 |
|---|---|---|---|---|---|---|---|---|
| 1990 | | | | | | | | |
| 1991 | | | | | | | | |
| 1992 | | | | | | | | |
| 1993 | | | | | | | | |
| 1994 | | | | | | | | |
| 1995 | | | | | | | | |
| 1996 | | | | | | | | |
| 1997 | | | | | | | | |
| 1998 | | | | | | | | |
| 1999 | | | | | | | | |
| 2000 | | | | | | | | |
| 2001 | | | | | | | | |
| 2002 | | | | | | | | |
| 2003 | | | | | | | | |
| 2004 | | | | | | | | |
| 2005 | | | | | | | | |
| 2006 | | | | | | | | |
| 2007 | | | | | | | | |
| 2008 | | | | | | | | |
| 2009 | | | | | | | | |
| 2010 | | | | | | | | |
| 2011 | | | | | | | | |
| 2012 | | | | | | | | |
| 2013 | 40 | 20 | | 11 | | 1 | 鸭暖镇 | |
| 2014 | | | | | | | | |
| 合计 | 40 | 20 | | 11 | | | | |

## 动物疫病流行情况调查表(鸡病)

张掖市(州)　　临泽县　　县(区)　　病名:鸡传染性喉气管炎

| 发病年份 | 存栏 | 发病数 | 发病率 | 死亡数 | 死亡率 | 发病乡镇数 | 发病乡镇地名 | 备注 |
|---|---|---|---|---|---|---|---|---|
| 1991 | | | | | | | | |
| 1992 | | | | | | | | |
| 1993 | | | | | | | | |
| 1994 | | | | | | | | |
| 1995 | | | | | | | | |
| 1996 | | | | | | | | |
| 1997 | | | | | | | | |
| 1998 | | | | | | | | |
| 1999 | | | | | | | | |
| 2000 | | | | | | | | |
| 2001 | | | | | | | | |
| 2002 | | | | | | | | |
| 2003 | | | | | | | | |
| 2004 | | | | | | | | |
| 2005 | | | | | | | | |
| 2006 | | | | | | | | |
| 2007 | | | | | | | | |
| 2008 | | | | | | | | |
| 2009 | | | | | | | | |
| 2010 | | | | | | | | |
| 2011 | | | | | | | | |
| 2012 | | | | | | | | |
| 2013 | | | | | | | | |
| 2014 | 3600 | 1000 | | 300 | | 1 | 鸭暖镇 | |
| 合计 | 3600 | 1000 | 33.3 | 300 | 30 | | | |

## 动物疫病流行情况调查表(鸡病)

张掖市(州)　　临泽县　　县(区)　　病名:鸡传染性支气管炎

| 发病年份 | 存栏 | 发病数 | 发病率 | 死亡数 | 死亡率 | 发病乡镇数 | 发病乡镇地名 | 备注 |
|---|---|---|---|---|---|---|---|---|
| 1990 | | | | | | | | |
| 1991 | | | | | | | | |
| 1992 | | | | | | | | |
| 1993 | | | | | | | | |
| 1994 | | | | | | | | |
| 1995 | | | | | | | | |
| 1996 | | | | | | | | |
| 1997 | | | | | | | | |
| 1998 | | | | | | | | |
| 1999 | | | | | | | | |
| 2000 | | | | | | | | |
| 2001 | | | | | | | | |
| 2002 | | | | | | | | |
| 2003 | | | | | | | | |
| 2004 | | | | | | | | |
| 2005 | | | | | | | | |
| 2006 | | | | | | | | |
| 2007 | | | | | | | | |
| 2008 | | | | | | | | |
| 2009 | 800 | 10 | | | | 1 | 新华镇 | |
| 2010 | | | | | | | | |
| 2011 | | | | | | | | |
| 2012 | 140 | 100 | | 30 | | 1 | 鸭暖镇 | |
| 2013 | | | | | | | | |
| 2014 | 40 | 19 | | 9 | | 1 | 鸭暖镇 | |
| 合计 | 980 | 129 | | 39 | | | | |

## 动物疫病流行情况调查表(鸡病)

张掖市(州)　　临泽县　　县(区)　　病名:鸡减蛋综合征

| 发病年份 | 存栏 | 发病数 | 发病率 | 死亡数 | 死亡率 | 发病乡镇数 | 发病乡镇地名 | 备注 |
|---|---|---|---|---|---|---|---|---|
| 1990 | | | | | | | | |
| 1991 | | | | | | | | |
| 1992 | | | | | | | | |
| 1993 | | | | | | | | |
| 1994 | | | | | | | | |
| 1995 | | | | | | | | |
| 1996 | | | | | | | | |
| 1997 | | | | | | | | |
| 1998 | | | | | | | | |
| 1999 | | | | | | | | |
| 2000 | | | | | | | | |
| 2001 | 1000 | 300 | | 9 | | 1 | 蓼泉镇 | |
| 2002 | | | | | | | | |
| 2003 | | | | | | | | |
| 2004 | 600 | 20 | | | | 1 | 新华镇 | |
| 2005 | | | | | | | | |
| 2006 | | | | | | | | |
| 2007 | | | | | | | | |
| 2008 | 1000 | 300 | | 8 | | 1 | 蓼泉镇 | |
| 2009 | | | | | | | | |
| 2010 | | | | | | | | |
| 2011 | | | | | | | | |
| 2012 | | | | | | | | |
| 2013 | | | | | | | | |
| 2014 | 2500 | 500 | | | | | | |
| 合计 | 5100 | 1120 | 21.9 | 17 | 1.5 | | | |

## 动物疫病流行情况调查表(鸡病)

张掖市(州)　　临泽县　　县(区)　　病名:鸡支原体病

| 发病年份 | 存栏 | 发病数 | 发病率 | 死亡数 | 死亡率 | 发病乡镇数 | 发病乡镇地名 | 备注 |
|---|---|---|---|---|---|---|---|---|
| 1990 | | | | | | | | |
| 1991 | | | | | | | | |
| 1992 | | | | | | | | |
| 1993 | | | | | | | | |
| 1994 | | | | | | | | |
| 1995 | | | | | | | | |
| 1996 | | | | | | | | |
| 1997 | 500 | 40 | | 6 | | 1 | 蓼泉镇 | |
| 1998 | 350 | 40 | | 4 | | 1 | 蓼泉镇 | |
| 1999 | | | | | | | | |
| 2000 | | | | | | | | |
| 2001 | | | | | | | | |
| 2002 | | | | | | | | |
| 2003 | 300 | 45 | | 3 | | 1 | 蓼泉镇 | |
| 2004 | | | | | | | | |
| 2005 | | | | | | | | |
| 2006 | 800 | 56 | | 6 | | 1 | 蓼泉镇 | |
| 2007 | | | | | | | | |
| 2008 | | | | | | | | |
| 2009 | 1500 | 95 | | 8 | | 1 | 蓼泉镇 | |
| 2010 | | | | | | | | |
| 2011 | | | | | | | | |
| 2012 | | | | | | | | |
| 2013 | | | | | | | | |
| 2014 | 100 | 8 | | 4 | | 1 | 蓼泉镇 | |
| 合计 | 3550 | 284 | 8 | 31 | 10.9 | | | |

## 动物疫病流行情况调查表(马类动物)

张掖市(州)　　　　临泽县　　县(区)　　　　　　　　病名:马流感

| 发病年份 | 存栏 | 发病数 | 发病率 | 死亡数 | 死亡率 | 发病乡镇数 | 发病乡镇地名 | 备注 |
|---|---|---|---|---|---|---|---|---|
| 1990 | | | | | | | | |
| 1991 | | | | | | | | |
| 1992 | | | | | | | | |
| 1993 | | | | | | | | |
| 1994 | 13005 | 7110 | 55% | 178 | 2.50% | 8 | 平川镇、蓼泉镇、板桥镇、鸭暖镇、新华镇、小屯镇、沙河镇、倪家营镇 | |
| 1995 | | | | | | | | |
| 1996 | | | | | | | | |
| 1997 | | | | | | | | |
| 1998 | | | | | | | | |
| 1999 | | | | | | | | |
| 2000 | | | | | | | | |
| 2001 | | | | | | | | |
| 2002 | | | | | | | | |
| 2003 | | | | | | | | |
| 2004 | | | | | | | | |
| 2005 | | | | | | | | |
| 2006 | | | | | | | | |
| 2007 | | | | | | | | |
| 2008 | | | | | | | | |
| 2009 | | | | | | | | |
| 2010 | | | | | | | | |
| 2011 | | | | | | | | |
| 2012 | | | | | | | | |
| 2013 | | | | | | | | |
| 2014 | | | | | | | | |
| 合计 | 13006 | 7110 | | 178 | | | | |

## 动物疫病流行情况调查表(马类动物)

张掖市(州)　　临泽县　　县(区)　　病名:马传染性胸膜肺炎

| 发病年份 | 存栏 | 发病数 | 发病率 | 死亡数 | 死亡率 | 发病乡镇数 | 发病乡镇地名 | 备注 |
|---|---|---|---|---|---|---|---|---|
| 1990 | | | | | | | | |
| 1991 | | | | | | | | |
| 1992 | | | | | | | | |
| 1993 | | | | | | | | |
| 1994 | | | | | | | | |
| 1995 | | | | | | | | |
| 1996 | | | | | | | | |
| 1997 | | | | | | | | |
| 1998 | | | | | | | | |
| 1999 | | | | | | | | |
| 2000 | | | | | | | | |
| 2001 | | | | | | | | |
| 2002 | | | | | | | | |
| 2003 | | | | | | | | |
| 2004 | | | | | | | | |
| 2005 | | | | | | | | |
| 2006 | | | | | | | | |
| 2007 | | | | | | | | |
| 2008 | 30 | 8 | | 3 | | 1 | 鸭暖镇 | |
| 2009 | 1 | 1 | | | | 1 | 鸭暖镇 | |
| 2010 | | | | | | | | |
| 2011 | | | | | | | | |
| 2012 | | | | | | | | |
| 2013 | | | | | | | | |
| 2014 | | | | | | | | |
| 合计 | 31 | 9 | 29 | 3 | 27 | | | |

## 动物疫病流行情况调查表(犬)

张掖市(州)　　临泽县　　县(区)　　病名:犬瘟热

| 发病年份 | 存栏 | 发病数 | 发病率 | 死亡数 | 死亡率 | 发病乡镇数 | 发病乡镇地名 | 备注 |
|---|---|---|---|---|---|---|---|---|
| 1990 | | | | | | | | |
| 1991 | | | | | | | | |
| 1992 | | | | | | | | |
| 1993 | | | | | | | | |
| 1994 | | | | | | | | |
| 1995 | | | | | | | | |
| 1996 | | | | | | | | |
| 1997 | | | | | | | | |
| 1998 | | | | | | | | |
| 1999 | | | | | | | | |
| 2000 | | | | | | | | |
| 2001 | | | | | | | | |
| 2002 | | | | | | | | |
| 2003 | | | | | | | | |
| 2004 | | | | | | | | |
| 2005 | | | | | | | | |
| 2006 | | | | | | | | |
| 2007 | | | | | | | | |
| 2008 | 4 | 2 | 50% | | | 1 | 鸭暖镇 | |
| 2009 | | | | | | | | |
| 2010 | | | | | | | | |
| 2011 | | | | | | | | |
| 2012 | | | | | | | | |
| 2013 | | | | | | | | |
| 2014 | | | | | | | | |
| 合计 | 4 | 2 | 50% | | | | | |

**动物疫病流行情况调查表(犬)**

张掖市(州)　　　　临泽县　　县(区)　　　　病名:犬细小病毒病

| 发病年份 | 存栏 | 发病数 | 发病率 | 死亡数 | 死亡率 | 发病乡镇数 | 发病乡镇地名 | 备注 |
|---|---|---|---|---|---|---|---|---|
| 1990 | | | | | | | | |
| 1991 | | | | | | | | |
| 1992 | | | | | | | | |
| 1993 | | | | | | | | |
| 1994 | | | | | | | | |
| 1995 | | | | | | | | |
| 1996 | | | | | | | | |
| 1997 | | | | | | | | |
| 1998 | | | | | | | | |
| 1999 | | | | | | | | |
| 2000 | | | | | | | | |
| 2001 | | | | | | | | |
| 2002 | | | | | | | | |
| 2003 | | | | | | | | |
| 2004 | | | | | | | | |
| 2005 | | | | | | | | |
| 2006 | | | | | | | | |
| 2007 | | | | | | | | |
| 2008 | 2 | 1 | 50% | 1 | 100% | 1 | 鸭暖镇 | |
| 2009 | | | | | | | | |
| 2010 | 1 | 1 | 100% | | | 1 | 鸭暖镇 | |
| 2011 | | | | | | | | |
| 2012 | | | | | | | | |
| 2013 | | | | | | | | |
| 2014 | | | | | | | | |
| 合计 | 3 | 2 | | 1 | 50 | | | |

## 动物寄生虫病流行情况调查表(牛病)

张掖市(州)　　临泽县　　县(区)　　病名:牛绦虫病

| 发病年份 | 存栏 | 发病数 | 发病率 | 死亡数 | 死亡率 | 发病乡镇数 | 发病乡镇地名 | 备注 |
|---|---|---|---|---|---|---|---|---|
| 1990 | | | | | | | | |
| 1991 | | | | | | | | |
| 1992 | | | | | | | | |
| 1993 | | | | | | | | |
| 1994 | | | | | | | | |
| 1995 | | | | | | | | |
| 1996 | | | | | | | | |
| 1997 | | | | | | | | |
| 1998 | | | | | | | | |
| 1999 | | | | | | | | |
| 2000 | | | | | | | | |
| 2001 | | | | | | | | |
| 2002 | | | | | | | | |
| 2003 | | | | | | | | |
| 2004 | | | | | | | | |
| 2005 | | | | | | | | |
| 2006 | | | | | | | | |
| 2007 | | | | | | | | |
| 2008 | | | | | | | | |
| 2009 | 48 | 1 | | | | 1 | 蓼泉镇 | |
| 2010 | | | | | | | | |
| 2011 | 5 | 1 | | | | 1 | 倪家营镇 | |
| 2012 | | | | | | | | |
| 2013 | 22 | 2 | | | | 1 | 倪家营镇 | |
| 2014 | | | | | | | | |
| 合计 | 75 | 4 | | | | | | |

## 动物寄生虫病流行情况调查表(牛病)

张掖市(州)　　　　临泽县　　县(区)　　　　　　　　　　　病名:牛螨病

| 发病年份 | 存栏 | 发病数 | 发病率 | 死亡数 | 死亡率 | 发病乡镇数 | 发病乡镇地名 | 备注 |
|---|---|---|---|---|---|---|---|---|
| 1990 | | | | | | | | |
| 1991 | | | | | | | | |
| 1992 | | | | | | | | |
| 1993 | | | | | | | | |
| 1994 | | | | | | | | |
| 1995 | | | | | | | | |
| 1996 | | | | | | | | |
| 1997 | | | | | | | | |
| 1998 | | | | | | | | |
| 1999 | | | | | | | | |
| 2000 | | | | | | | | |
| 2001 | | | | | | | | |
| 2002 | | | | | | | | |
| 2003 | | | | | | | | |
| 2004 | | | | | | | | |
| 2005 | 18 | 1 | | | | 1 | 倪家营镇 | |
| 2006 | 18 | 1 | | | | 1 | 平川镇 | |
| 2007 | 5 | 1 | | | | 1 | 平川镇 | |
| 2008 | | | | | | | | |
| 2009 | | | | | | | | |
| 2010 | | | | | | | | |
| 2011 | 40 | 5 | | | | 1 | 新华镇 | |
| 2012 | | | | | | | | |
| 2013 | 73 | 15 | | | | 3 | 平川镇、倪家营镇、鸭暖镇 | |
| 2014 | 227 | 11 | | | | 2 | 平川镇、板桥镇 | |
| 合计 | 381 | 34 | | | | | | |

## 动物寄生虫病流行情况调查表(牛病)

张掖市(州)　　临泽县　　县(区)　　病名:牛皮蝇蛆病

| 发病年份 | 存栏 | 发病数 | 发病率 | 死亡数 | 死亡率 | 发病乡镇数 | 发病乡镇地名 | 备注 |
|---|---|---|---|---|---|---|---|---|
| 1990 | | | | | | | | |
| 1991 | | | | | | | | |
| 1992 | | | | | | | | |
| 1993 | | | | | | | | |
| 1994 | | | | | | | | |
| 1995 | | | | | | | | |
| 1996 | | | | | | | | |
| 1997 | | | | | | | | |
| 1998 | | | | | | | | |
| 1999 | | | | | | | | |
| 2000 | | | | | | | | |
| 2001 | | | | | | | | |
| 2002 | | | | | | | | |
| 2003 | | | | | | | | |
| 2004 | | | | | | | | |
| 2005 | | | | | | | | |
| 2006 | | | | | | | | |
| 2007 | | | | | | | | |
| 2008 | | | | | | | | |
| 2009 | | | | | | | | |
| 2010 | 270 | 5 | | | | 1 | 沙河镇 | |
| 2011 | | | | | | | | |
| 2012 | | | | | | | | |
| 2013 | | | | | | | | |
| 2014 | 100 | 6 | | | | 1 | 沙河镇 | |
| 合计 | 370 | 11 | | | | | | |

## 动物寄生虫病流行情况调查表(牛病)

张掖市(州)　　临泽县　　县(区)　　病名:牛蜱虫病

| 发病年份 | 存栏 | 发病数 | 发病率 | 死亡数 | 死亡率 | 发病乡镇数 | 发病乡镇地名 | 备注 |
|---|---|---|---|---|---|---|---|---|
| 1990 | | | | | | | | |
| 1991 | | | | | | | | |
| 1992 | | | | | | | | |
| 1993 | | | | | | | | |
| 1994 | | | | | | | | |
| 1995 | | | | | | | | |
| 1996 | | | | | | | | |
| 1997 | | | | | | | | |
| 1998 | | | | | | | | |
| 1999 | | | | | | | | |
| 2000 | | | | | | | | |
| 2001 | | | | | | | | |
| 2002 | | | | | | | | |
| 2003 | | | | | | | | |
| 2004 | | | | | | | | |
| 2005 | | | | | | | | |
| 2006 | | | | | | | | |
| 2007 | | | | | | | | |
| 2008 | | | | | | | | |
| 2009 | | | | | | | | |
| 2010 | | | | | | | | |
| 2011 | 40 | 1 | | | | 1 | 新华镇 | |
| 2012 | | | | | | | | |
| 2013 | | | | | | | | |
| 2014 | | | | | | | | |
| 合计 | 40 | 1 | | | | | | |

## 动物寄生虫病流行情况调查表(牛病)

张掖市(州)　　临泽县　　县(区)　　病名:牛虱及虱蝇病

| 发病年份 | 存栏 | 发病数 | 发病率 | 死亡数 | 死亡率 | 发病乡镇数 | 发病乡镇地名 | 备注 |
|---|---|---|---|---|---|---|---|---|
| 1990 | | | | | | | | |
| 1991 | | | | | | | | |
| 1992 | | | | | | | | |
| 1993 | | | | | | | | |
| 1994 | | | | | | | | |
| 1995 | | | | | | | | |
| 1996 | | | | | | | | |
| 1997 | | | | | | | | |
| 1998 | | | | | | | | |
| 1999 | | | | | | | | |
| 2000 | | | | | | | | |
| 2001 | | | | | | | | |
| 2002 | | | | | | | | |
| 2003 | | | | | | | | |
| 2004 | | | | | | | | |
| 2005 | | | | | | | | |
| 2006 | | | | | | | | |
| 2007 | 760 | 14 | | | | 1 | 平川镇 | |
| 2008 | 82 | 5 | | | | 2 | 平川镇、倪家营镇 | |
| 2009 | | | | | | | | |
| 2010 | 15 | 2 | | | | 1 | 平川镇 | |
| 2011 | 11 | 8 | | | | 1 | 倪家营镇 | |
| 2012 | 20 | 1 | | | | 1 | 平川镇 | |
| 2013 | | | | | | | | |
| 2014 | 45 | 24 | | | | 1 | 鸭暖镇 | |
| 合计 | 933 | 54 | | | | | | |

## 动物寄生虫病流行情况调查表(羊病)

张掖市(州)　　临泽县　　县(区)　　病名:羊绦虫病

| 发病年份 | 存栏 | 发病数 | 发病率 | 死亡数 | 死亡率 | 发病乡镇数 | 发病乡镇地名 | 备注 |
|---|---|---|---|---|---|---|---|---|
| 1990 | | | | | | | | |
| 1991 | | | | | | | | |
| 1992 | | | | | | | | |
| 1993 | | | | | | | | |
| 1994 | | | | | | | | |
| 1995 | | | | | | | | |
| 1996 | | | | | | | | |
| 1997 | | | | | | | | |
| 1998 | | | | | | | | |
| 1999 | | | | | | | | |
| 2000 | | | | | | | | |
| 2001 | | | | | | | | |
| 2002 | | | | | | | | |
| 2003 | | | | | | | | |
| 2004 | 1000 | 2 | | | | 1 | 新华镇 | |
| 2005 | 77 | 4 | | | | 1 | 倪家营镇 | |
| 2006 | 1000 | 80 | | | | 1 | 倪家营镇 | |
| 2007 | | | | | | | | |
| 2008 | | | | | | | | |
| 2009 | 800 | 2 | | | | 1 | 新华镇 | |
| 2010 | | | | | | | | |
| 2011 | | | | | | | | |
| 2012 | | | | | | | | |
| 2013 | 700 | 2 | | | | 1 | 新华镇 | |
| 2014 | | | | | | | | |
| 合计 | 3577 | 90 | | | | | | |

## 动物寄生虫病流行情况调查表(羊病)

张掖市(州)　　临泽县　　县(区)　　病名:羊螨病

| 发病年份 | 存栏 | 发病数 | 发病率 | 死亡数 | 死亡率 | 发病乡镇数 | 发病乡镇地名 | 备注 |
|---|---|---|---|---|---|---|---|---|
| 1990 | | | | | | | | |
| 1991 | | | | | | | | |
| 1992 | | | | | | | | |
| 1993 | | | | | | | | |
| 1994 | | | | | | | | |
| 1995 | | | | | | | | |
| 1996 | | | | | | | | |
| 1997 | | | | | | | | |
| 1998 | | | | | | | | |
| 1999 | | | | | | | | |
| 2000 | | | | | | | | |
| 2001 | | | | | | | | |
| 2002 | | | | | | | | |
| 2003 | | | | | | | | |
| 2004 | | | | | | | | |
| 2005 | | | | | | | | |
| 2006 | | | | | | | | |
| 2007 | 120 | 13 | | 1 | | 1 | 平川镇 | |
| 2008 | | | | | | | | |
| 2009 | 95 | 8 | | | | 1 | 蓼泉镇 | |
| 2010 | | | | | | | | |
| 2011 | | | | | | | | |
| 2012 | | | | | | | | |
| 2013 | 810 | 7 | | | | 1 | 新华镇 | |
| 2014 | 3600 | 18 | | | | 1 | 新华镇 | |
| 合计 | 4625 | 46 | | 1 | | | | |

## 动物寄生虫病流行情况调查表(羊病)

张掖市(州)　　临泽县　　县(区)　　病名:羊鼻蝇蛆病

| 发病年份 | 存栏 | 发病数 | 发病率 | 死亡数 | 死亡率 | 发病乡镇数 | 发病乡镇地名 | 备注 |
|---|---|---|---|---|---|---|---|---|
| 1990 | | | | | | | | |
| 1991 | | | | | | | | |
| 1992 | | | | | | | | |
| 1993 | | | | | | | | |
| 1994 | | | | | | | | |
| 1995 | | | | | | | | |
| 1996 | | | | | | | | |
| 1997 | | | | | | | | |
| 1998 | | | | | | | | |
| 1999 | | | | | | | | |
| 2000 | | | | | | | | |
| 2001 | | | | | | | | |
| 2002 | | | | | | | | |
| 2003 | | | | | | | | |
| 2004 | | | | | | | | |
| 2005 | 180 | 2 | | | | 1 | 平川镇 | |
| 2006 | | | | | | | | |
| 2007 | 800 | 10 | | | | 1 | 平川镇 | |
| 2008 | | | | | | | | |
| 2009 | 220 | 6 | | | | 1 | 蓼泉镇 | |
| 2010 | 166 | 5 | 1 | | | 2 | 沙河镇、板桥镇 | |
| 2011 | | | | | | | | |
| 2012 | 429 | 41 | | | | 2 | 沙河镇、板桥镇 | |
| 2013 | 525 | 63 | | | | 1 | 板桥镇 | |
| 2014 | 900 | 75 | | | | 2 | 沙河镇、板桥镇 | |
| 合计 | 3220 | 202 | 1 | | | | | |

## 动物寄生虫病流行情况调查表(羊病)

张掖市(州)　　临泽县　　县(区)　　病名:羊蜱虫病

| 发病年份 | 存栏 | 发病数 | 发病率 | 死亡数 | 死亡率 | 发病乡镇数 | 发病乡镇地名 | 备注 |
|---|---|---|---|---|---|---|---|---|
| 1990 | | | | | | | | |
| 1991 | | | | | | | | |
| 1992 | | | | | | | | |
| 1993 | | | | | | | | |
| 1994 | | | | | | | | |
| 1995 | | | | | | | | |
| 1996 | | | | | | | | |
| 1997 | | | | | | | | |
| 1998 | | | | | | | | |
| 1999 | | | | | | | | |
| 2000 | | | | | | | | |
| 2001 | | | | | | | | |
| 2002 | | | | | | | | |
| 2003 | | | | | | | | |
| 2004 | | | | | | | | |
| 2005 | | | | | | | | |
| 2006 | | | | | | | | |
| 2007 | | | | | | | | |
| 2008 | 480 | 14 | | | | 1 | 倪家营镇 | |
| 2009 | | | | | | | | |
| 2010 | | | | | | | | |
| 2011 | 28 | 5 | | | | 1 | 倪家营镇 | |
| 2012 | | | | | | | | |
| 2013 | 160 | 30 | | | | 1 | 沙河镇 | |
| 2014 | 1210 | 88 | | | | 1 | 沙河镇 | |
| 合计 | 1878 | 137 | | | | | | |

## 动物寄生虫病流行情况调查表(羊病)

张掖市(州)　　临泽县　县(区)　　病名:羊虱及虱蝇病

| 发病年份 | 存栏 | 发病数 | 发病率 | 死亡数 | 死亡率 | 发病乡镇数 | 发病乡镇地名 | 备注 |
|---|---|---|---|---|---|---|---|---|
| 1990 | | | | | | | | |
| 1991 | | | | | | | | |
| 1992 | | | | | | | | |
| 1993 | | | | | | | | |
| 1994 | | | | | | | | |
| 1995 | | | | | | | | |
| 1996 | | | | | | | | |
| 1997 | | | | | | | | |
| 1998 | | | | | | | | |
| 1999 | | | | | | | | |
| 2000 | 29 | 2 | | | | 1 | 新华镇 | |
| 2001 | | | | | | | | |
| 2002 | | | | | | | | |
| 2003 | | | | | | | | |
| 2004 | | | | | | | | |
| 2005 | | | | | | | | |
| 2006 | | | | | | | | |
| 2007 | | | | | | | | |
| 2008 | | | | | | | | |
| 2009 | 335 | 16 | | | | 2 | 平川镇、鸭暖镇 | |
| 2010 | 160 | 3 | | | | | | |
| 2011 | 132 | 39 | | | | 1 | 鸭暖镇 | |
| 2012 | | | | | | | | |
| 2013 | 197 | 25 | | | | 1 | 鸭暖镇 | |
| 2014 | 512 | 52 | | | | 1 | 鸭暖镇 | |
| 合计 | 1365 | 137 | | | | | | |

## 动物寄生虫病流行情况调查表(羊病)

张掖市(州)　　临泽县　县(区)　　病名:羊虱及虱蝇病

| 发病年份 | 存栏 | 发病数 | 发病率 | 死亡数 | 死亡率 | 发病乡镇数 | 发病乡镇地名 | 备注 |
|---|---|---|---|---|---|---|---|---|
| 1990 | | | | | | | | |
| 1991 | | | | | | | | |
| 1992 | | | | | | | | |
| 1993 | | | | | | | | |
| 1994 | | | | | | | | |
| 1995 | | | | | | | | |
| 1996 | | | | | | | | |
| 1997 | | | | | | | | |
| 1998 | | | | | | | | |
| 1999 | | | | | | | | |
| 2000 | 300 | 15 | | 2 | | 1 | 蓼泉镇 | |
| 2001 | 380 | 2 | | | | 1 | 新华镇 | |
| 2002 | | | | | | | | |
| 2003 | | | | | | | | |
| 2004 | | | | | | | | |
| 2005 | | | | | | | | |
| 2006 | | | | | | | | |
| 2007 | | | | | | | | |
| 2008 | 100 | 3 | | | | 1 | 平川镇 | |
| 2009 | | | | | | | | |
| 2010 | | | | | | | | |
| 2011 | | | | | | | | |
| 2012 | | | | | | | | |
| 2013 | | | | | | | | |
| 2014 | | | | | | | | |
| 合计 | 780 | 20 | | 2 | | | | |

## 动物寄生虫病流行情况调查表(鸡病)

张掖市(州)　　临泽县　县(区)　　病名:鸡球虫病

| 发病年份 | 存栏 | 发病数 | 发病率 | 死亡数 | 死亡率 | 发病乡镇数 | 发病乡镇地名 | 备注 |
|---|---|---|---|---|---|---|---|---|
| 1990 | | | | | | | | |
| 1991 | | | | | | | | |
| 1992 | | | | | | | | |
| 1993 | | | | | | | | |
| 1994 | | | | | | | | |
| 1995 | | | | | | | | |
| 1996 | | | | | | | | |
| 1997 | | | | | | | | |
| 1998 | | | | | | | | |
| 1999 | | | | | | | | |
| 2000 | | | | | | | | |
| 2001 | | | | | | | | |
| 2002 | | | | | | | | |
| 2003 | | | | | | | | |
| 2004 | | | | | | | | |
| 2005 | | | | | | | | |
| 2006 | | | | | | | | |
| 2007 | 1000 | 30 | | 2 | | 1 | 平川镇 | |
| 2008 | | | | | | | | |
| 2009 | | | | | | | | |
| 2010 | 800 | 20 | | 4 | | 1 | 平川镇 | |
| 2011 | | | | | | | | |
| 2012 | | | | | | | | |
| 2013 | | | | | | | | |
| 2014 | 43000 | 3780 | | 230 | | 1 | 沙河镇 | |
| 合计 | 44800 | 3830 | | 236 | | 3 | | |

## 动物寄生虫病流行情况调查表(马病)

张掖市(州)　　　　临泽县　　县(区)　　　　　　　　　　　　　　病名:马胃蝇

| 发病年份 | 存栏 | 发病数 | 发病率 | 死亡数 | 死亡率 | 发病乡镇数 | 发病乡镇地名 | 备注 |
|---|---|---|---|---|---|---|---|---|
| 1990 | | | | | | | | |
| 1991 | | | | | | | | |
| 1992 | | | | | | | | |
| 1993 | | | | | | | | |
| 1994 | | | | | | | | |
| 1995 | | | | | | | | |
| 1996 | | | | | | | | |
| 1997 | | | | | | | | |
| 1998 | | | | | | | | |
| 1999 | | | | | | | | |
| 2000 | | | | | | | | |
| 2001 | | | | | | | | |
| 2002 | | | | | | | | |
| 2003 | | | | | | | | |
| 2004 | | | | | | | | |
| 2005 | | | | | | | | |
| 2006 | | | | | | | | |
| 2007 | | | | | | | | |
| 2008 | | | | | | | | |
| 2009 | | | | | | | | |
| 2010 | | | | | | | | |
| 2011 | | | | | | | | |
| 2012 | | | | | | | | |
| 2013 | 150 | 3 | | | | 1 | 沙河镇 | |
| 2014 | | | | | | | | |
| 合计 | 150 | 3 | | | | 1 | | |